高压直流换流阀冷却系统防腐防垢

◇ 郭新良　张胜寒　万书亭　等 编著

化学工业出版社

·北京·

内容简介

《高压直流换流阀冷却系统防腐防垢》系统介绍了直流输电换流阀冷却水系统腐蚀和结垢的原理和防护技术及应用。对腐蚀的影响因素、结垢的规律及如何防护等方面做了阐述。

本书分七章，包括换流阀冷却系统与主要设备、电化学腐蚀原理、结垢与腐蚀产物的沉积、换流阀内冷却系统腐蚀原理与防护技术、换流阀外冷却系统腐蚀与结垢、换流阀冷却系统主要故障、换流阀冷却系统运行维护，基本涵盖了直流输电换流阀冷却水系统腐蚀和结垢的研究与应用现状及发展方向。

《高压直流换流阀冷却系统防腐防垢》可供高压直流输电运行、检修、试验专业的技术和科研人员使用，可供从事换流阀冷却系统的设备制造厂家及设计单位专业技术人员使用，也可作为高校相关专业师生学习、参考的资料，还可作为从事高压直流输电工程相关运维工作技术人员的培训教材。

图书在版编目（CIP）数据

高压直流换流阀冷却系统防腐防垢/郭新良等编著. —北京：
化学工业出版社，2021.10
ISBN 978-7-122-39833-8

Ⅰ. ①高…　Ⅱ. ①郭…　Ⅲ. ①高电压-直流输电-冷却系
统-防腐-研究　Ⅳ. ①TM721.1

中国版本图书馆 CIP 数据核字（2021）第 179120 号

责任编辑：刘俊之　　　　　　　　　　　　装帧设计：韩　飞
责任校对：宋　玮

出版发行：化学工业出版社（北京市东城区青年湖南街 13 号　邮政编码 100011）
印　　装：涿州市般润文化传播有限公司
787mm×1092mm　1/16　印张 13　字数 315 千字　2021 年 10 月北京第 1 版第 1 次印刷

购书咨询：010-64518888　　　　　　　售后服务：010-64518899
网　　址：http://www.cip.com.cn
凡购买本书，如有缺损质量问题，本社销售中心负责调换。

定　　价：78.00 元　　　　　　　　　　　　　　版权所有　违者必究

《高压直流换流阀冷却系统防腐防垢》编写组

组　　　长　　郭新良

副　组　长　　张胜寒　　万书亭

编写组成员　　宋玉锋　　周金龙　　李宗红　　何运华　　孔旭晖

　　　　　　　唐亮星　　邱方程　　李寒煜　　杨雪滢　　程雪婷

　　　　　　　彭詠涛　　张少杰　　杨　斌　　熊艳梅

前　言

煤在空中走，电送全中国，高压直流输电工程输送容量大、输电距离长、技术先进、设备复杂，换流站换流阀是直流输电的核心，阀冷却系统又直接关系到换流阀的安危，对直流输电的安全运行起着十分重要的作用。目前，换流阀广泛采用空气绝缘-水循环冷却方式，阀内冷却水系统将阀组运行时产生的热量排放到阀厅外，从而保证晶闸管运行在可控的温度范围内。阀外冷却水系统与阀内冷却水系统进行热量交换，从而保证阀内冷却水系统具有持续的冷却能力。

国网、南网发生过多起换流阀冷却水系统引起的故障，其中阀内冷却水系统故障占很大比例，阀内冷却水系统结垢、腐蚀造成主过滤器、换流阀毛细管堵塞及铝散热器腐蚀、系统漏水是阀内冷却水的主要问题；阀外冷却水系统的主要问题在于外冷系统结垢造成冷却效率减低导致内冷却水温度升高。

阀冷却水系统的子系统设备较多，是动态运行而非静止设备，设备老化及传统惯性对水系统设备可靠性重视程度不如电气设备，因此，在实际运行中，阀冷却水系统成为高压直流系统中故障概率最高的设备之一，严重影响高压直流输电系统的安全稳定运行。

阀内冷却水系统的研究目前主要集中在：换流阀铝散热器腐蚀，均压电极结垢及元件水回路阻塞发热；树脂碎屑漏过主过滤器堵塞；阀内冷却水漏水的因素等领域。目前研究一致认为，树脂漏入阀内冷却水系统会有严重危害，其散热器腐蚀、均压电极结垢的根本原因是换流阀内冷却水处理离子交换树脂粉末泄漏引起。阀外冷却水的研究目前主要集中在：喷淋塔热交换管结垢差异、外排水回收处理等方面。喷淋塔结垢问题是直流输电系统的一大顽疾，至今还未得到根本解决。

本书以高压直流输电换流阀冷却水系统为研究对象，阐述了腐蚀和结垢的原理和防护技术，并结合高压直流输电工程调试、验收、运行和日常维护工作的经验，对换流阀冷却系统的运行与维护工作进行了总结。

本书在编写过程中，查阅了大量资料，参考和引用了有关文献，谨向本书参考文献作者表示衷心的感谢，由于直流输电作为最近几年兴起的新技术，加之编者水平有限和编写时间仓促，疏漏之处在所难免，恳请广大读者批评指正。

编者

2021 年 4 月

目 录

第一章

换流阀冷却系统与主要设备

随着我国引进的第一个±500kV 葛南（葛洲坝—上海南桥）高压直流输电工程于1990 年投运，高压直流输电已在国内远距离大容量输电、跨区电网互联互通中广泛应用。

高压直流输电由整流站、逆变站和直流输电线路三部分组成，其原理接线如图 1-1 所示。具有功率反送功能的两端直流系统的换流站，既可作为整流站运行，又可作为逆变站运行；当功率反送时整流站作为逆变站运行，而逆变站则作为整流站运行，两端的交流系统给换流器提供换相电压和电流，同时它也是直流输电的电源和负荷，两端直流输电系统可分为单极系统、双极系统和背靠背直流系统三种类型，直流输电工程通常采用双极系统接线方式，可分为三种类型：双极两端中性点接地方式、双极一端中性点接地方式和双极金属中线方式。

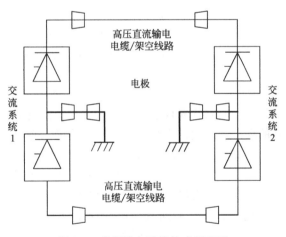

图 1-1 直流输电系统构成原理图

换流阀是换流站实现交直流转换最核心和最关键的部件，正常运行时承受着大电流和高电压，高效可靠的阀冷却系统是确保换流阀安全可靠运行的关键。

第一节 换流阀构造

高压直流换流阀是直流输电的核心，从实现换流的功能上分为整流（交流变直流）和逆变（直流变交流）两种，统称为换流阀。其由晶闸管、铝散热器、阻尼回路元件、均压回路元件及控制元件共同组成一个单阀，再由两个单阀组成双重阀，然后两个双重阀组成一个四重阀，最终构成换流阀塔。

一、晶闸管

晶闸管是换流阀的核心部件，在触发信号作用下，控制正向导通或关断。根据触发方式的不同，晶闸管分为电触发晶闸管和光触发晶闸管，二者在直流输电工程均有使用，其结构原理及实物分别见图1-2和图1-3。

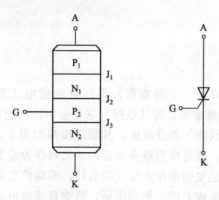

图1-2　晶闸管基本结构原理　　　　　　图1-3　高压直流输电晶闸管

当晶闸管开通时，首先在门极附近的结面逐渐形成导通区，然后逐步扩展到整个结面完全导通，全部过程持续约几微秒到几十微秒。若通态临界电流变换率过大，晶闸管PN结面还未完全导通，门极附近的结面电流密度过大，就会发生局部过热而导致晶闸管损坏。目前制造水平下，晶闸管正常工作结温允许范围是60~90℃，承受最严重故障电流后的最高结温为190~250℃，导致永久性损坏的极限结温为300~400℃。

二、铝散热器

高压直流换流阀运行时，晶闸管元件的正向导通损耗、泄漏损耗、开关损耗等产生热量，采用冷却效果最好的水冷却方式带走损耗所产生的热量。冷却传热路径为换流阀内冷却水（电导率一般小于 $0.3\mu S/cm$）冷却铝散热器，铝散热器冷却与其紧密贴合的晶闸管。晶闸管夹在铝散热器之间，通过弹簧紧紧压在一起，相互之间通过固体表面接触。

以某厂家高压直流晶闸管铝散热器为例，其散热器材质为6063铝合金，外形为 $163mm \times 147mm \times 30mm$ 的长方体，表面有与晶闸管贴合的是直径126mm、高1mm的圆台（图1-4），内部水流流道为双蚊香型（图1-5），单片铝散热器冷却水流量8L/min，工作温度为55℃。

图1-4　晶闸管铝散热器　　　　　　　图1-5　铝散热器内部流道

三、换流阀组件及阀塔

每个晶闸管器件与其均压元件、阻尼电路和控制单元组成一个晶闸管级（图 1-6），几个或十几个晶闸管级串联，再与冲击陡波均压电容、阳极（饱和）电抗器组成一个阀组件（图 1-7），冲击陡波均压电容可改善过陡的操作过电压波作用下各组件电压不均的问题，阳极（饱和）电抗器的作用是抑制流经晶闸管的电流变化率。数个阀组件采用分层布置，串联组成一个换流阀臂，即一个单阀（图 1-8）。将两个单阀垂直组装在一起构成 6 脉动换流器一相中的两个阀，称为二重阀（图 1-9）。由 4 个单阀垂直安装在一起构成 12 脉动换流器一相中的四个阀，称为四重阀。

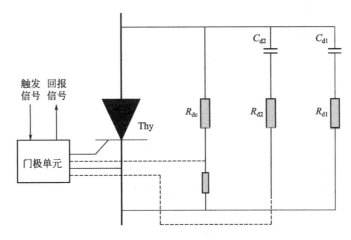

图 1-6 晶闸管级

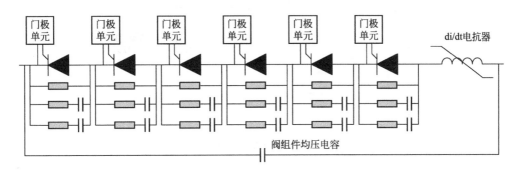

图 1-7 阀组件

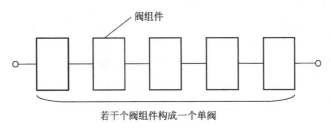

图 1-8 单阀

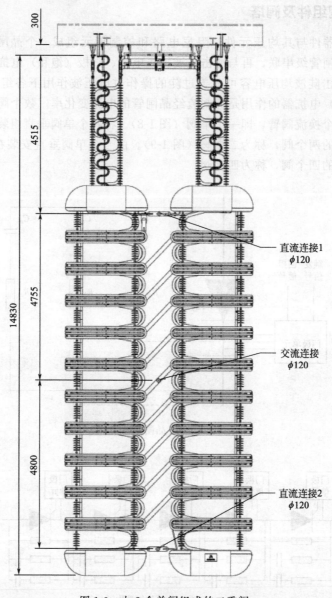

图 1-9 由 2 个单阀组成的二重阀

四、换流阀冷却水回路

每个阀塔有独立的供水管，包括一路进水管和一路出水管，进水管和出水管从阀顶部到底部贯穿阀塔，每个阀组件中进出水管与主水管的连接均采用并联方式。

在阀组件设计中晶闸管采用两面冷却的方式，在晶闸管的两边都有一个铝制的散热器。两片铝散热器通过机械压力将一块晶闸管元件紧紧夹住，晶闸管通流时产生的高温通过热传导至铝散热器，铝散热器通过内冷却水降温，从而达到间接给晶闸管降温的效果。根据换流阀组件的设计，阀组件的水冷布置主要有串联、串并联、并联三种方式（图 1-10～图 1-12）。

20 世纪 90 年代第一批换流站基本均采用了串联冷却方式，其优点是管路相对简单，

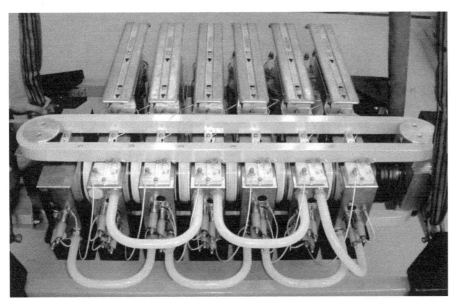

(a) 实物图

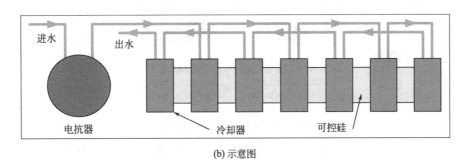

(b) 示意图

图 1-10　阀组件的水冷布置（串联）

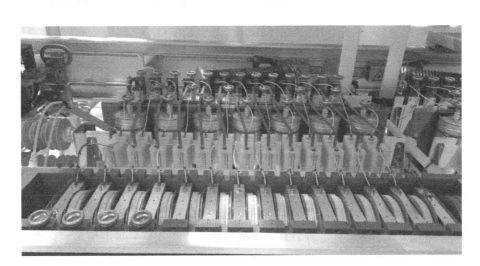

(a) 实物图

图 1-11

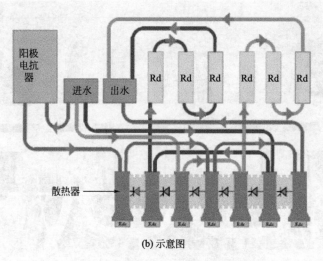

(b) 示意图

图 1-11 阀组件的水冷布置 (串并联)

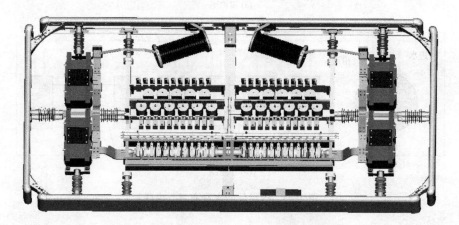

图 1-12 阀组件的水冷布置实物图 (并联)

缺点是温度分布不均匀。现今多数换流站均采用了水冷串并联冷却管路布置方式，管路布置相对简单，冷却效果也比较好，能保证每个水冷元件都得到很好的冷却，且温度均匀，但是管道分布杂乱，接口比较多。

五、均压电极

均压电极是换流阀的重要组成部分，主要安装于阀塔的进出水主水管路和各阀层中阀段的支水管路上，一个阀塔的立体冷却水管路及均压电极的布置见图 1-13。

以某换流站为例，采用阀组件并联水路，双极共 864 支均压电极，电极的安装位如下：阀塔顶部进水及出水主管上部直管段安装均压电极，连接至顶部横梁；在阀塔阀组件间 S 形进水及出水主水管中间安装均压电极，电极连接至电路金属板；阀组件的配水管和汇水管都与阀塔的主水管连接的 T 形三通处安装电极，连接至阀组件的金属横担；阀组件内部每段晶闸管硅堆的支水管两端位置安装电极。均压电极位置分布见表 1-1。

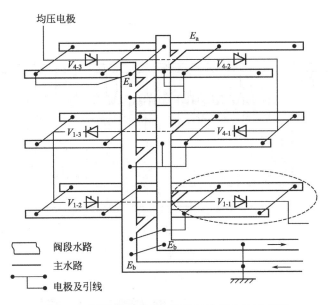

图 1-13　阀塔立体冷却水管路及均压电极示意图

表 1-1　某换流站的阀塔均压电极的位置及分布

序号	均压电极位置	均压电极分布 A 相（或 B 相、C 相）
1	阀塔顶部直水管电极 2 支	L；R
2	每层组件内主进出水管电极 8 支 （E5、E6、E7、E8、E3、E4、E9、E10）	1L、2L、3L、4L、5L、6L； 1R、2R、3R、4R、5R、6R
3	层间 T 形三通法兰对接处电极 2 支	1L、2L、3L、4L、5L、6L； 1R、2R、3R、4R、5R、6R
4	层间 S 形均压水管电极 2 支	1L、3L、4L、6L； 1R、2R、5R、6R
5	阀塔底部直水管电极 2 支	L；R

在每层阀组件内，均压电极安装在阀段两端的对应进、出水管内，成对称分布。如图 1-14 所示。E5、E6、E7、E8 为阴极电极，E3、E4、E9、E10 为阳极电极。

换流阀每个阀段由多个散热器和晶闸管串联组成，关断时共同承受系统交直流复合电压，晶闸管产生的大量热量通过冷却系统降温，各散热器进、出水管均与汇流水路连接，进而流经电抗器、阻尼回路等金属构件。然而不同位置金属构件的电位存在差异，导致产生泄漏电流和金属构件电解腐蚀。

为了将与冷却水接触的各种物质表面的腐蚀和老化减至最小，保证设备的正常运行，应该严格选择水冷却系统的设备材料，控制去离子水的电导率，更重要的是必须尽量避免设备表层的电解腐蚀。电解电流 I 与冷却水回路进、出口的电压差 ΔU 和水回路电阻 R 有关，可用下式表示

$$I = \Delta U / R$$

要控制电解电流，可通过采用均压电极降低 ΔU、增加管道长度、减小管径、降低电导率来提高水回路电阻 R 来实现。

在汇流水管两端安装有铂材料的均压电极，且与阀段冷却系统首尾两端散热器连接。

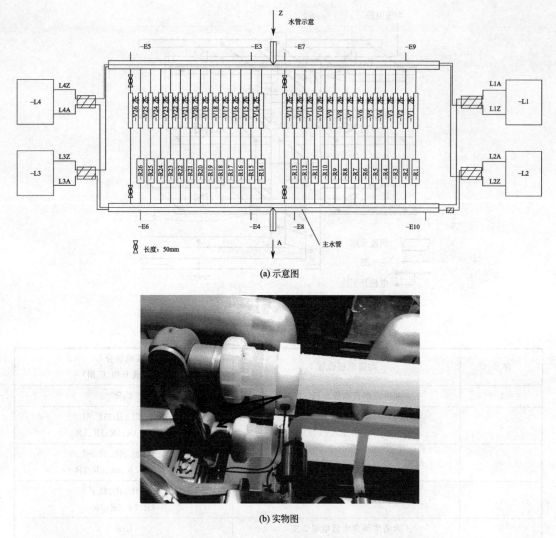

(a) 示意图

(b) 实物图

图 1-14　阀组件内均压电极分布

这样布置能够保证在晶闸管散热器与支水管连接的支路水管两端的电压差有效降低，将金属部分（铝散热器）的电解电流限制至 $1\mu A$ 左右，理想情况下散热器电位与汇流水管相应位置电位一致，这样大大降低散热器由于电解电流而引起电腐蚀。

第二节　换流阀冷却系统

换流阀正常运行时承受着高电压和大电流，其内部的可控硅元件将会产生大量热量，为防止可控硅元件温度过高而损坏，就需要设置换流阀冷却系统将可控硅元件上多余的热量带走，这使得阀冷却系统成为了一个"属于辅助但实际中却处于绝对核心地位"的极其特殊系统，它直接关系到换流阀运行安全。此外，换流阀冷却系统还可直接发出单双极闭锁、停运指令。因此，高效可靠的阀冷却系统，是确保换流阀安全稳定运行的关键。而选取恰当的冷却方式、合理的设计工艺，才能充分发挥换流阀的换流能力，提高高压直流输电系统工作的可靠性。

一、换流阀的冷却方式

换流阀冷却系统包括阀内冷却系统和阀外冷却系统。

阀内冷却系统采用水冷方式，相比于常见的冷却方式（空气冷却、油冷却等），水冷却方式具有很多优势：

（1）水冷却的散热效率较高，相比空气冷却方式，其换热系数是空气自然对流冷却的150~300倍；相比油冷却方式，水的比热容比油的比热容大一倍左右。

（2）水的热容量大、黏度小，有利于减少单位容量所占的体积和损耗，具有良好的冷却效果。

（3）水冷却系统检修、维护方便，制造技术成熟，运行经验丰富，不会引起爆炸和火灾，环境污染情况较少。

因此，综合考虑冷却效果、运维成本和环境影响等因素，换流站的阀内冷系统的冷却方式一般采用水冷却方式。

阀外冷却系统根据所处环境温度及水源便利条件选择水冷和风冷两种方式。风冷方式适用于寒冷地区，使用空气冷却器通过风机驱动室外大气冲刷换热盘管外表面，使换热盘管内的阀内冷却水得以冷却，降温后的阀内冷却水再送至换流阀，如此周而复始地循环。水冷方式使用蒸发冷却塔，通过喷淋泵将喷淋水池中的水喷淋在换热盘管表面，利用水的蒸发显热和潜热带走热量，使换热盘管内的阀内冷却水得以冷却，降温后的阀内冷却水再送至换流阀，如此周而复始地循环。水冷却系统主要由冷却塔、喷淋泵、喷淋水池、水处理设备等组成。

二、换流阀冷却系统的要求

如前所述，换流阀作为高压直流输电系统的核心设备其冷却方式采用水冷却方式，但相比于一般化学工业水循环冷却系统，换流阀冷却系统对温度、压力、流量等性能要求更高。因此，对换流阀冷却系统中水的杂质含量、氧气含量、电导率、水温、流量等都要进行严格控制。同时为保证换流阀冷却系统内冷却水水质，高压直流换流站换流阀的冷却均采用密闭式循环水冷却系统。因此，换流阀冷却系统的总体设计需要满足以下要求：

（1）冷却系统能长期稳定运行，不允许有变形、泄漏、异常振动和其它影响换流阀正常工作的缺陷；

（2）冷却系统管路的设计应保证其扬程水阻最小；

（3）冷却回路材料的选择应该考虑冷却系统在长期高压运行环境下产生的腐蚀、老化、损耗的可能性；

（4）冷却系统必须具有足够的冷却能力，以保证在各种运行条件下，都能够有效冷却换流阀；

（5）为降低阀塔承压，提高换流阀的运行安全程度，应将阀塔布置在内冷却水回路中循环水泵的入口端；

（6）冷却系统的重要设备应冗余配置，当失去一个单一的主要部件时，对于任何规定的环境条件，都不导致换流阀额定连续负荷能力或短期负荷能力的降低；

（7）换流阀冷却系统的机械结构应该合理、简单、坚固、便于检修。

三、换流阀冷却系统的构成

换流阀冷却系统一般采用空气绝缘-水循环冷却方式，空气绝缘通过空调对阀厅的空气进行净化，保证阀厅相对外界为微正压，气温和湿度要满足防止阀部件表面发生结凝的要求。水冷却系统包括阀内冷却系统和阀外冷却系统两部分，两个子系统的冷却介质（水）是相互独立不连通的，且各自拥有一套主设备，相互配合分工完成整个换流阀冷却任务。阀内冷却系统负责高效可靠地带走大电流通过换流阀时产生的热量，由循环水泵驱动送入外冷系统的换热盘管，阀外冷却系统负责将阀内冷却系统的热量排放至大气环境中。图 1-15 为换流阀冷却系统原理图。

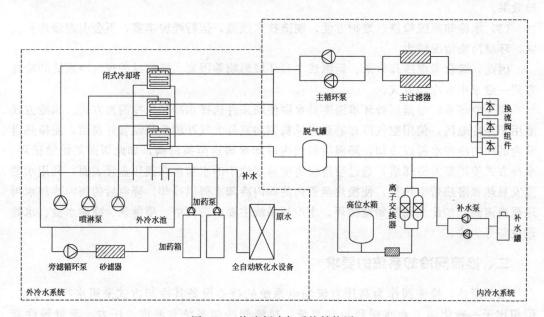

图 1-15　换流阀冷却系统结构图

第三节　换流阀内冷却系统

阀内冷却系统是一个密闭的循环系统，它一般采用电导率小于 $0.5\mu S/cm$ 高纯度、高洁净度的去离子水做冷却介质，通过流动带走换流阀产生的热量，冷却介质兼有冷却和绝缘的作用。

换流阀水冷系统主要分为阀内冷却系统、阀外冷却系统和控制保护系统三部分，而阀内冷却系统在对晶闸管等设备的冷却作用中起到了主要作用。阀内冷却系统是一个密闭循环冷却系统，与运行中电气设备直接接触，因此，对其运行工况有较为严格的限制，保证阀内冷却系统的安全运行对换流阀安全高效运行有着至关重要的作用。阀内冷却系统主要由主循环回路和水处理回路两部分组成。在主循环回路中，冷却水通过可控硅阀和冷却塔来构成循环回路，水处理回路主要由补水泵、离子交换罐和膨胀罐等组成。

一、换流阀内冷却系统结构

阀内冷却系统包括主水回路、水处理回路和稳压回路。主水回路主要由主循环泵、管道、脱气罐、加热器等组成，通过换流阀和外冷却系统的换热器构成循环。水处理回路主要由离子交换器、补水泵及补水罐组成，一小部分内冷却水经过水处理回路，除去其中的离子和杂质，保证内冷却水持续、稳定的质量。稳压回路主要由高位水箱、氮气瓶组成，用于缓冲系统水容积的变化、隔绝空气、保持压力恒定和介质充满管路。换流阀内冷却系统流程如图 1-16 所示。

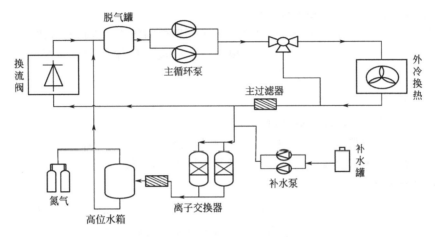

图 1-16　换流阀内冷却系统结构图

二、换流阀内冷却系统主要设备

1. 主循环泵

主循环泵是内冷却水循环系统的关键设备，为内冷却水循环系统提供总动力源。内冷却水在主循环泵动力作用下，通过换流阀带走热量，升温后的内冷却水再通过室外换热设备，进行二次换热后被冷却降温直接回流主循环回路。主循环泵的可靠性直接关系内冷却水循环系统乃至冷却器件的安全稳定运行。

主循环泵选型要求为：流量一般为 $200 \sim 400 m^3/h$、扬程约 80m、冷却介质温度为 $10 \sim 65 \text{℃}$，根据该技术参数，一般选择离心泵作为主循环泵。实际工程中主循环泵电动机功率要求达到 100kW 左右，为防止大功率的主循环泵启停对管路冲击过大，需选用卧式结构。卧式离心泵具有效率高、便于维护、使用寿命长的特点，但卧式安装占地面积大并需要安装基座。

主循环泵泵体采用机械密封，一般设计两台，每台为 100％容量，互为备用，正常情况下保持一台运行，并按一定时间周期进行定期切换。主循环泵通常采用软启动方式实现平滑启停，同时设置过电流保护和过热保护，当主循环泵因长期摩擦、冲击、受损或电气原因等造成设备故障时，控制保护系统将及时停运主循环泵并切换至备用泵运行。

2. 主过滤器

为了防止内冷却水循环系统中可能存在的颗粒进入换流阀内，在内冷却水循环系统的进水管路中设置了多台主过滤器，过滤精度要求达到 $100 \mu m$，正常时，主过滤器一台主用，其余备用。同时为了监测主过滤器滤芯的污垢状况，在主过滤器两端设置有压差传感器，干净的滤芯几乎不存在压差，当主过滤器滤芯存有污垢时，将会产生明显压差，随着污垢情况的加重，压差也会逐渐增大，以此提醒运维人员及时对过滤器进行清洗维护。一般主过滤器进出口均设置阀门，以便在主循环泵停运时可以更换或清洗过滤器。

3. 脱气罐

内冷却水循环系统在正常运行过程中，尤其是第一次补水并启动循环运行过程中，管道回路会产生大量气体，气体聚集在管路中会产生诸多不良影响，如增大主循环泵噪声和振动，减小流道截面积造成主循环泵流量降低，进而增大管道压力，甚至出现支路断流现象。为此，换流阀冷却系统必须进行排气处理。

为更好地去除聚集在内冷却水循环系统管道回路中的气体，在内冷却水循环系统动力源的主循环泵入口处装设有脱气罐，实现气、水分离，气体通过脱气罐顶部的排气阀排出。

4. 电加热器

为防止在冬季因内冷却水温度过低，导致换流阀冷却系统管壁出现凝露，在脱气罐入口处设置若干台电加热器，根据内冷却水进阀温度分级启动，以提高进阀内冷却水的温度。电加热器适用于寒冷地区，热带及亚热带地区可不设置。

5. 离子交换器

内冷却水（内冷水）循环系统运行时，部分内冷水从主循环回路旁通进入去离子水处理回路，进行去离子处理，去离子后的内冷水电导率降低后，再回到主循环回路。通过去离子水处理装置连续不断地运行，内冷水的电导率将会被控制在换流阀冷却系统所要求的范围内。同时，为防止离子交换器中颗粒状的树脂流入内冷水主循环回路管道，在每个离子交换器出水口处均设置有精密过滤器。

此外，离子交换器还作用于内冷水补水回路，当内冷水补水泵启动时，补水罐内储存的蒸馏水经补水泵输送到离子交换器，经去离子处理后再补充到内冷水循环系统中。

6. 补水泵

补水泵设置在内冷水循环系统补水回路，为内冷水循环系统补水提供动力，当内冷水循环系统水量低于一定水平时，启动补水泵抽取补水罐中的水补充到内冷水循环系统。为保证内冷水循环系统可靠补水，可配置多台补水泵，并采用自动启动方式。一般补水泵选型要求流量小，虽然注入泵可满足小流量补水的要求，但由于高位水箱设置在内冷水循环系统位置最高处，对补水泵扬程要求较高，达数十米，因此，实际工程中，常选用离心泵，立式安装。

7. 补水罐

补水罐又称补水箱，主要用于存放内冷却蒸馏水。为了保持补水水质稳定，需采取密封设计，一般可通过人工注入的方式对补水箱进行补水，也可通过原水泵对补水箱进行补水。

8. 高位稳压系统

高位稳压系统是利用高位水箱维持内冷水循环系统管道水量和压力的稳定。高位水箱又称膨胀罐，是敞开式水箱，设置在阀厅室内顶部。高位水箱用于监测内冷水循环系统的水量，同时用于补偿因温差引起的内冷水体积变化，并对内冷水循环系统的少量水渗漏进行补水。此外，高位水箱同大气相连，与脱气罐共同完成内冷水中气体排出的功能。

一些工程设计中，高位水箱顶部还设置有氮气瓶，氮气瓶内充有稳定压力的高纯氮气，当内冷水因少量外渗或电解损失时，氮气自动扩张，将内冷水压入内冷水循环管路系统，确保管路压力恒定和内冷水的充满。此外，还可设置二氧化碳过滤器，防止因二氧化碳进入内冷水循环系统，引起内冷水的 pH 值变化，降低管道腐蚀。

9. 水路均压系统

换流阀冷却系统主要冷却部件包括晶闸管阀片、阀电抗器和 RC 阻尼回路中的电阻，内冷水水路将不同电位的部件连接起来，不同电位的部件之间就会存在电势差，导致水路中可能产生电解电流，从而引起金属件电解腐蚀。由于去离子水的电导率和电解特性，因此，采用去离子水作为冷却介质的换流阀冷却系统，需要考虑避免电场集中引起局部放电，并将水的电解电流降到微安级别。

前文对目前国内换流站内冷水系统中的设备进行了简单的介绍。随着各个换流站对换流阀系统安全等要求的提高，并结合内冷水系统腐蚀研究及实际应用，一些换流站添加了氮气罐或者氧气罐，将内冷水系统膨胀水箱和氮气罐或者氧气罐相连通。与氮气罐相连的目的是防止在水路接口处氧气进入内冷水系统，降低内冷水溶解氧含量，从而避免一部分腐蚀。与氧气罐相连的目的是通过氧气保护使内冷水系统中氧气含量达到饱和，从而避免金属腐蚀的电化学反应。两种通气装置都有一定防止内冷水系统中设备腐蚀的作用。

另外，内冷水中管道主要是不锈钢材质，不锈钢是由铁、铬、镍等元素组成的合金，由于不锈钢拥有耐腐蚀的特点，因而被用在很多恶劣的工作环境下。不锈钢之所以稳定是因为其表面自发形成的一层薄且稳定的氧化膜。

通常情况下，在换流阀冷却系统内冷水水路适当位置装设铂电极，铂电极通过均压电极线与金属部件连接实现均压。装设均压电极可保证阀塔中水路电位变化与晶闸管电位变化一致，有效避免了金属件的电解腐蚀。均压电极一般装设的位置有：①晶闸管并联运行的汇流水管首尾端；②阀组件水管进出口；③每层阀塔之间水管连接处；④阀塔顶部及尾端水管处。

由于晶闸管铝制散热器的电化学腐蚀，均压电极在电场作用下容易结垢。阀塔振动、水流冲击等原因可能导致垢质脱落，引起内冷水管道堵塞、部分金属件无法冷却而损坏，严重时导致高压直流系统停运。目前，通常开展定期检查和手动除垢方法降低结垢的影响，尚未找出有效方法根除均压电极结垢现象。

第四节　换流阀外冷却系统

如前所述，换流阀外冷却系统有两种方式：水冷和风冷。风冷方式适用于寒冷地区，通过风机将冷风吹到换热盘管外表面，使得换热盘管内的阀冷却水得到冷却。水冷则是在冷却塔内通过喷淋外冷却水到换热盘表面，使得换热盘管内的阀冷却水得到冷却。相比风冷，水冷方式更具有普遍性。

冷却介质流经换流阀，通过热交换，将换流阀产生的热量带走，在这个过程中，换流阀经散热而温度降低，冷却介质因吸热而温度升高。在室外设置闭式蒸发型冷却塔和地下储水池，内冷却水系统主循环泵驱动内冷却介质进入冷却塔的换热盘管，喷淋泵将水从地下储水装置抽取出来，并将水直接喷洒到换热管的外表面。喷淋水吸收换热盘管的热量形成水蒸气，风机将水蒸气排入大气，将内冷却介质携带的热量散出，换流阀的温度得以降低。内冷却介质经此循环过程后，温度得以降低，然后再由主循环泵送回换流阀，进行下次循环。

一、换流阀外冷却系统——水冷方式

换流阀外冷却系统水冷方式主要由四部分组成，分别是喷淋单元、软化单元、加药单元及旁滤单元，如图1-17所示。

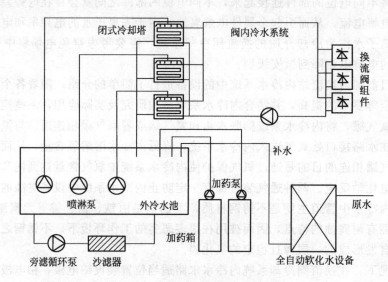

图1-17 换流阀外冷却系统结构图

喷淋单元主要设备有外冷却水池、闭式冷却塔和喷淋泵；软化单元主要设备为全自动软化水设备；加药单元主要设备有加药箱和加药泵；旁滤单元主要有旁滤循环泵和沙滤器。下面简要对上述设备进行简要介绍。

1. 外冷却水池

主要用于存放自然冷却外冷却水。外冷却水池有水位监视装置，当水位低于一定值时，自动打开进水电磁阀进行补水，当水位达到某设定值时停止补水。

2. 闭式冷却塔

闭式冷却塔是一种将水冷冷却器和常规冷却塔的性能相结合的热交换器，是介于水冷器和空冷器之间的热交换器。其结构紧凑、体积小，依靠水的蒸发吸热，冷却效率高。

闭式冷却塔主要由换热盘管、风机、进风窗和外壳组成。换热盘管是冷却塔的关键部件，采用钛管、铜管、不锈钢管、碳钢管等材质制作，换热盘管连续弯折交错，有效增加了换热长度，冷却升温后的内冷却水。冷却塔采用吸风式结构，风机安装在塔顶实现出风，进风窗采用格栅，安装在冷却塔侧面，进风量大、阻力小，可降低风机能耗且避免喷淋水外溅，同时减少灰尘进入水槽。外壳采用镀铝锌铜板，外表面防腐蚀处理。

加热后的内冷却水进入换热盘管，室外外冷却水池抽水经喷淋泵喷洒到换热盘管表面，并与自下而上的空气流形成对流，喷淋水吸热后蒸发成水蒸气通过塔顶的风机排至大气，使换热盘管中内冷却水得到冷却。

通常情况下，换流阀冷却系统设置三台冷却塔，每台冷却塔容量为总冷却塔容量的50%，每台冷却塔配置 2 台变频风机，风机的性能需满足冷却塔对风量和风压的要求。一般情况下三台冷却塔均投入运行，若某一台冷却塔故障退出运行，可提高另外两台冷却塔风机转速，以保证冷却效果。

3. 喷淋泵

喷淋泵的主要作用是给阀外冷却水提供循环动力。外冷却水经喷淋泵加压后，通过喷淋管道均匀洒到冷却塔内部换热盘管的外表面，同时，在冷却塔顶部风机作用下，空气自下而上流动，与外冷却水形成逆向流，外冷却水吸收换热盘管内水的热量并变成水蒸气，而未能蒸发的外冷却水通过冷却塔底部聚集回流到外冷却水池，再循环进入喷淋泵，周而复始。

喷淋泵采用卧式离心泵，其选型要求流量一般为 $100\sim200m^3/h$、扬程为 30m。每台闭式冷却塔均配置两台喷淋循环水泵，互为备用，每台水泵均为 100% 容量，两台泵按设置的时间周期进行切换。外冷却水系统的喷淋泵启动要求较低，可采用直接启动方式。

4. 软化水设备

软化水设备是为了降低外冷却水硬度而设置的水质软化装置，通常安装在外冷却水补水回路中，保证外冷却水硬度在工程要求范围内。软化水设备是一种运行及再生操作过程全自动控制的离子交换器，利用强酸型阳离子（Na^+）交换树脂，与水中阳离子（Ca^{2+}、Mg^{2+}、Fe^{2+} 等）进行离子交换，去除水中钙、镁离子，降低原水硬度，以达到软化硬水的目的，进而减少冷却塔换热盘管积垢。当离子树脂吸附一定量钙、镁离子饱和后，树脂去除钙、镁离子的效率降低，必须进行再生，即用饱和的浓盐水浸泡、冲洗树脂层，把树脂所吸附的钙、镁离子再生置换出来，恢复树脂交换能力，并将废液污水排出。

全自动软化水设备由软水器、盐箱、控制器等组成。软水器采用时间、流量和感应器等方式来启动再生，再生方式为顺流再生或逆流再生。控制装置包括控制器和多路阀，其中控制器用于设置软水器主备切换、软水器再生和软水器工作时间，多路阀设置 4 个管口，分别为进水口、出水口、排污口、吸盐口。

离子交换器内的离子交换树脂上具有可与水中阳离子（如 Ca^{2+}、Mg^{2+} 等结垢离子）杂质、阴离子（如 CO_3^{2-}、SO_4^{2-} 等结垢离子）杂质交换的氢离子（H^+）或氢氧根离子（OH^-），当水与离子交换树脂接触时，水中的杂质离子被交换到树脂上从水中除去，树脂上的 H^+ 和 OH^- 进入水中，进入水中的 H^+ 和 OH^- 立即反应生成水，实现树脂中离子与水中原有的离子相互交换，去除水中杂质离子并降低电导率。

5. 旁滤循环泵

旁滤循环泵配置在外冷水池的旁路回路上，为外冷水旁路循环过滤提供动力，避免外冷水因长期蒸发浓缩导致杂质残留过多。一般配置 1 台或 2 台，配置 2 台时为一用一备，定期切换。正常情况下，只要外冷水循环系统的喷淋泵运行，旁滤循环泵就会一直运行。旁滤循环泵选型要求流量约为 $30m^3/h$、扬程约为 15m，常采用离心泵。考虑旁滤循环泵要求流量和扬程较低，且安装占地空间较小，一般采用立式结构。

6. 沙滤器

为避免外冷水因长期蒸发浓缩导致杂质残留过多，外冷水需通过旁路循环进行过滤，其过滤功能由沙滤器完成，旁滤循环泵提供旁路循环动力。沙滤器主要是由石英砂、沙砾或其它的颗粒状原料作为内部介质构成砂床，即过滤层，外冷水流从沙滤器进水口进入并流经过滤层后，水中的悬浮杂质被过滤层吸附，过滤后的外冷水则经底部滤水帽从出水口流出，回流到外冷水池。

沙滤器的清洗可通过反冲洗来完成，由于沙滤器工作过程中杂质被拦截在过滤层的内表面形成"滤饼"，使过滤层内外逐渐形成压差，因此，反冲洗启动可根据进出口的压差或定时自动完成。沙滤器自动清洗过程中，水从过滤器出水口进入，经过沙滤器底部滤水帽向上冲洗砂床，引起过滤层的紊流扰动，杂质从过滤层脱落，随清洗水从顶部进水口作为弃水排出，不再回流到外冷水循环系统。

二、换流阀外冷却系统——风冷方式

阀外风冷系统主要由三大部分组成：空冷器、电加热器、管路及阀门。各个部分由以下主要元器件组成。外风冷流程图如图 1-18 所示。

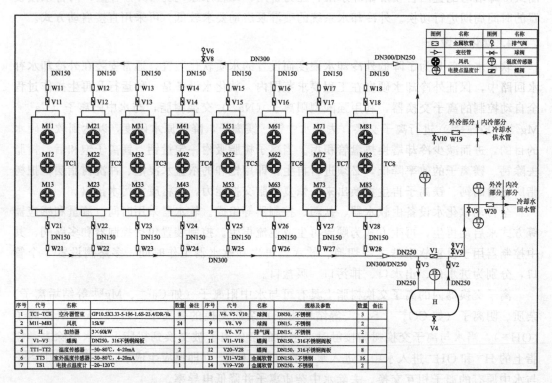

图 1-18 外风冷流程示意图

1. 空冷器

空冷器主要由换热管束、管箱、风机、构架、楼梯、栏杆、检修平台、百叶窗等组成。空冷器作为阀冷却系统的室外换热设备，对阀内冷却水冷系统冷却介质进行冷却，将内水冷温度、进阀温度控制在允许范围内。

（1）换热管束

阀内冷却水在换热管束内流通，通过风机的吹拂对阀内冷却水管道降温。风机采用水平鼓风式，设置了一定的坡度，以便管束内的水顺利放空，确保冬季不运行时设备的防冻需要。

（2）管箱

在阀内冷却水管道进出空冷器处设置管箱，对阀内冷却水冷却液进行分流汇流，同时对换热管束进行固定。管箱采用不锈钢材质，为了便于管束的维修，管束管箱均采用丝堵结构。

（3）风机

加快空冷器内空气流动，对换热管束进行冷却。采用高效低噪声变频调速风机，风机叶片采用高强度优质铝合金材质，使用寿命长。轮毂及风筒等可采用钢制（Q235B），风机与电动机采用皮带传动。

（4）百叶窗

百叶窗防止灰尘、雨雪进入换热管束影响散热效果，同时可防止异物落入空冷器内。百叶窗为手动调节型。

2. 电加热器

为了防止环境温度较低、系统负荷较小时，阀内冷却水温度过低，在空冷器总出口处的不锈钢罐体内设置电加热器，用于对内水冷却液进行加热。在电加热器进出口均设置截断用的不锈钢阀门，在检修时可以方便地关掉相应阀门，并设置温度开关，进行进阀温度保护。

3. 管路及阀门

管路与管件采用自动氩弧焊接、经精细打磨工艺而成，外部亚光处理，无可见斑痕，内部经多道清洗，通过严格的耐压检验。现场管道安装采用厂内预制、现场装配的形式，杜绝了现场焊接后处理不善造成的一系列隐患。管路系统实施可靠接地，保持等电位，以杜绝可能产生的电腐蚀现象。管路及阀门均采用304不锈钢及以上材质。

第二章

电化学腐蚀原理

第一节　导体与电解质

一、导体

导体是指电阻率很小且易于传导电流的物质。导体中存在大量可自由移动的带电粒子称为载流子。在外电场作用下，载流子定向移动，形成明显电流。

金属是最常见的一类导体，金属原子最外层的价电子很容易挣脱原子核的束缚，而成为自由电子，留下正离子形成规则点阵。金属中的导电粒子是电子，因此，金属属于电子导体。

金属中自由电子的浓度很大，所以金属的导电性能通常比其它导电材料的大。材料的导电性能可以用电阻率表示，不同的金属，其导电性能不同，即其电阻率也各不相同，表 2-1 列出了 25℃时部分金属的电阻率。

表 2-1　部分金属的电阻率（25℃）

金属	电阻率 ρ /(nΩ·m)	金属	电阻率 ρ /(nΩ·m)	金属	电阻率 ρ /(nΩ·m)
银	15.86	镁	44.50	镉	68.30
铜	16.78	锌	51.96	镍（磁性）	68.40
金	24.00	钼	52.00	铟	83.70
铝	26.55	铱	53.00	铁（磁性）	97.10
钙	39.10	钨	56.50	锡	110.00
铍	40.00	钴（磁性）	66.40	伽	125.00

绝缘体在某些外界条件（如加热、加高压等）影响下会被"击穿"，而转化为导体。在未被击穿之前，绝缘体也不是绝对不导电的物体。如果在绝缘材料两端施加电压，材料中将会出现微弱的电流。绝缘材料中通常只有微量的自由电子，在未被击穿前参加导电的带电粒子主要是本征离子和杂质离子。本征离子是由于热运动而离解出来的离子，杂质离子是由于杂质离解产生的。绝缘体或电介质的主要电学性质反映在电导、极化、损耗和击穿等过程中。

二、电解质

电解质是溶于水溶液中或者熔融状态下就能够导电的（自身电离成阳离子与阴离子）

的化合物。根据电离的程度，电解质可以分成强电解质和弱电解质，几乎完全电离的是强电解质，只有少部分电离的是弱电解质。

电解质都是以离子键或共价键结合的物质。电解质不一定能导电，而只有在溶于水或熔融状态时电离出自由移动的离子后才能导电。电解质或电解质溶液中导电的粒子是离子，因此，电解质或电解质溶液是离子导体。

电解质溶液导电性能与多种因素有关，如离子浓度、离子所带电荷数、电解质强弱、溶液温度等。电导率是用来表征物质中电荷流动难易程度的参数，电解质溶液中的导电性通常由电导率表征。

强电解质（strong electrolyte）是在水溶液中或熔融状态中几乎完全发生电离的电解质，完全电离，不存在电离平衡。弱电解质（weak electrolyte）是在水溶液中或熔融状态下不完全发生电离的电解质。强弱电解质导电的性质与物质的溶解度无关。强电解质一般有：强酸、强碱、活泼金属氧化物和大多数盐，如：硫酸、盐酸、碳酸钙、硫酸铜等。弱电解质一般有：弱酸、弱碱，少部分盐，如：醋酸、一水合氨（$NH_3 \cdot H_2O$）、醋酸铅、氯化汞。另外，水是极弱电解质。

电解是使电流通过电解质溶液或熔融状态的电解质，而在阴阳两极引起氧化还原反应的过程。这一过程是将电能转变为化学能的过程。电解的条件是外加电源、电解质溶液或熔融的电解质、闭合回路。例如，水的电解，电解槽中阴极为铁板，阳极为镍板，电解液为氢氧化钠溶液。通电时，在外电场的作用下，电解液中的正、负离子分别向阴、阳极迁移，离子在电极-溶液界面上进行电化学反应。在阳极上进行氧化反应，在阴极上进行还原反应。水的电解就是在外电场作用下将水分解为 $H_2(g)$ 和 $O_2(g)$。电解是一种非常强有力的促进氧化还原反应的手段，许多很难进行的氧化还原反应，都可以通过电解来实现。例如：可将熔融的氟化物在阳极上氧化成单质氟，熔融的锂盐在阴极上还原成金属锂。电解工业在国民经济中具有重要作用，许多有色金属和稀有金属的冶炼及金属的精炼、基本化工产品的制备还有电镀、电抛光、阳极氧化等都是通过电解实现的。

1. 影响因素

决定强、弱电解质的因素较多，有时一种物质在某种情况下是强电解质，而在另一种情况下又可以是弱电解质，下面从键型、键能、溶解度、浓度和溶剂等方面来讨论这些因素对电解质电离的影响。

（1）键型

电解质的键型不同，电离程度就不同。已知典型的离子化合物，如强酸、强碱和大部分盐类，在极性水分子作用下能够全部电离，导电性很强，我们称这种在水溶液中能够完全电离的物质为强电解质。而弱极性键的共价化合物，如弱酸、弱碱和少数盐类，在水中仅部分电离，导电性较弱，我们称这种在水溶液中只能部分电离的物质为弱电解质。所以，从结构的观点来看，强、弱电解质的区分是由于键型的不同所引起的。但是，仅从键型强弱来区分强、弱电解质是不全面的，强极性共价化合物也有属于弱电解质的情况，HF 就是一例。因此，物质在溶液中存在离子的多少，还与其它因素有关。

（2）键能

相同类型的共价化合物由于键能不同，电离程度也不同，例如，HF、HCl、HBr、HI 就其键能来说是依次减小的，它们分子内的核间距依次增大，从分子的键能依次减小来看，HF 的键能最大，分子结合得最牢固，在水溶液中电离最困难，再加上 HF 分子之间由于形成氢键的缘故而有缔合作用,虽然在水分子的作用下一部分 HF 离子化,离解为 H_3O^+ 和 F^-,但离解出来的 F^- 很快地又和 HF 结合成为 HF_2^-、$H_2F_3^-$、$H_3F_4^-$ 等离子。在 $1mol/L$ HF 溶液中,F^- 仅占 1%,HF_2^- 占 10%,而大部分都是多分子聚合的离子:HF_2^-、$H_2F_3^-$、$H_3F_4^-$,这样就使 HF 成为一种弱酸,而 HCl、HBr、HI 都是强酸。HCl、HBr 和 HI 分子内的核间距依次增大,键能依次减小,所以它们的电离度逐渐略有所增大。但是,仅从键能大小来区分强、弱电解质也是片面的,有些键能较大的极性化合物也有属于强电解质的情况。例如,H—Cl 的键能($431.3kJ/mol$)比 H—S 的键能($365.8kJ/mol$)大,在水溶液中 HCl 却比 H_2S 容易电离。

(3) 溶解度

电解质的溶解度也直接影响着电解质溶液的导电能力。有些离子化合物,如 $BaSO_4$、CaF_2 等,尽管它们溶于水时全部电离,但它们的溶解度很小,使它们的水溶液的导电能力很弱,但它们在熔融状态时导电能力很强,因此仍属强电解质。

(4) 浓度

电解质溶液的浓度不同,电离程度也不同。溶液越稀,电离程度越大。因此,有人认为 HCl 和 H_2SO_4 只有在稀溶液中才是强电解质,在浓溶液中则是弱电解质。由蒸气压的测定知道,$10mol/L$ 的盐酸中有 0.3% 的 HCl 保持共价分子状态,因此对 $10mol/L$ 的盐酸而言,HCl 是弱电解质。通常当溶质中以分子状态存在的部分少于千分之一时就可认为是强电解质,当然在这里"强"与"弱"之间是没有严格界限的。

(5) 溶剂

溶剂的性质也直接影响电解质的强弱。对于离子化合物来说,水和其它极性溶剂的作用主要是削弱晶体中离子间的引力,使之解离。

因此弱电解质和强电解质,并不是物质在本质上的一种分类,而是由于电解质在溶剂等不同条件下所造成的区别,彼此之间没有明显的界限。

2. 判断方法

电解质和非电解质的区别:电解质是在水溶液或熔融状态下可以导电的化合物;非电解质是在水溶液或熔融状态下都不能导电的化合物。单质、混合物不管在水溶液中或熔融状态下是否能够导电,都不是电解质或非电解质。如所有的金属既不是电解质,也不是非电解质。因为它们并不是化合物,不符合电解质的定义。

① 是否能电离(本质区别):电解质是在一定条件下可以电离的化合物,而非电解质不能电离。

② 常见物质类别:电解质一般为酸、碱、盐、典型的金属氧化物和某些非金属氢化物。非电解质通常为非金属氧化物、某些非金属氢化物和绝大多数有机物。

③ 化合物类别:电解质为离子化合物和部分共价化合物,非电解质全部为共价化合物。

3. 应用——絮凝剂

高分子电解质具有絮凝作用,是有效的高分子絮凝剂,其带电部位能中和胶体粒子电荷,破坏胶体粒子在水中稳定性,促使其碰撞,通过高分子长链架桥把许多细小颗粒缠结在一起,聚集成大粒子,从而加速沉降。其絮凝和沉降速度快、污泥脱水效率高,对某些废水的处理有特效。高分子电解质的絮凝能力,比无机絮凝剂如明矾、氯化铁等大数倍至数十倍,而且具有许多无机絮凝剂所没有的独特性能。

第二节　电化学腐蚀原理

腐蚀是指材料在其周围环境的作用下发生变质或破坏的现象。考虑到金属腐蚀的本质，通常把金属腐蚀定义为金属与周围环境（介质）之间化学或电化学作用引起的变质或破坏。

金属腐蚀是发生在金属与介质界面上的复杂多相反应，破坏总是从金属表面逐渐向内部深入的。因此，金属发生腐蚀时，一般同时发生外貌变化，如溃疡斑、小孔、表面有腐蚀产物或金属材料变薄；金属的机械性能、组织结构也发生变化，如金属变脆、强度降低、金属中某种元素的含量发生变化或金属组织结构发生相变等。

金属材料在使用的过程中常见的破坏形式除了腐蚀外，还有断裂和磨损。断裂是指金属构件受力超过其弹性极限、塑性极限而发生的破坏。断裂使构件失效，但金属材料还可重新熔炼使用。磨损是指金属表面与其接触的物体或周围环境发生相对运动，而产生的损耗。腐蚀与磨损有时同时发生，甚至难以区分。

金属腐蚀是在金属学、物理化学、电化学、工程力学等学科基础上发展起来的、融合了多门学科的新兴边缘学科。金属腐蚀的主要内容如下：

① 研究和了解金属材料与环境介质作用的普遍规律，既要从热力学角度研究金属腐蚀进行的可能性，又要从动力学角度研究腐蚀进行的速度和机理。

② 研究在各种条件下控制或防止设备腐蚀的措施。

③ 研究和掌握金属腐蚀测试技术，探寻腐蚀的现场监控方法等。

从热力学的角度看，金属腐蚀是一个自发过程，是难以避免的。因此，设备腐蚀是普遍存在的。电力系统经常说的"四管爆漏"、蒸汽管泄露，许多也与金属腐蚀有关。

一、电极和电极电位

1. 电位和电位差

电位是与某一位置相对应的，根据静电学理论，某一位置的电位可定义为把单位正电荷自无穷远处移至该点，因反抗电场作用力所做的电功。其单位为 J/C，1J/C 的电位称为 1V。

电位差是静电场中两点之间的电位的差值，如静电场中 a、b 两点的电位差可写成

$$\Delta\phi_{ab}=\phi_a-\phi_b \ 及 \ \Delta\phi_{ba}=\phi_b-\phi_a$$

假如 $\Delta\phi_{ab}$ 为正值，则 $\Delta\phi_{ba}$ 为负值，表明 a 点的电位比 b 点的电位高，要想将正电荷从 b 点移到 a 点，外界必须对正电荷做功，而正电荷从 a 点移到 b 点时，外界可以从电场获取功，如图 2-1 所示。电势差的正负与 a、b 的书写次序有关，书写是规定从左往右书写。

2. 电极及电极反应

在电化学中，电极有两种不同的含义：第一种是指电子导体（主要是金属）和离子导体（主要是

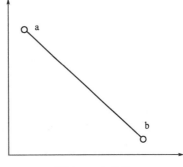

图 2-1　电位差

电解质溶液）相接触组成的体系，常用"金属|电解质溶液"来表示，如"Zn|ZnSO₄"表示金属锌与 $ZnSO_4$ 溶液接触所组成的电极体系，称为锌电极；第二种是仅对电子导体而言，此时的锌电极仅指金属锌，常说的铂电极、石墨电极也是这种定义。

电极反应是在电极两相界面上发生得失电子的电化学反应。一般情况，可表示为：

$$[O]+ne^- \rightleftharpoons [R]$$

式中　[O]——可以得到电子、被还原的氧化态物质；

　　　[R]——可以失去电子、被氧化的还原态物质；

　　　n——反应的得失电子数；

上述反应式表示，同一个电极反应有正、逆两个反应方向，其中反应物得到电子的反应称为还原反应，反应物失去电子的反应称为氧化反应。正反应（还原反应）和逆反应（氧化反应）速度相等时，电极反应达到平衡，此时的正、逆反应速率称为交换反应速率。

很多情况下，电极反应是构成电极体系的金属的溶解（失去电子而变成金属离子，溶解于电解质溶液中）及其逆反应，如 $Cu|CuSO_4$ 体系的电极反应可表示为：$Cu^{2+} + 2e^- \rightleftharpoons Cu$，这类电极称为金属电极。

金、铂等金属的化学性能稳定，把这类金属浸入不含有自身阳离子的溶液中时，这些金属的表面能够吸附一些分子、原子或者离子，如果被吸附的物质是气体，而且这种气体可以进行氧化还原反应，那么就有可能建立起一个表征此气体的电极电位，这种电极称为气体电极。氢气、氧气、氯气也能在一些金属的表面形成气体电极。

3. 电极电位

金属具有独特的结构形式，其晶格可以看作是由许多整齐排列着的金属正离子和在各正离子之间游动着的电子组成。当把一种金属浸入到水溶液中，则在水分子作用下，金属中的正离子会和水分子形成水化离子，从而转入溶液中。这样导致的结果是有若干的金属离子进入溶液中，而等量的电子便留在了金属表面。在此过程后，金属表面就带负电，水溶液带正电，在金属表面和与此表面相接的溶液之间就形成了双电层。如图 2-2(a) 所示。当把金属浸入到自身的盐溶液中时，如果溶液中金属离子的浓度较大，金属正离子在金属上沉积，使金属中有过剩的正电荷，金属表面带正电，溶液带负电而形成双电层，如图 2-2(b) 所示。

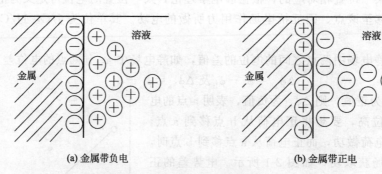

(a) 金属带负电　　　　　　　　　　(b) 金属带正电

图 2-2　双电层示意

双电层之间的正负电荷之间存在吸引力，因此转入溶液中的水化离子不会远离金属表面。另外，转入溶液中的金属离子量通常极其微小，因为金属表面的电子又会吸附溶液中的水化离子到金属表面，两个过程传递电荷的方向相反。如果这两个过程进行的速度相等，就会建立平衡。由于金属表面和溶液间存在双电层，这样便会产生电位差，这电位差便是该金属在此溶液中的电极电位。

4. 平衡电极电位和标准电极电位

当某金属与溶液中该金属离子建立起如下平衡时，即

$$Me \rightleftharpoons Me^{n+} + ne^-$$

电极就会具有一稳定的电极电位，称为平衡电极电位。上述电极反应为可逆反应，该电极称为可逆电极。可逆电极的电位高低与溶液中的氧化态、还原态物质的浓度（或者活度）和温度等有关，服从能斯特（Nernst）公式。计算平衡电极电位的能斯特公式如下：

$$\varphi_e = \varphi_e^\ominus + \left(\frac{RT}{nF}\right)\ln\left(\frac{a_O}{a_R}\right)$$

式中 φ_e——平衡电极电位，V；

$\varphi_e^\ominus$——物质标准电极电位（简称标准电极电位），即氧化态、还原态物质的活度为 1 时的平衡电极电位，V；

R——气体常数，等于 8.314J/(K·mol)；

T——热力学（绝对）温度，K；

n——金属离子的价电子；

F——法拉第常数，96484.6C/mol；

a_O, a_R——氧化态、还原态物质活度。

对于金属电极，还原态物质（金属）活度为 1，其能斯特公式可以简写为：

$$\varphi_e = \varphi_e^\ominus + \left(\frac{RT}{nF}\right)\ln a$$

式中 a——金属离子的活度。

当金属离子的活度为 1 时，能斯特公式最后一项为 0，此时的电极电位等于标准电极电位。所以某金属的标准电极电位就是将此金属浸泡在含有该金属离子且活度为 1 的溶液中的电极电位。

从公式中我们可以看出，在一定温度下，标准电极电位是一个定值。但单个电极的绝对电位无法测量，只能测两个电极的电位差。所以，电极电位是一个相对的值，即电极电位是被测电极与参比电极组成原电池的电动势，常用 φ 来表示。参比电极是电极电位基本保持不变的一类电极，常用的有标准氢电极（SHE）、银-氯化银电极和饱和甘汞电极（SCE）等。

为了便于比较，规定在任何温度下标准氢电极（SHE）的电极电位为 0。这里的标准是指氢离子的浓度（活度）为 1mol/L、氢气的分压为 1 标准大气压。我国目前常用的参比电极是 SCE，25℃时它相对于 SHE 的电极电位是 0.2412V。一般给出电极电位时，都应该注明测量时的参比电极；如不注明，则通常为 SHE。表 2-2 是一些常用电极 25℃时的标准电极电位。

表 2-2   一些常用电极 25℃时的标准电极电位

电极名称	电极反应	$\varphi^\ominus$/V	电极名称	电极反应	$\varphi^\ominus$/V
钾	$K \rightleftharpoons K^+ + e^-$	−2.925	锌	$Zn \rightleftharpoons Zn^{2+} + 2e^-$	−0.763
钙	$Ca \rightleftharpoons Ca^{2+} + 2e^-$	−2.870	铁	$Fe \rightleftharpoons Fe^{2+} + 2e^-$	−0.440
钠	$Na \rightleftharpoons Na^+ + e^-$	−2.717	氢	$H_2 \rightleftharpoons 2H^+ + 2e^-$	0.000
镁	$Mg \rightleftharpoons Mg^{2+} + 2e^-$	−2.370	铜	$Cu \rightleftharpoons Cu^{2+} + 2e^-$	+0.337
铝	$Al \rightleftharpoons Al^{3+} + 3e^-$	−1.163	氧	$4OH^- \rightleftharpoons O_2 + 2H_2O + 4e^-$	+0.401

5. 非平衡电极电位（腐蚀电位）

假如当金属进入溶液时，除了这种金属的溶解反应外，外还有其它物质（如 O_2）参加电极过程，金属电极上同时发生着两个反应：金属失去电子进入溶液，另一种物质（如 O_2）得到金属失去的电子生成其它物质。在这种电极上得失电子是不可逆的，这种电极属于不可逆电极。不可逆电极表现出来的电位称作不平衡电位或不可逆电位。在一个电极上建立平衡电位的必要条件是该电极只有一个电极反应。通常，发生腐蚀的金属电极表面上至少有两个反应同时进行。发生腐蚀的金属电极称为腐蚀电极，腐蚀电极上各反应达到稳定时的电极电位称为腐蚀电位。腐蚀电位不是平衡电极电位而是稳定电位。

二、腐蚀原电池

1. 腐蚀原电池的原理

若将一碳钢放入不含氧的稀盐酸中，可以看到碳钢会在溶液中剧烈反应，铁不断被溶解，并生成氯化亚铁溶液，同时碳钢表面上有氢气析出，如图 2-3（a）所示。参加电极反应的物质可以写成如下的离子反应式：

$$Fe + 2H^+ \longrightarrow Fe^{2+} + H_2 \uparrow$$

由离子反应式可以看出，浸入不含氧的稀盐酸中的碳钢片上同时进行着两个电极反应，即铁氧化为铁离子和氢离子还原成氢气。于是可以将总的腐蚀反应式看成是两个彼此独立进行的，又通过电荷的传递相互联系在一起的分电极反应所组成，即

$$Fe \longrightarrow Fe^{2+} + 2e^- （阳极电极反应）$$

$$2H^+ + 2e^- \longrightarrow H_2 \uparrow （阴极电极反应）$$

金属在没有外界施加影响的情况下自发溶解，其上两个电极反应速率相等。即金属腐蚀时，氧化过程的速率与还原过程的速率相等。

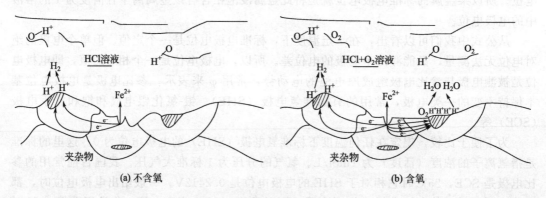

图 2-3   碳钢在稀盐酸中的腐蚀

如果溶液中除了氢离子还有其它可使金属离子化的氧化型物质，如水中的溶解态氧分子、Fe^{3+}、Cu^{2+} 等，就可能有一个以上的阴极反应。如将碳钢浸入含氧的稀盐酸中［见图 2-3（b）］，其阳极反应是铁的溶解，阴极反应过程有氢离子的还原和溶解氧的还原两个反应，即

$$Fe \longrightarrow Fe^{2+} + 2e^- （阳极电极反应）$$

$$\left. \begin{array}{l} 2H^+ + 2e^- \longrightarrow H_2 \uparrow \\ O_2 + 4H^+ + 4e^- \longrightarrow 2H_2O \end{array} \right\} （阴极电极反应）$$

　　不过，无论有多少阴极反应或阳极反应，腐蚀时总的还原速率等于总的氧化速率。

　　因此，电化学腐蚀过程是由于介质中存在着平衡电极电位高于金属平衡电极电位的氧化性物质而引起的。这种氧化性物质的电极反应和金属的电极反应构成原电池中的阴极反应和阳极反应，氧化物质发生还原反应，金属发生氧化反应，在阴极和阳极之间有电流流动。然而，腐蚀过程中形成的这种原电池作用，其阳极和阴极是短路连接的，所以这种电池不能对外界做有用功，腐蚀反应过程中所释放的化学能都转化为无法利用的热能散失在环境中。因而，从热力学的角度看，腐蚀过程中进行的电化学反应，其方式是不可逆的。通常将这种只导致金属材料破坏而不对外界做有用功的短路原电池称为腐蚀原电池或腐蚀电池。

　　一个腐蚀电池必须包括阴极、阳极、电解质溶液和外电路四个部分。金属发生腐蚀时，腐蚀电池的工作主要由金属阳极溶解过程、溶液中氧化物质还原过程、电子和离子的定向移动等过程组成。从这种电化学腐蚀的历程我们可以看出，金属的腐蚀破坏主要集中在金属的阳极区域，在金属的阴极区域不会有可以察觉的腐蚀损失。同时，腐蚀电池工作时，上述三个过程彼此独立进行，但又串联在一起的，因此，只要其中某个过程受到阻滞，就会使整个腐蚀过程受到阻滞，金属的腐蚀速率就会减缓。如能查清某个过程进行受阻滞的原因，就可以设法采取某些措施来防止或减缓金属的腐蚀。

2. 腐蚀原电池的次生过程

　　腐蚀原电池工作时，由于金属的阳极溶解，靠近阳极的电解质溶液中金属离子的浓度比溶液本体的浓度高；阴极附近的溶液 pH 升高，这是由于 H^+ 在阴极还原使其浓度减小，或是由于溶液中氧分子的阴极还原使 OH^- 浓度增大而造成的。于是，电解质溶液中出现金属离子浓度和 pH 值不同的区域，这种带电粒子的浓度差异和极性关系将引起粒子的扩散和迁移。金属离子将离开浓度高的阳极附近区域，向阴极方向移动，而阴极区域的 OH^- 则向相反方向移动。这样，在阳极区和阴极区的中间部位，就有可能生成难溶的金属氧化物。如：

$$Fe^{2+} + 2OH^- \longrightarrow Fe(OH)_2 \downarrow (pH > 5.5)$$
$$Zn^{2+} + 2OH^- \longrightarrow Zn(OH)_2 \downarrow (pH > 5.2)$$
$$Al^{3+} + 3OH^- \longrightarrow Al(OH)_3 \downarrow (pH > 4.1)$$

　　与此同时，由于极性关系，溶液中的其它阳离子也会向阴极区域迁移，其它阴离子向阳极区域迁移。

　　在某些情况下，腐蚀的次生产物会更复杂。当金属的腐蚀产物有更高价态时，产物可能被水溶液中的溶解氧进一步氧化。例如，铁腐蚀的次生过程产物氢氧化亚铁可被氧化为氢氧化铁或铁锈，即

$$4Fe(OH)_2 + O_2 + 2H_2O \longrightarrow 4Fe(OH)_3 \downarrow$$
$$4Fe(OH)_2 + O_2 \longrightarrow 2Fe_2O_3 \cdot H_2O + 2H_2O$$

　　综上，我们可以看出，腐蚀的次生过程所生成的难溶化合物，一般情况下并不直接在金属表面遭受腐蚀的阳极产生，而是从阳极区域迁移过来的金属离子和从阴极迁移过来的 OH^- 相遇处生成。

　　一般根据腐蚀过程中形成的腐蚀原电池的电极尺寸大小，以及在该腐蚀原电池作用下被破坏的金属的表观形态，把原电池腐蚀分为超微电池腐蚀、微电池腐蚀和宏电池腐蚀三种类型。

（1）超微电池腐蚀是由金属表面上存在的超微观的电化学不均一性引起的，因而阴、阳极间的电位差很小，阴、阳极的有效作用区域也很小，即腐蚀电极的阴、阳极面积极小，它们之间的电阻可忽略不计，而且阴、阳极区的分布是不固定的，它随时间而变化。超微电池作用导致的是金属材料的全面、均匀腐蚀。

（2）微电池腐蚀是金属表面由于存在许多微小的阴极和阳极区域而形成的腐蚀电极作用导致的金属腐蚀。这种微小的阴极区和阳极区的形成原因是多种多样的，例如：

① 金属的化学成分不均一。碳钢中的渗碳体（Fe_3C）和铸铁中的石墨在电解质溶液中，它们的电极电位比铁高，因而成为腐蚀电极中的微阴极，与作为阳极的铁构成短路微电池，加快基体金属铁的腐蚀。

② 金属的组织结构不均一。金属或合金内部，不同金相组织结构区域的电极电位一般不相同。如晶界区易富集杂质原子而造成化学不均匀性，使晶界的电极电位比晶粒的电极电位低，因而晶界区显得更活泼，在电解质溶液中，晶粒是阴极，晶界成为阳极发生腐蚀。金属的不同晶面在电解质溶液中具有不同的电位，它们的腐蚀速度也不相同。

③ 金属变形和内应力不均一。在金属制造和机械加工过程中，常使金属的不同部位产生不同的变形和应力，从而加快材料的腐蚀速率。与退火的材料相比，变形的金属和残余应力较大的金属均显得更加活泼，应力与变形较大的区域成为阳极。

④ 金属表面膜不完整。如果金属表面膜不完整地覆盖金属材料的表面，则金属裸露的区域将是阳极。如果表面膜不致密而有空隙，则空隙下金属的电位将较负，比较活泼，成为阳极。

以上这些原因形成的微电池用肉眼是难以观察到的，因为阴、阳极区的尺寸非常细小，阴阳极间的电阻可忽略不计。金属的许多局部腐蚀，如点蚀、晶间腐蚀、选择性腐蚀、应力腐蚀破裂等都是由这种微观腐蚀电池的作用引发的。

（3）宏电池腐蚀是金属腐蚀时腐蚀电池的电极尺寸较大，通常可用肉眼明显地区分出阴极区和阳极区，形成比较大的、界限明显的阴极区和阳极区的主要原因如下：

① 金属的材质不同。在腐蚀介质中，不同金属直接接触或用金属导线相连接时，可看到在腐蚀介质中电位较低金属的腐蚀加速，而电位较高金属的腐蚀区减缓，得到了保护。例如，管板为碳钢板、凝汽器管为黄铜的凝汽器在冷却水中电位较低的碳钢管板成为宏观的腐蚀电池的阳极而腐蚀加速，与碳钢管板接触的黄铜管的腐蚀减速。这实质上是由两种不同的金属或合金电极构成的宏观原电池的腐蚀，即电偶腐蚀。不同金属在腐蚀介质中的电位差越大，他们接触产生的电偶腐蚀越严重。

② 介质的浓度不同。腐蚀介质中，腐蚀金属的不同部位所接触的金属离子或溶解氧的浓度不同时，将形成宏电池腐蚀。

若金属与其自身离子的浓度不均匀的腐蚀介质接触时，按照能斯特公式，金属在其离子浓度较低的介质中的电位较低，因此离子浓度较低区域的金属成为阳极，离子浓度较高区域的金属成为阴极，形成金属离子的浓差腐蚀电池。

除了腐蚀介质中腐蚀金属的离子浓度差能形成宏电池腐蚀外，更常见的是介质中溶解氧的浓度差引起腐蚀金属不同部位间的宏电池。若与金属接触的腐蚀介质中通气不均匀，则由于腐蚀过程动力学上的原因，与贫氧的溶液部分接触的金属表面的腐蚀加剧，而与富氧的溶液部分接触的金属表面的腐蚀减缓，形成所谓的供氧差异腐蚀电池。

③ 介质的温度不同。金属与不同温度的同一腐蚀介质接触时，常由于温度差形成宏电池。高温端因温度高而形成腐蚀电极的阳极区，腐蚀加剧；低温端则是腐蚀电极的阴极区。

由于宏观腐蚀电池阳极区和阴极区的部位明显不同，因此在这种腐蚀电池作用下，被腐蚀金属外观上呈现严重的局部腐蚀形态，这种宏电池腐蚀的速率也将受阴、阳极间电阻的影响。

三、金属腐蚀过程中发生的反应类型

金属在介质中的腐蚀现象是非常复杂的，因为金属腐蚀时经常发生多重且不可逆的反应。腐蚀产物间还可能相互发生化学、电化学反应。因此，要想找到防止金属腐蚀的方法，首先我们便需要清楚金属在水溶液中发生或不发生腐蚀的条件，即金属腐蚀的可能性问题。这个问题我们可以通过金属-水体系的电位-pH 平衡图中解决，因此，研究金属腐蚀的可能性问题时，我们需要绘制出金属-水体系的电位-pH 平衡图。而绘制电位-pH 平衡图前我们首先要清楚金属腐蚀过程中会发生的反应类型有哪些。

由于与金属在水溶液中腐蚀过程有关的电化学反应，除了与溶液中金属离子浓度有关外，还可能与溶液的酸度，即 pH 有关，因此金属腐蚀过程中的电化学反应可以用下面的通式表示，即

$$a O + m H^+ + n e^- \Longleftrightarrow b R + c H_2O$$

式中　O——金属氧化态；

R——金属还原态。

上式中所表示的电极反应的平衡电极电位可以用能斯特公式来计算，如 25℃为：

$$\varphi_e = \varphi_e^{\ominus} + \frac{0.0591}{n} \lg \left(\frac{a_O^a}{a_R^b} \right) - \frac{0.0591m}{n} \mathrm{pH}$$

从 25℃时的能斯特公式中我们可以看出，溶液中金属氧化态粒子浓度越高，平衡电极电位越高。但无论金属氧化态粒子和还原态粒子的比例如何，电极平衡电位总是随溶液的 pH 升高而线性降低，直线斜率为 $0.0591m/n$。

金属在水溶液中的腐蚀过程可能还常常涉及一些金属离子的水解和沉淀反应，这类反应不是电化学反应而是化学反应。参加反应的物质中只有 H^+ 或 OH^-，但没有电子。这类反应的平衡条件取决于水溶液的 pH 值，与金属的电极电位无关。这类反应的通式是：

$$a A^{n+} + c H_2O \Longleftrightarrow b B + m H^+$$

上式中的平衡常数 K 可以用下式表示：

$$K = \frac{a_B^b a_{H^+}^m}{a_{A^{n+}}^a}$$

平衡常数也可用下式计算：

$$2.303 RT \lg K = -\Delta G^{\ominus}$$

公式变形可得：

$$\lg K = \lg \frac{a_B^a a_{H^+}^m}{a_{A^{n+}}^a} = \frac{-\Delta G^{\ominus}}{2.303 RT} = -\frac{(m \Delta G_{f,H^+}^{\ominus} + b \Delta G_{f,B}^{\ominus}) - (c \Delta G_{f,H_2O}^{\ominus} + a \Delta G_{f,A}^{\ominus})}{2.303 RT}$$

即：

$$\lg \frac{a_B^b}{a_{A^{n+}}^a} = -\frac{(m \Delta G_{f,H^+}^{\ominus} + b \Delta G_{f,B}^{\ominus}) - (c \Delta G_{f,H_2O}^{\ominus} + a \Delta G_{f,A}^{\ominus})}{2.303 RT} - m \mathrm{pH}$$

因此，无论一个给定的元素-水体系的电化学和化学反应如何复杂，总可以按上述方法把体系中全部反应物和生成物的热力学平衡条件，即元素、元素离子和元素的化合物的

稳定条件集中在一张电位-pH 值平衡图上。从这张电化学平衡图上，可直接知道体系中各个反应物质的生成条件及能稳定存在的电位和 pH 值的范围。在金属腐蚀过程中，电位是控制金属离子化过程的因素，而表征水溶液酸度的 pH 值则是控制金属腐蚀产物稳定性的因素。

四、金属-水体系的电位-pH 值平衡图

绘制金属-水体系的电位-pH 值平衡图，主要有两个步骤：一是计算出金属在水溶液中可能发生的一些重要的化学或电化学反应的平衡条件关系式；二是将这些平衡数据画入纵坐标为电位、横坐标为 pH 值的图上，这样即可制成金属-水体系的电位-pH 值平衡图。只有一种价态的金属，其金属-水体系的电位-pH 值平衡图很简单，但像铁这类能以几种不同价态形成化合物的金属，其电位-pH 值平衡图很复杂。接下来就以 $Fe-H_2O$ 为例，进行电位-pH 值平衡图的绘制和分析。

1. $Fe-H_2O$ 体系的电位-pH 值平衡图的绘制

首先列出 $Fe-H_2O$ 体系中各类主要物质的相互反应，并根据有关物质的标准吉布斯自由能 $\Delta G_f^\ominus$ 值，计算出 25℃时各反应的平衡条件关系式：

① $Fe^{3+} + e^- \Longrightarrow Fe^{2+}$
$$\varphi_e = 0.771 + 0.0591 \lg(a_{Fe^{3+}}/a_{Fe^{2+}})$$

② $Fe_3O_4 + 8H^+ + 8e^- \Longrightarrow 3Fe + 4H_2O$
$$\varphi_e = -0.0855 - 0.0591 pH$$

③ $3Fe_2O_3 + 2H^+ + 2e^- \Longrightarrow 2Fe_3O_4 + H_2O$
$$\varphi_e = 0.211 - 0.0591 pH$$

④ $Fe_2O_3 + 6H^+ \Longrightarrow 2Fe^{3+} + 3H_2O$
$$\lg a_{Fe^{3+}} = -0.723 - 3pH$$

⑤ $Fe^{2+} + 2e^- \Longrightarrow Fe$
$$\varphi_e = -0.440 + 0.0295 \lg a_{Fe^{2+}}$$

⑥ $HFeO_2^- + 3H^+ + 2e^- \Longrightarrow Fe + 2H_2O$
$$\varphi_e = 0.493 - 0.0885 pH + 0.0295 \lg a_{HFeO_2^-}$$

⑦ $Fe_2O_3 + 6H^+ + 2e^- \Longrightarrow 2Fe^{2+} + 3H_2O$
$$\varphi_e = 0.728 - 0.1773 pH - 0.0591 \lg a_{Fe^{2+}}$$

⑧ $Fe_3O_4 + 8H^+ + 2e^- \Longrightarrow 3Fe^{2+} + 4H_2O$
$$\varphi_e = 0.980 - 0.2364 pH - 0.08851 \lg a_{Fe^{2+}}$$

⑨ $Fe_3O_4 + 2H_2O + 2e^- \Longrightarrow 3HFeO_2^- + H^+$
$$\varphi_e = -1.819 + 0.0295 pH - 0.08851 \lg a_{HFeO_2^-}$$

⑩ $Fe(OH)_2 + 2H^+ + 2e^- \Longrightarrow Fe + 2H_2O$
$$\varphi_e = -0.045 - 0.0591 pH$$

⑪ $Fe(OH)_3 + H^+ + e^- \Longrightarrow Fe(OH)_2 + H_2O$
$$\varphi_e = 0.0179 - 0.0591 pH$$

⑫ $Fe(OH)_3 + e^- \Longrightarrow HFeO_2^- + H_2O$
$$\varphi_e = -0.810 - 0.0591 \lg a_{HFeO_2^-}$$

⑬ $Fe(OH)_3 + 3H^+ + e^- \Longrightarrow Fe^{2+} + 3H_2O$
$$\varphi_e = 1.507 - 0.1773 pH - 0.0591 \lg a_{Fe^{2+}}$$

⑭ $Fe(OH)_2 + 2H^+ \rightleftharpoons Fe^{2+} + 2H_2O$

$$\lg a_{Fe^{2+}} = 13.29 - 2pH$$

⑮ $Fe(OH)_2 \rightleftharpoons HFeO_2^- + H^+$

$$\lg a_{HFeO_2^-} = -18.30 + pH$$

⑯ $Fe(OH)_3 + 3H^+ \rightleftharpoons Fe^{3+} + 3H_2O$

$$\lg a_{Fe^{3+}} = 4.84 - 3pH$$

⑰ $2H^+ + 2e^- \rightleftharpoons H_2$

$$\varphi_e = -0.0591pH (p_{H_2} = 101.3kPa)$$

⑱ $O_2 + 4H^+ + 4e^- \rightleftharpoons 2H_2O$

$$\varphi_e = 1.229 - 0.0591pH (p_{O_2} = 101.3kPa)$$

其次选定要考虑的平衡固相，在电位-pH 值坐标系中画出相关的电化学或化学反应的平衡关系曲线。在 $Fe-H_2O$ 体系中，平衡固定相有两种形式，一种是 Fe、Fe_2O_3 和 Fe_3O_4，另一种是 Fe、$Fe(OH)_2$ 和 $Fe(OH)_3$。通常情况下选第一种，因为 Fe_2O_3、Fe_3O_4 比 $Fe(OH)_2$、$Fe(OH)_3$ 稳定，但由于一个化学反应所产生的反应产物并不一定都是热力学上最稳定的化合物，因此在温度不太高的情况下，会选定第二种作为平衡固定相。选定 Fe、Fe_2O_3 和 Fe_3O_4 做固定相时，则选定平衡关系式①～⑨和⑰～⑱即可。$Fe-H_2O$ 体系的电位-pH 值平衡图如图 2-4(a) 所示。选定 Fe、$Fe(OH)_2$ 和 $Fe(OH)_3$ 做固定相时，则选定平衡关系式①、⑤、⑥和⑩～⑱即可。$Fe-H_2O$ 体系的电位-pH 值平衡图如图 2-4(b) 所示。

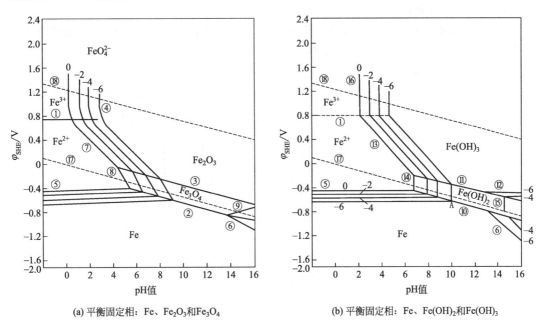

(a) 平衡固定相：Fe、Fe_2O_3和Fe_3O_4 (b) 平衡固定相：Fe、$Fe(OH)_2$和$Fe(OH)_3$

图 2-4 25℃时 $Fe-H_2O$ 体系的电位-pH 值平衡图

图 2-4 中圈码与前面所列出的反应方程式的顺序号一一对应，线旁边所注数字表示该平衡线代表的反应中可溶性离子的平衡活度的常用对数值。此外，前面列出的 $Fe-H_2O$ 体系的反应方程只涉及了 $Fe-H_2O$ 体系中有关物质的一部分，$FeOH^{2+}$、$Fe(OH)_2{}^+$ 等重要可溶性离子均未列出，因此与它们相关的反应方程式和平衡关系式也没有列出，所以图 2-4 也仅仅是简略的 $Fe-H_2O$ 体系的电位-pH 值平衡图。

2. Fe-H₂O 体系的电位-pH 值平衡图的分析

在金属-水体系的电位-pH 值平衡图上，每一根线代表了两种物质间的平衡条件。图 2-4(b) 中的线①表示了两种可溶性离子 Fe^{3+} 和 Fe^{2+} 间活度比为 1 时的平衡；线⑤是一种固态物质 Fe 和一种可溶性离子 Fe^{2+} 间共存的平衡线，当水溶液的 pH 值增大到溶液中 $Fe(OH)_2$ 的量超过其溶度积时，就会出现固态 $Fe(OH)_3$；线⑩表示两种固态物质 Fe 和 $Fe(OH)_2$ 之间的平衡；图中其余的线也具有类似的特点。

电位-pH 值平衡图中直线间的交点具有三相点的特征。如图 2-4(b) 中的线⑤和线⑩于 A 点，表示在 A 点所对应的电位和 pH 值条件下，溶液相和两个固相能平衡共存，即固态 Fe、固态 $Fe(OH)_2$ 和 Fe^{2+} 离子的活度为 $a_{Fe^{2+}}$ 的溶液处于平衡之中。图中其它直线的交点均有与此类似的特征。因此，可根据交点的位置求得相应的三种物质共存时的电位和 pH 条件。

电位-pH 值平衡图上相交直线所包围的面，表示反应体系中某一种物质能稳定存在的电位和 pH 值的范围。例如，图 2-4(b) 中线⑩、⑪、⑭和⑮所围的面代表 $Fe(OH)_2$ 的稳定区。如果电极电位降到线⑩以下，则 $Fe(OH)_2$ 将趋于不稳定，而按反应 $Fe(OH)_2 + 2H^+ + 2e^- \longrightarrow Fe + 2H_2O$ 还原为 Fe；当电位提高到线⑪之上时，$Fe(OH)_2$ 将按反应 $Fe(OH)_2 + H_2O \longrightarrow Fe(OH)_3 + H^+ + e^-$ 被氧化为 $Fe(OH)_3$。如果水溶液的 pH 值提高到比线⑮相应的值更高时，$Fe(OH)_2$ 会自发地按反应 $Fe(OH)_2 \longrightarrow HFeO_2^- + H^+$ 溶解生成 $HFeO_2^-$；当体系的 pH 值降到比线⑭对应的值还低时，这时 Fe^{2+} 比 $Fe(OH)_2$ 更稳定，$Fe(OH)_2$ 将按反应 $Fe(OH)_2 + 2H^+ \longrightarrow Fe^{2+} + 2H_2O$ 转变为溶液中的 Fe^{2+} 而消失与此同理，可理解图中其它物质稳定区的形成及范围的确定。

在金属-水体系的电位-pH 值平衡图中通常还画出了表征氢电极反应和氧电极反应平衡关系的⑰线和⑱线，由这两根特征线可以帮助推断金属腐蚀过程的阴极反应。

3. Al-H₂O 体系的电位-pH 值平衡图

Al-H₂O 体系的电位-pH 值平衡图相比 Fe-H₂O 体系的电位-pH 值平衡图的绘制就相对简单些。其绘制和分析方法一致，在此就直接展示其平衡图，如图 2-5 所示。

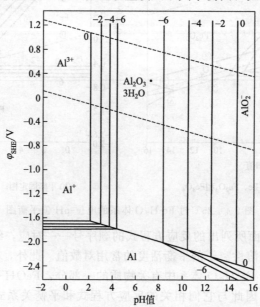

图 2-5　25℃时 Al-H₂O 体系的电位-pH 值平衡图

第三节　电化学极化与电化学腐蚀速度

上一节内容我们从热力学的角度出发，研究了金属在其所处环境里的行为，但仅仅是从平衡的观点出发，由体系的终态和始态来判断变化的可能性，而不考虑变化的速度和变化的历程。而在工程实践中，腐蚀速度是选择金属结构材料时必须考虑的问题，因此还需研究金属腐蚀动力学，了解金属在不同腐蚀过程中的速度、变化规律及其影响因素，从中找到降低金属腐蚀速度的方法。

一、极化现象及极化曲线

金属发生腐蚀的电化学本质是形成腐蚀原电池。从热力学的角度看，腐蚀的原始推动力是腐蚀原电池电动势，电动势越大，腐蚀的可能性越大，但在实际研究中，衡量金属发生腐蚀的是腐蚀速度。而决定腐蚀速度的决定因素不是腐蚀原电池的电动势，而是极化作用的大小。

1. 极化现象

在原电池中，当将原电池电路接通，有电流通过时，两电极间的电位差会减小的现象称为原电池的极化现象，如图 2-6 所示。将有电流通过（$i \neq 0$）时的电极电位值 $\varphi_{i \neq 0}$ 与没有电流通过（$i = 0$）时的电极电位值 $\varphi_{i=0}$ 的差值称为过电位 η。

$$\eta = \varphi_{i \neq 0} - \varphi_{i=0}$$

由于原电池的极化作用，原电池中流过的电流会减小。因此，极化作用是减小金属电化学腐蚀速度的。

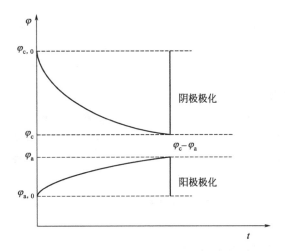

图 2-6　原电池阴极、阳极电位随时间变化的曲线
$\varphi_{c,0}$—阴极的起始电位（V）；$\varphi_{a,0}$—阳极的起始电位（V）

2. 极化曲线

原电池中两电极电位发生变化是由于有电流通过电极。显然，电位变化的幅度与通过的电流大小有关。为了更清楚地了解电极的极化性能，必须用实验的方法测出电极的电极

电位与电极上通过电流的关系。通常将这种电极电位与电流的关系绘制成曲线,成为极化曲线。通常情况下,都以电流密度 i 代替电流强度 I 作图,如图 2-7 为典型的极化曲线示意图。

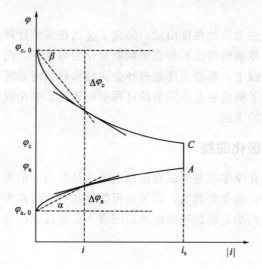

图 2-7　典型的极化曲线示意图

图中 $\varphi_{c,0}C$ 是阴极极化曲线,阴极电位随电极上电流密度增加而负移,$\Delta\varphi_c$ 是电流密度为 i 时的阴极极化值;$\varphi_{a,0}A$ 是阳极极化曲线,阳极电位随电极上电流密度增加而正移,$\Delta\varphi_a$ 是电流密度为 i 时的阳极极化值。可以用 $\Delta\varphi_c/\Delta i_c$ 和 $\Delta\varphi_a/\Delta i_a$ 分别表示电流密度在 $0\sim i$ 范围内阴、阳极的平均极化性能,称为平均极化率,也可用 $tg\alpha$ 和 $tg\beta$ 表示。电极极化性能与电流密度有关,电流密度为 i 时的真实极化率是极化曲线上在 i 处切线的斜率 $d\varphi/di$。

从电极的极化率可以初步判断电极过程进行的难易。当电极极化率较小时,测出的极化曲线比较平坦,说明电极反应过程的阻力较小,反应比较容易进行;反之,当电极极化率较大时,极化曲线较陡,说明电极反应过程阻力大,反应不易进行。

3. 极化曲线的测定方法

极化曲线的测定主要有两种方法,其一是控制电流法,即给定电极电流密度值、测量电极电位值。其二是控制电位法,即给定电极电位值,测量对应的电流密度值的极化曲线。控制电流法方法简单,但有一定缺陷,因为电极电位有可能是给定电流的多值函数,即给定一个电流值有不止一个电极电位值。因此用此法不能测得完整的极化曲线。控制电位法装置复杂且昂贵,但是能测得完整、连续的极化曲线,因为 i 总是 φ 的单值函数。

二、电极过程的特征和极化的类型

金属发生电化学腐蚀时,腐蚀原电池中的极化作用是降低金属腐蚀的速率,因此了解极化作用的本质、产生的原因及影响极化大小的因素,对研究金属的腐蚀和防护具有重要的意义。

在电极、溶液界面上发生的电极过程是有电子参加的异相氧化还原反应,它的反应速率与界面面积和界面特征有关。因为有电子参加反应,所以电极的电位对电极过程的速率有较大的影响。其次，也与反应物和产物在电极表面液层中的传质过程有关。

1. 电极过程的特征

在电极、溶液界面上发生的电极过程是有电子参与的异相氧化还原反应。在电极过程至少包含三个串联的基本步骤：

（1）液相传质步骤，即反应物粒子从溶液内部向电极表面输送的基本步骤；

（2）电荷传递步骤，即反应物粒子在电极表面得电子或失去电子而生成产物的反应步骤；

（3）生成新相步骤或液相传质步骤，即生成气泡或固相沉积层步骤或产物粒子从电极表面向溶液内部扩散的液相传质步骤。

除了这三个必不可少的步骤外还可能存在前置表面转化步骤和后续表面转化步骤等。

决定整个电极过程进行速率的最慢步骤，称为电极过程的速率控制步骤，这一步骤阻力最大，整个电极过程的动力学特征主要反映这个控制步骤。

2. 电极极化的类型

电极极化性能主要反映速率控制步骤的动力学特征，由于电极过程往往是多步骤的过程，条件不同时控制步骤不同，因此，极化也就有多种类型。在金属腐蚀过程中主要有三种极化类型：

（1）浓度极化，这种极化现象是由液相传质步骤成为电极过程控制步骤而引起的；

（2）活化极化（或电化学极化），这种极化现象是由电荷传递步骤成为电极过程控制步骤而引起的；

（3）欧姆电阻极化，这种极化现象是由于溶液电阻（特别是高纯水体系的电阻率很高），或由于金属表面生成一层氧化物膜或盐类沉淀，使腐蚀电池回路中电阻增大，造成电极反应速率变化而引起极化。

三、浓度极化

在电极反应过程中，在电极溶液界面上会发生电化学反应，参与反应的可溶性粒子会不断从溶液内部输送到电极表面或从电极表面离开。当这一液相传质过程的速率比电荷传递步骤慢时，电极表面的液层中参与反应的粒子与溶液内部粒子的浓度就会出现差异，从而导致浓度极化，使反应速率发生变化。在金属电化学腐蚀中，在阴极还原过程中常常出现这种浓度极化现象。

为了简化分析过程，我们做如下假设：除液相传质步骤外，其它反应步骤都很快，并保持各步骤的平衡关系，整个电极过程的速率完全由液相传质步骤控制。

1. 液相传质的三种方式

当电极上有电流通过时，溶液相中主要有三种传质方式。

（1）扩散

溶液中由于某物质的浓度不均匀，从而该物质从高浓度向低浓度区输送的现象。

只要存在浓度差，即使在完全静止的溶液中也会发生这种方式的传质。电极上有电流通过时，会引起电极反应，消耗反应物，生成新的物质，若传质速度缓慢，就会使电极表面液层中的浓度与溶液内部的浓度出现差别，这时电极表面附近液层中必然会出现扩散传质过程。

（2）对流

在机械力作用下，溶液中的粒子随流动的液体一起移动的传质方式。对流又可分为两种：一种是强迫对流，是指在外部机械力，例如人工搅拌溶液的作用下所引起的对流；另一种是自然对流，这时由于电极反应引起溶液局部浓度和温度出现差异而造成溶液密度不均匀，以及在重力场中因为重力不平衡，导致溶液内部发生的相对流动。在电极表面的滞流层中，由于液体流动速度极小，因此对流传质基本上不起作用。

（3）电迁移

溶液中带电粒子在电场力作用下的传质。溶液中各种离子都在电场力的作用下发生电迁移。如果不参与电极反应的电解质浓度越大，则参加电极反应的离子迁移数就越小，因此可以不考虑该离子电迁移传质过程的影响。通常把溶液中只传输电量而不参与电极反应的那些强电解质称为局外电解质或惰性电解质。

2. 理想情况下的稳态扩散过程

当电极上有电流通过时，液相传质的三种形式是同时存在的。但要研究三种传质过程同时存在时的浓度极化很困难，而实际情况也是在一定条件下的浓度极化多是由一种或两种传质过程决定的。在此我们就主要介绍比较简单的理想情况下的稳态扩散过程所产生的阴极浓度极化。

扩散传质速度可以根据菲克（Fick）第一定律确定，其数学表达式如下：

$$J = -D\left(\frac{\mathrm{d}c}{\mathrm{d}x}\right) \tag{2-1}$$

式中　J——扩散物质的扩散速度（通过单位截面的扩散流量），$\mathrm{mol/(cm^2 \cdot s)}$；

　　　D——扩散物质的扩散系数，$\mathrm{cm^2/s}$；

　　$\mathrm{d}c/\mathrm{d}x$——扩散物质在通过截面处的浓度梯度，$\mathrm{mol/cm^4}$。

式（2-1）中的负号是因扩散物质的扩散方向（高浓度向低浓度）与浓度梯度（低浓度向高浓度）相反而引入的。D 并不是一个严格的常数，它与溶液中所含各种溶解物质的浓度有关，但受浓度的影响不大，所以可假定为常数，其值约为 $10^{-5}\,\mathrm{cm^2/s}$ 数量级。

反应物粒子在电极表面上的阴极还原，会使电极表面液层中的浓度低于溶液内部的浓度，便形成浓度差，溶液中存在浓度差便会引起该物质不断从溶液内部向电极表面扩散，这样电极反应才能得以维持。我们假定只在电极表面一定厚度（δ）的液层中才存在扩散，我们称这一液层为扩散层。扩散层外的溶液中由于对流的存在，反应物粒子的浓度可认定为始终保持初始浓度（c_0）。当扩散过程达到稳定状态时，扩散层上每一点的扩散速度都相同，则 $\mathrm{d}c/\mathrm{d}x$ 也为常数，即扩散层中反应粒子的浓度是距离 x 的线性函数，$\mathrm{d}c/\mathrm{d}x$ 可用下式表示：

$$\frac{\mathrm{d}c}{\mathrm{d}x} = \frac{c_0 - c_\mathrm{s}}{\delta} \tag{2-2}$$

式中　c_0——溶液内部反应粒子的浓度，$\mathrm{mol/cm^3}$；

　　　c_s——电极表面反应粒子的浓度，$\mathrm{mol/cm^3}$；

　　　δ——扩散层厚度，cm。

由上式可知，在理想稳态扩散过程中，扩散物质在扩散层中的浓度分布曲线是条斜线，如图 2-8 所示。

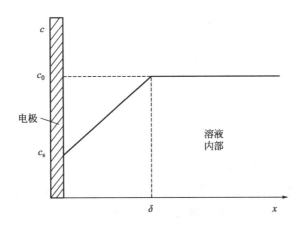

图 2-8　稳态扩散过程中反应粒子的浓度分布

将式(2-2)代入式(2-1)中可得理想情况下稳态扩散过程的流量表达式为

$$J = -D\frac{c_0 - c_s}{\delta} \tag{2-3}$$

3. 扩散控制浓度极化方程

如果认为电极上进行的阴极还原反应是单向不可逆的，即其逆反应速度小到可以忽略，则扩散过程处于稳态时，单位时间内从溶液内部通过扩散到电极表面的物质量（扩散速度）正好等于该物质在电极表面阴极还原的量。根据法拉第定律，1mol物质被还原时所需的电量为 nF，若以 i 表示电极上物质阴极还原反应的净电流密度，则

$$i = nFJ \tag{2-4}$$

将式(2-3)代入式(2-4)中可得金属表面扩散控制的阴极还原反应速度的电流密度表达式为：

$$i = -nFD\frac{c_0 - c_s}{\delta} \tag{2-5}$$

在稳态条件下，若要增加阴极反应的速度，就必须相应增大扩散速度，即降低 c_s 值。当 c_s 值降到 0 时，说明溶液中扩散到电极表面的物质都立即被还原掉了，电极表面不存在氧化态物质，此时阴极电流密度值达到最大值，即：

$$i_L = -nFD\frac{c_0}{\delta} \tag{2-6}$$

式中　i_L——极限扩散电流密度。

扩散缓慢对电极电位的影响，实际上可以由电极表面液层中反应物粒子浓度的变化反映出来。可设电极反应为 $O + ne^- \Longleftrightarrow R$，如果电极反应产物 R 为气体或固相沉淀物质，则电极上无电流时的电位 φ_e 和有电流时的极化电位 φ 分别为：

$$\varphi_e = \varphi_e^\ominus + \left(\frac{RT}{nF}\right)\ln\gamma_0 c_0 \tag{2-7}$$

$$\varphi = \varphi_e^\ominus + \left(\frac{RT}{nF}\right)\ln\gamma_0 c_s \tag{2-8}$$

式中　γ_0——反应物粒子 O 的活度系数。

则由浓度引起的阴极反应的过电位 η 为

$$\eta = \varphi - \varphi_e = \frac{RT}{nF}\ln\frac{c_s}{c_0} \tag{2-9}$$

由式(2-5)和式(2-6)相除可得

$$\frac{c_s}{c_0} = 1 - \frac{i}{i_L} \tag{2-10}$$

将式(2-10)代入式(2-9)中可得

$$\eta = \frac{RT}{nF}\ln\left(1 - \frac{i}{i_L}\right) \tag{2-11}$$

式(2-11)即是单纯扩散控制的阴极浓度极化方程。因为$1 - i/i_L < 1$，所以η为负值，即浓度极化时，阴极电位向负方向移动。随着i的增大，η的绝对值越来越大，表示浓度极化越来越显著。当$i \to i_L$时，浓度极化的绝对值趋于无穷大。对一个电极反应来说，这意味着i不会超过i_L。但在实际电化学体系的测量中，常常遇到i超过i_L的情况，这时一定是有另一种物质也参加电极过程，在阴极上还原。

当i很小时，$1 - i/i_L \ll 1$，可将$\ln(1 - i/i_L)$按级数展开，略去高次方各项，使式(2-11)简化为

$$\eta = \frac{RT}{nF} \cdot \frac{i}{i_L} \tag{2-12}$$

即电流密度很小时，浓度极化过电位与电流密度呈线性关系。

当$\eta \to 0$时，电极反应不会明显地破坏反应粒子在溶液中的均匀分布。

图2-9(a)中表示式(2-11)η和i关系的曲线称为浓度极化曲线。从图中还可以看到浓度极化曲线的一个特点：随着i增大，曲线弯向电位坐标轴，出现扩散极限电流。若以η对$\ln(1 - i/i_L)$作图，则为一直线，见图2-9(b)，由直线的斜率RT/nF可以求出电极反应中的电子数n。

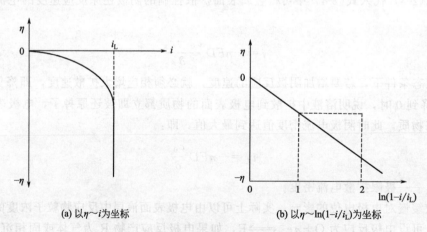

(a) 以$\eta \sim i$为坐标   (b) 以$\eta \sim \ln(1 - i/i_L)$为坐标

图2-9 扩散控制的阴极浓度极化曲线

四、活化极化

1. 电化学反应速度

设电极反应为：
$$\begin{cases} O + ne \xrightarrow{v_f, i_f} R(正向反应) \\ O + ne \xleftarrow{v_r, i_r} R(逆向反应) \end{cases}$$

v_f 和 v_r 分别表示电极反应的正向反应和逆向反应的绝对反应速度，若用电流密度表示反应速度，则相应的用 i_f 和 i_r 分别表示正向反应和逆向反应的电流密度。根据反应动力学可以将正向和逆向的反应速度表示如下：

$$v_r = K_r c_R = k_r c_R e^{-\Delta G_r^*/RT} \tag{2-13}$$

$$v_f = K_f c_O = k_f c_O e^{-\Delta G_f^*/RT} \tag{2-14}$$

式中　c_R、c_O——反应物质 R 和 O 的浓度；

　　　K_r、K_f——逆向和正向反应的速度常数；

　　　k_r、k_f——不包括活化能因素的逆向和正向反应的速度常数；

ΔG_r^*、ΔG_f^*——逆向反应和正向反应的活化能。

当用电流密度表示反应速度，则由式（2-13）和式（2-14）可得

$$i_r = nFv_r = nFk_r c_R e^{-\Delta G_r^*/RT} \tag{2-15}$$

$$i_f = nFv_f = nFk_f c_O e^{-\Delta G_f^*/RT} \tag{2-16}$$

$$i_f = i_r = i_o \tag{2-17}$$

将式（2-15）和式（2-16）代入可得

$$i_o = nFk_r c_R e^{-\Delta G_r^*/RT} = nFk_f c_O e^{-\Delta G_f^*/RT} \tag{2-18}$$

i_o 称为交换电流密度，它表示的是在平衡电位下，电极反应正向和逆向两个方向的反应速度，因此它反映了电极的反应能力。从式（2-18）我们可以看出 i_o 不仅与电极材料、电极的表面状态有关，而且与溶液组成、浓度及温度因素有关。

当电极反应的电极电位偏离了平衡电位时，则电极的逆向反应和正向反应的速度便不再相等，此时电极上便会有净电流通过，即会有净电极反应产生。此时可用净电流密度 i 表示逆向反应和正向反应的速度差。在此我们以逆向电流方向为正。

$$i = i_r - i_f$$

在电化学电池中，i_r 和 i_f 不能用电流计来测量。i 是从外电路流进电极或从电极流向外电路，可以用电流计测量。

2. 改变电极电位对电化学步骤活化能的影响

电极界面上的电化学反应 $O + ne^- \rightleftharpoons R$ 进行都需要克服一定的活化能，这时我们可以用图 2-10 中的势能曲线 1 示意。曲线 1 表示在电极电位未改变时，金属离子在电极与溶液两相界面间转移时的势能变化。图中 ΔG_a^* 和 ΔG_c^* 分别表示阳极反应和阴极反应的活化能。因为参加电极反应的粒子都带电，所以当电极电位改变时，这些粒子的能量就会相应改变，电极反应的活化能也会相应地改变，电化学反应的反应速度也因此发生改变。

如果将电极电位改变 $\Delta\varphi$（假设正移），如图 2-10 中曲线 2 所示。曲线 3 表示电极电位改变引起带正电粒子的附加静电能的变化。将曲线 3 和曲线 1 叠加便得到曲线 4，便可得到电极电位改变后带电粒子在两相间转移时势能的变化。电极电位改变后阳极反应和阴极反应活化能分别变为：

$$\Delta G_a^{**} = \alpha nF\Delta\varphi + (\Delta G_a^* - nF\Delta\varphi) = \Delta G_a^* - (1-\alpha)nF\Delta\varphi = \Delta G_a^* - \beta nF\Delta\varphi \tag{2-19}$$

$$\Delta G_c^{**} = \Delta G_c^* + \alpha nF\Delta\varphi \tag{2-20}$$

式中　α——阴极反应的传递系数或对称系数；

（$1-\alpha$）——阳极反应的传递系数或对称系数，常用 β。

α 和 β 表示活化粒子在双电层中的相对位置，反映了电极电位对阴极反应或阳极反应活化程度的影响。由式（2-19）和式（2-20）可知，当电极电位增加 $\Delta\varphi$（假定正移）后，

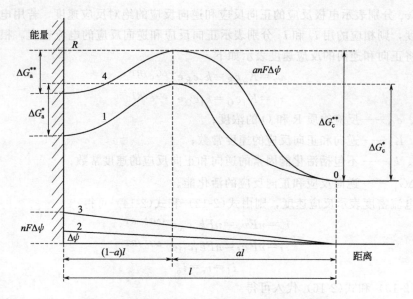

图 2-10　改变电极电位对电极反应活化能的影响

阳极反应活化能降低了 $(1-\alpha)nF\Delta\varphi$，使金属阳极反应加快；而阴极反应活化能增加了 $\alpha nF\Delta\varphi$，因而使溶液中金属离子的阴极还原反应受到阻滞。

3. 电极电位变化与反应速度的关系

当电极电位未改变处于平衡电极电位时，电极反应阳极反应和阴极反应方向的反应速度可以用式(2-15) 和式(2-16) 表示。若电极电位偏离平衡电位 $\Delta\varphi$，阳极反应和阴极反应的速度则为：

$$i_r = nFv_r = nFk_r c_R e^{-\Delta G_r^{**}/RT} \tag{2-21}$$

$$i_f = nFv_f = nFk_f c_O e^{-\Delta G_f^{**}/RT} \tag{2-22}$$

将式(2-19) 和式(2-30) 代入式(2-21) 和式(2-22) 可得并运用式(2-18) 可得

$$i_r = nFk_r c_R e^{-(\Delta G_r^* - \beta nF\Delta\varphi)/RT} = i_0 e^{\beta nF\Delta\varphi/RT} \tag{2-23}$$

$$i_f = nFk_f c_O e^{-(\Delta G_f^* + \alpha nF\Delta\varphi)/RT} = i_0 e^{-\alpha nF\Delta\varphi/RT} \tag{2-24}$$

这里的 $\Delta\varphi$ 表示电极电位与平衡电位的差，即过电位，可以用 η 代替可得

$$i_r = i_0 e^{\beta nF\eta/RT} \tag{2-25}$$

$$i_f = i_0 e^{-\alpha nF\eta/RT} \tag{2-26}$$

将式(2-25) 和式(2-26) 改成对数形式可得

$$\eta = -(2.303RT/\beta nF)\lg i_0 + (2.303RT/\beta nF)\lg i_r \tag{2-27}$$

$$\eta = (2.303RT/\alpha nF)\lg i_0 - (2.303RT/\alpha nF)\lg i_f \tag{2-28}$$

式(2-25)、式(2-26) 和式(2-27)、式(2-28) 两对公式以不同形式表达了电荷传递步骤中极化或电极电位和正、逆向反应的电流密度的关系 [如图 2-11 中（a）和（b）]，它们是电荷传递步骤中最基本的动力学方程，反映了电极电位对电极反应速度的影响。

4. 稳态活化极化时的动力学关系

上述讨论中，i_f 和 i_r 为同一个电极反应，如 $Zn^{2+}+2e^- \Longrightarrow Zn$ 的正向反应 $Zn^{2+}+2e^- \longrightarrow Zn$ 和逆向反应 $Zn^{2+}+2e^- \longleftarrow Zn$ 的反应速度。在平衡电位时，i_f 和 i_r 数值相等且方向相反，电极上没有净电流通过，$i = i_r - i_f = 0$。当 i_f 和 i_r 大小不相等时，则单位

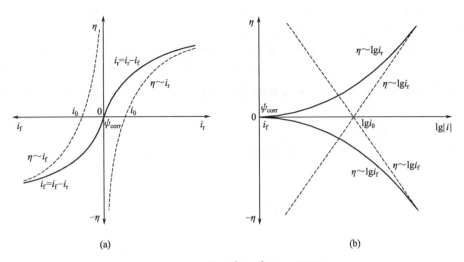

图 2-11　过电位对 $\overleftarrow{i_a}$、$\overrightarrow{i_c}$ 和 i 的影响

时间内，电极上正向反应消耗的电子数和逆向反应放出的电子数不相等，在电极表面就会有剩余电荷积累，这时电极电位便会偏离平衡电极电位，电极上就会有净电流通过，这种情况就是电极的活化极化。当 $i_f > i_r$ 时，电极上的净电流密度 $i = i_r - i_f < 0$ 时，净的电极反应为氧化剂 Zn^{2+} 得到电子被还原为 Zn，这一反应为阴极反应，此时的电极为阴极，Zn^{2+} 还原所需的电子由外电路流入。外电路流入的电子使电极上电位负移，$\eta < 0$。反之，当 $i_f < i_r$ 时，$i = i_r - i_f > 0$ 时，净的电极反应为还原剂 Zn 失去电子被氧化为 Zn^{2+}，这一反应为氧化反应，此时的电极为阳极，Zn 失去电子流向外电路。电子从阳极流出，使电极电位正移，$\eta > 0$。

将式（2-25）和式（2-26）代入式（2-18）中可得

$$i = i_0(e^{\beta nF\eta/RT} - e^{-\alpha nF\eta/RT}) \tag{2-29}$$

式（2-29）表示电荷传递步骤的极化电流密度和过电位的关系，称为电极反应的活化极化方程。从式中我们可以看出，决定活化极化值的主要因素是平衡电位下的交换电流密度 i_0 和过电位下极化电流密度 i 的相对大小。如果一个电极反应的 i_0 很大，则只需要很小的过电位 η 就可以产生足够大的极化电流密度 i；反之 i_0 很小时，要产生同样大的 i 就需要很大的过电位。若在相同的过电位下比较不同电极反应，则 i_0 很大的反应能获得比较大的反应速度或极化电流密度。图 2-11(a) 中的实线就是以曲线的形式表示式（2-29）关系中的电极阳极极化和阴极极化的情况，称为活化极化曲线。

在原电池（如腐蚀电池）或电解池中同时有阴极和阳极，在阴极和阳极上分别发生阴极反应和阳极反应，i_c 与 i_a 以及各自的正、逆向反应的速度均遵循式（2-25）至式（2-28）和式（2-29）所示的电化学动力学方程。因此，可以将原电池或电解池中的阴极反应和阳极反应看成总反应的正、逆向反应，当 $i_a = i_c$ 时，总电流 $i = i_c - i_a = 0$，对应的电位为稳态电位。

五、复合极化

在金属的电化学腐蚀过程中，浓度极化多与活化极化同时存在，因为有净电流通过电极时电极表面的反应粒子浓度总会发生变化。这种由扩散步骤和电荷传递步骤同时控制电极过程速度引起的极化，称为复合极化。

当扩散步骤与电荷传递步骤一样，也是整个电极过程速度的控制步骤时，要对活化极化方程加以修改，即补充进浓度极化的影响。处理的方法是，在活化极化的动力学关系式中，用电极表面浓度来代替原来采用的溶液内部初始浓度，即如式(2-30)所示。

$$i = i_0(c_{Os}/c_{O0} e^{\beta nF\eta/RT} - c_{Rs}/c_{R0} e^{-\alpha nF\eta/RT}) \tag{2-30}$$

测定金属腐蚀速度的方法，最经典的是在腐蚀介质中测定失重的方法；而以金属腐蚀速度方程式为基础的腐蚀电化学测试方法是一种较快速的方法，它测得金属的腐蚀电流，并将其转化为以失重计算的腐蚀速度。主要的方法有以下三种，分别是强极化区的极化曲线外延法、微极化区的线性极化法以及弱极化区极化测定法。

第四节　电解腐蚀

一、电解腐蚀原理

电解腐蚀是在外加电源的作用下发生的腐蚀。电解腐蚀时，电源分别与正负电极连接，和电解质溶液构成电解池。当两个电极之间具有足够大的电位差时，整个回路中将有电流流过。在电解回路中，金属中流动的载流子为电子，溶液中流动的载流子为离子，因此，在金属/溶液界面上必须发生电子载流子和离子载流子之间的转换，即发生电荷转移反应，在与电源正极相连的电极上还原性物质失去电子被氧化，是阳极；而与电源负极相连的电极上氧化性物质得到电子被还原，是阴极。如果阳极上失去电子的物质是电极金属本身，则该电极将被腐蚀。

图2-12所示为铁片上镀铜电解池。与电源正极相连的电极为阳极，与电源负极相连的电极为阴极。电子从电源的负极流向电解池阴极，从电解池阳极流入电源的正极。电解质溶液中，阳离子向阴极（负极）移动，阴离子向阳极（正极）移动。在电解池的阳极（Cu电极）上，Cu失去电子生成Cu^{2+}，Cu被腐蚀，在阴极（Fe电极）上，Cu^{2+}得到电子被还原为Cu。

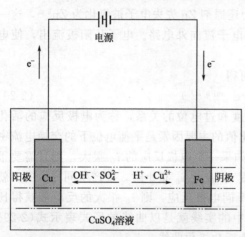

图2-12　电解池原理图

总之，当浸泡在溶液中的两块金属之间有电流流过时，在两个电极的金属/溶液界面上必定发生电化学反应。如果阳极上发生的是电极金属失去电子的反应，则该金属电极发生电解腐蚀。

二、电解腐蚀规律

1. 法拉第定律

如果电解腐蚀中的阳极仅发生金属的电解腐蚀反应，不发生其它反应，则金属腐蚀的质量 W 符合法拉第定律，即

$$W = \frac{Q}{nF}M \tag{2-31}$$

式中，Q 为外电路通过的电量，M 为金属的原子量。

由上式可知，通过测量外电路通过的电量，可以测得金属腐蚀的失重。但在实际电解池中，阳极上往往发生多个反应，如在图 2-12 所示的电解池中，阳极上除发生 Cu 的溶解反应外，还发生 H_2O 或 OH^- 失去电子生成 O_2 的反应。

2. 腐蚀速度与外电路电流

流过外电路的电流成为电解电流。电解电流与阳极面积之比即为阳极上各反应的速度之和。如果阳极上仅发生金属腐蚀反应，则电解电流与阳极面积之比即为金属腐蚀速度。

3. 正负极电位差与电解腐蚀速度

在其它条件一定时，电解池正负极之间的电位差，即电解电压（也称为槽压）越大，电解电流也越大，电解腐蚀越快。

4. 电解液电阻与电解腐蚀速度

在电解电压一定时，电解液电阻越小，电解电流越大，电解腐蚀速度越大。

5. 副反应与电解腐蚀速度

如果阳极上除金属腐蚀反应外还发生其它副反应，在电解电流一定的条件下，副反应越容易发生、反应速度越快，金属腐蚀速度越慢，腐蚀程度越轻。

第五节　流动加速腐蚀

流动加速腐蚀（flow accelerated corrosion，简称 FAC）是一种由于受液体流动的影响而产生的腐蚀。流动加速腐蚀常发生于局部区域，也称流动加速局部腐蚀（flow induced localized corrosion）。

一、流动加速腐蚀的机理

流动加速腐蚀是一个金属或者低合金金属表面保护性氧化膜溶解到水流或者湿蒸汽中的电化学腐蚀过程，它是一个由化学溶解和质量传递控制的电化学腐蚀过程，而非一个简单的物理损伤过程。在这个过程中，保护性氧化膜由于自身向边界层的溶解导致自身减薄，从而引起金属或者低合金金属基底的减薄的过程。它的机理可以从动态角度进行考虑，在此为了方便理解，以铁基体表面的流动加速腐蚀过程为例进行介绍。

如图 2-13 所示，铁基体表面存在氧化膜（如 Fe_3O_4）。在铁基体与氧化物界面，基体中的 Fe 失去电子生成 Fe^{2+} 和电子 e^- 并通过氧化膜向外迁移。到达氧化膜表面的电子 e^- 在氧化物表面上和 H_2O 或 H^+ 反应，生成 H_2；到达氧化膜表面的 Fe^{2+} 一部分进入流体边界层，并进一步迁移到主流体，导致氧化膜的溶解和金属的腐蚀，另一部分 Fe^{2+} 和 H_2O、OH^- 或溶解氧 O_2 反应生成 Fe_3O_4，使

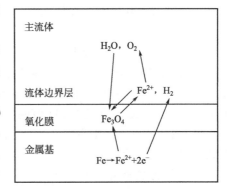

图 2-13　流动加速腐蚀机理示意图

氧化膜修复，抑制金属的腐蚀。氧化膜的溶解速度受流体边界层中 Fe^{2+} 向主流体中的迁移速度控制，迁移速度越快，腐蚀速度越快。氧化膜的修复速度受流体边界层中 Fe^{2+} 与 OH^-、H_2O 或 O_2 的反应速度控制，反应速度越快，钝化膜修复越快，金属腐蚀速度越慢。

在流动的流体中，一方面，流体的流动带走了迁移到主流体中的 Fe^{2+}，使流体边界层中的 Fe^{2+} 浓度梯度增大，迁移速度加快；同时，流体的流动使流体边界层的厚度减小，扩散层厚度减小，迁移速度加快。另一方面，由于 Fe^{2+} 迁移速度加快，流体边界层以及中其 Fe^{2+} 浓度减小，氧化膜的修复速度减慢。在这些因素的作用下，氧化膜的溶解速度加快，厚度减小，金属腐蚀速度加快。

二、流动加速腐蚀的影响因素

可以将影响 FAC 的因素分为流体动力学因素、环境因素和材料学因素。

1. 流体动力学因素

（1）流速

流体的流速是影响 FAC 的重要因素。流速越大，流体边界层的厚度越小，FAC 速度越快。

（2）管壁粗糙度

管道的粗糙度会对流动产生影响，进一步影响流场分布情况，从而影响 FAC 速度。管壁粗糙的地方较之管壁光滑的地方湍流强度更高，这带来了更高的质量传递系数，从而提高了 FAC 速度。

（3）管道几何形状（流型）

管道几何形状（流型）主要通过影响湍流强度影响 FAC 速度。管道弯头、连续弯管、孔口的下游、三通管、变径管下游等处容易发生湍流，流体边界层厚度很薄，FAC 速度很快。实际发生的 FAC 很多是发生在这些容易发生湍流的部位。

2. 环境因素

环境因素主要包括给水的温度、pH 值、氧化还原电位（ORP）、溶氧量及水中的杂质等。

（1）温度

铁基合金在单相流中 FAC 最为严重的温度区间为 $130 \sim 200℃$，而且流动加速腐蚀最严重时的温度会随着流动速度以及传质系数的增大而提高。从整体上来看，流动加速腐蚀速度与温度的函数在图上呈现出开口向下的抛物线型。

（2）pH 值

pH 值对于 FAC 有较大影响，主要是因为 H^+ 参与了氧化还原反应过程和输运过程。此外，pH 值对于金属表面保护性氧化层的变化具有非常重要的影响作用。例如对于碳钢，当 pH 值控制在 $8 \sim 9$ 时，FAC 速率随着 pH 值的增加而逐渐减小；当 pH 值控制在 9.5 以上时，FAC 速率随着 pH 值的增加而急剧减小。对于铝，由于是两性物质，pH 值在 5.6 左右时，FAC 速率较小，而当 pH 偏离 5.6 的范围后，不管是增大还是缩小，FAC 速率都会增大。

（3）氧化还原电位 ORP

目前 ORP 被认为是单相流 FAC 最为重要的影响因素。ORP 升高，氧化膜的修复速度加快，FAC 速度降低。

（4）溶解氧

溶液中的溶解氧对金属表面的氧化膜有较大的影响，从而影响 FAC 速率。碳钢在 pH＝7 的 75℃的水中，溶解氧浓度不大于 200ppb 时，随溶解氧浓度增大，FAC 速度快速减小；溶解氧浓度为 200～500ppb 时，随溶解氧浓度增大，FAC 速度缓慢减小。

3. 材料因素

材质通常是指选用管道的化学组成成分，以碳钢为例。研究表明碳钢中稀有金属元素的添加对于 FAC 现象的抑制有着一定的效果。目前，最有效的合金元素是铬。在材料中添加少量的铬如 0.1％就可以将 FAC 腐蚀降低到 50％以下。电厂中发生爆管事故的管道通常都是不含铬或者含铬量极少的材料。铬主要是通过在氧化膜中间形成铬氧化物，使碳钢基体表面易于形成致密的氧化膜。同时铬氧化物的溶解度也远小于 Fe_3O_4 的溶解度，从而形成的氧化膜不易被流体溶解。

第三章

结垢与腐蚀产物的沉积

第一节　水的硬度、碱度和安定指数

一、硬度

水的总硬度指水中钙、镁离子的总浓度，其中包括碳酸盐硬度（即通过加热能以碳酸盐形式沉淀下来的钙、镁离子，故又称暂时硬度）和非碳酸盐硬度（即加热后不能沉淀下来的那部分钙、镁离子，又称永久硬度）。

当水中碳酸钙含量超过饱和值时，就会引起结垢现象。当低于饱和值时，原先析出的碳酸钙又会溶于水中，水对金属管壁产生腐蚀。当水中碳酸钙含量正好处于饱和状态时，无结垢也无腐蚀现象，称为稳定型水。

1. 碳酸盐硬度

碳酸盐硬度：主要是由钙、镁的碳酸氢盐 [$Ca(HCO_3)_2$、$Mg(HCO_3)_2$] 所形成的硬度，还有少量的碳酸盐硬度。碳酸氢盐硬度经加热之后分解成沉淀物从水中除去，故亦称为暂时硬度。

硬度的表示方法尚未统一，我国使用较多的表示方法有两种：一种是将所测得的钙、镁折算成 CaO 或 $CaCO_3$ 的质量，即每升水中含有 CaO 或 $CaCO_3$ 的质量表示，单位为 mg/L；习惯上，也常用 ppm 表示，1mg/L＝1ppm。另一种以每升水中含有的 $1/2Ca$ 或 $1/2Mg$ 的物质的量表示，单位为 mmol/L 或 $\mu mol/L$。另外，以"度"作为硬度单位的情况也比较多：1 硬度表示 10 万份水中含 1 份 CaO（即每升水含 10mgCaO），$1°＝10ppm$（CaO）。这种硬度的表示方法称作德国度。

中华人民共和国国家标准《GB 5749—2006　生活饮用水卫生标准》中规定，水的硬度以每升水中含有 $CaCO_3$ 的质量表示，单位为 mg/L。

中华人民共和国电力行业标准《DL/T502.1—2006 火力发电厂水汽分析方法总则》中规定，水的硬度以（$1/2Ca$，$1/2Mg$）的浓度表示，单位为 mmol/L 或 $\mu mol/L$。

2. 非碳酸盐硬度

非碳酸盐硬度：主要是由钙镁的硫酸盐、氯化物和硝酸盐等盐类所形成的硬度。这类硬度不能用加热分解的方法除去，故也称为永久硬度，如 $CaSO_4$、$MgSO_4$、$CaCl_2$、$MgCl_2$、$Ca(NO_3)_2$、$Mg(NO_3)_2$ 等。

3. 极限碳酸盐硬度

极限碳酸盐硬度是水的最大允许碳酸盐硬度，当水的硬度超过最大允许碳酸盐硬度时，将有水垢产生。

开式循环冷却系统运行中，最初水发生浓缩，水中盐类浓度上升，运行一段时间后，就会达到盐类平衡，即循环水中的盐量在某个数值上稳定下来，不再继续上升，此值即为循环水盐类浓度的最大值。循环水中盐类（Cl^-）浓度与补给水中盐类（Cl^-）浓度的比值成为循环冷却水的浓缩倍率。当循环冷却水中的实际碳酸盐浓度大于极限碳酸盐硬度时，将产生水垢；当循环冷却水中的实际碳酸盐浓度小于极限碳酸盐硬度时，将不会产生水垢。

用此值的判断方法为：

$$\Phi H_{b,t} < H_{tj}，不结垢$$
$$\Phi H_{b,t} > H_{tj}，结垢$$

式中，H_{tj} 为循环冷却水的极限碳酸盐硬度，mmol/L；$H_{b,t}$ 为循环冷却水系统补给水的碳酸盐硬度；Φ 为循环冷却水的浓缩倍率。

水的极限碳酸盐硬度值，通常是由模拟试验求得，也可用以下经验和半经验公式估算。

（1）半经验公式计算

即使循环水中无游离二氧化碳，水中也会维持一定的碳酸盐硬度，在一般情况下，此值为 2～3mmol/L。

在循环冷却水未进行任何处理的情况下，苏联学者提出了很多计算极限碳酸盐硬度的公式，常用的有阿贝尔金公式。

阿贝尔金公式：

$$H_{tj} = k(CO_2) + b - 0.1 H_F \tag{3-1}$$

式中　H_{tj}——水的极限碳酸盐硬度，mmol/L；

　　　　k——与水温有关的系数，参见表3-1；

　　　　b——水中基本无 CO_2 时的极限碳酸盐硬度值（参见表3-1），mmol/L；

　　　　H_F——循环水的非碳酸盐硬度（永久硬度），mmol/L。

表 3-1　k，b 值

水温/℃	k 值	b 值			
		循环水的耗氧量/(mg/L)			
		5	10	20	30
30	0.26	3.2	3.8	4.3	4.6
40	0.17	2.5	3.0	3.4	3.8
50	0.10	2.1	2.6	3.0	3.3

（2）经验公式

西安热工院在试验室进行了很多试验后，经过归纳整理，提出了如下计算极限碳酸盐硬度的经验公式：

$$H_{tj} = f H_{B,T}(A + B - C - D) \tag{3-2}$$

式中　H_{tj}——极限碳酸盐硬度，mmol/L；

　　　　f——用于工业冷却系统控制时的系数，取 0.8～0.85；

　　　　$H_{B,T}$——补充水的碳酸盐硬度，mmol/L；

　　　　A——与水中碳酸盐硬度有关的系数；

　　　　B——与水中镁硬有关的系数；

　　　　C——与水中重碳酸根（HCO_3^-）有关的系数；

　　　　D——与水中钙硬度有关的系数。

　　处理循环冷却水，采用的药剂不同，其计算系数也不同。

二、碱度

　　碱度是水介质与氢离子反应的能力，通过用强酸标准溶液将一定体积的水样滴定至某一 pH 值而定量确定。水中碱度的形成主要是由于碳酸氢盐、碳酸盐及氢氧化物的存在，硼酸盐、磷酸盐和硅酸盐也会产生一些碱度。测定结果用相当于碳酸钙的质量浓度，以 mg/L 表示。

　　当滴定至酚酞指示剂由红色变为无色时，溶液 pH 值即为 8.3，指示水中氢氧根离子（OH^-）已被中和，碳酸盐均被转化为重碳酸盐，此时的滴定结果称为"酚酞碱度"。当滴定至甲基橙指示剂由黄色度为橙红色时，溶液的 pH 值为 4.4～4.5，指示水中的重碳酸盐（包括原有的和由碳酸盐转化成的）已被中和，此时的滴定结果称为"总碱度"。

三、安定指数

　　安定指数（R.S.I.），由经验公式得出一个指数，以相对定量地预测水中碳酸钙沉淀或溶解的倾向性。以水在碳酸钙处于平衡条件理论计算的 pH 值（pHs）的两倍减去水的实际 pH 值之差来表示。

　　R.S.I. ＝2pHs－pH＜6　　　结垢

　　R.S.I. ＝2pHs－pH＝6　　　不结垢不腐蚀

　　R.S.I. ＝2pHs－pH＞6　　　腐蚀

第二节　结垢与沉淀平衡

一、沉淀平衡

　　一定温度下，难溶电解质 $A_m B_n(s)$ 难溶于水，但在水溶液中仍有 A^{n+} 和 B^{m-} 离开固体表面溶解进入溶液中，同时进入溶液中的 A^{n+} 和 B^{m-} 又会在固体表面沉淀下来，当这两个过程速率相等时，A^{n+} 和 B^{m-} 的沉淀与 $A_m B_n$ 固体的溶解达到平衡状态，称之为沉淀平衡。

　　$A_m B_n$ 固体在水中的沉淀溶解平衡可表示为：

$$A_m B_n \Longrightarrow m A^{n+}(aq) + n B^{m-}(aq) \tag{3-3}$$

　　难溶固体在溶液中达到沉淀溶解平衡状态时，离子浓度保持不变（或一定）。各离子浓度幂的乘积是一个常数，这个常数称之为溶度积常数简称为溶度积，用符号 K_{sp} 表示。即：

$$K_{sp} = [A^{n+}]^m [B^{m-}]^n$$

1. 溶度积常数的性质

（1）溶度积 K_{sp} 的大小和平衡常数一样，它与难溶电解质的性质和温度有关，与浓度无关，离子浓度的改变可使溶解平衡发生移动，而不能改变溶度积 K_{sp} 的大小。

（2）溶度积 K_{sp} 反映了难溶电解质在水中的溶解能力的大小。相同类型的难溶电解质的 K_{sp} 越小，溶解度越小，越难溶于水；反之 K_{sp} 越大，溶解度越大。

如 $K_{sp}(AgCl)=1.8\times10^{-10}$；$K_{sp}(AgBr)=5.0\times10^{-13}$；$K_{sp}(AgI)=8.3\times10^{-17}$；

因为 $K_{sp}(AgCl)>K_{sp}(AgBr)>K_{sp}(AgI)$，

所以溶解度：$AgCl>AgBr>AgI$。

不同类型的难溶电解质，不能简单地根据 K_{sp} 大小来判断难溶电解质溶解度的大小。

2. 判断沉淀的溶解与生成

利用溶度积 K_{sp} 可以判断沉淀的生成、溶解情况以及沉淀溶解平衡移动的方向。

溶液中可产生沉淀的离子，如 Ca^{2+}、CO_3^{2-} 的实际浓度的乘积，即浓度积，为 Q_c。例如，$Q_c=[Ca^{2+}][CO_3^{2-}]$，则可以根据 Q_c 与 K_{sp} 的大小，判断沉淀的溶解与生成。

（1）当 $Q_c>K_{sp}$ 时，溶液是过饱和溶液，反应向生成沉淀方向进行，直至达到沉淀溶解平衡状态（饱和为止）；

（2）当 $Q_c=K_{sp}$ 时，溶液是饱和溶液，处于沉淀溶解平衡状态；

（3）当 $Q_c<K_{sp}$ 时，溶液是不饱和溶液，反应向沉淀溶解的方向进行，直至达到沉淀溶解平衡状态（饱和为止）或沉淀全部溶解为止。

以上规则称为溶度积规则。沉淀的生成和溶解这两个相反的过程它们相互转化的条件是离子浓度的大小，控制离子浓度的大小，可以使反应向所需要的方向转化。

二、冷却水系统的结垢

冷却水循环系统中的水质含有一些杂质，是引起循环水设备结垢、腐蚀的主要根源，冷却水系统中杂质的来源主要有以下几个方面：

（1）补给水含有杂质。补给水含有的杂质取决于水处理的方式和原水水质。超纯水的水质很好，可以作为内冷却水的补充水，但即使是超纯水，也仍然含有各种微量杂质（含量以 $\mu g/L$ 计），这些微量杂质包括盐类、硅化物和有机物等。当内冷却水处理系统的设备有缺陷或者运行操作不当时，水中的杂质还会增加。

（2）水中的杂质还与原水中的盐类、有机物的种类、成分、含量有关系，而且与预处理有关系（特别是混凝过程）。

（3）外冷却水渗漏，杂质进入内冷却水。当外冷却水渗入到内冷却水中时，外冷却水的杂质也就进入内冷却水，各种离子也进入内冷却水系统，特别是钙镁离子。

（4）金属腐蚀产物被水流携带。冷却水中的金属腐蚀产物的含量与机组参数、系统构成和运行条件有关。

1. 循环水结垢

由于冷却水在加热过程中，重碳酸盐分解成碳酸盐，且有 CO_2 逸出，使得反应得以连续进行，当碳酸根与钙离子的浓度的乘积达到并超过碳酸钙的溶度积，就会结晶析出碳酸钙，形成水垢。循环水结垢是循环水系统中微溶物质在环境条件发生变化导致发生过饱和现象，产生晶核由冷却水中结晶析出，随着晶核不断长大沉积在换热器的表面的现象。常见的水垢有碳酸钙、硫酸钙、二氧化硅和硅酸镁等，其主要组成为碳酸钙，下面简要介绍碳酸钙和硫酸钙。

水垢的外观、物理性质和化学组成因水垢生成部位、水质及受热面热负荷不同等原因而有很大差异,例如有的水垢坚硬,有的水垢松软;有的水垢致密,有的水垢多孔;有的紧密地与金属连在一起,有的比较疏松,水垢的颜色也各不相同。

水垢的化学组成一般比较复杂,它不是一种简单的化合物,而是一种混合物,因此重点讨论它的成分分析和物相分析。

① 成分分析。通常用化学分析的方法确定水垢的化学成分,水垢的化学分析结果一般以高价氧化物的质量分数表示。水垢中各物质主要以金属氧化物和各种盐类形式存在,大多数金属氧化物如 CaO、MgO、CuO 等都是碱性氧化物,大多数非金属氧化物如 SO_3、SiO_2 都是酸性氧化物,酸性氧化物和碱性氧化物互相化合生成盐,例如 CaO＋CO_2＝$CaCO_3$。因此,用高价氧化物表示水垢的化学成分既方便计算,分析结果又比较接近水垢中各物质真实存在的情况。

② 物相分析。物相分析可鉴定水垢中各种物质的化学形态,这对于研究水垢生成的原因是有益的,常使用 X 射线衍射仪来分析水垢物相。

凡是结晶物质,都有其独特晶体结构类型,它的晶胞大小,晶胞中所含原子、离子或分子的数目,以及它们在晶胞中所处的相对位置也各具特征,在 X 射线的照射下会呈现出具有衍射特征的物相图。对于元素成分相同而原子之间结构不同的物质,一般化学成分分析无法区别,即使几种晶体混在一起,也能在物相图中分别鉴定出来。用 X 射线衍射仪进行物相分析有快速、可靠、样品用量少等优点。

2. 水垢的危害

水垢的导热性一般都很差,不同的水垢因其化学成分、内部空隙和缝隙、水垢内各层次不同等原因,导热性各不相同。水垢的导热系数仅为钢材导热系数的 $1/10 \sim 1/100$。这就是说,假如有 0.1mm 厚的水垢附着在金属管壁上,其热阻相当于钢管管壁加厚了几毫米甚至几十毫米,所以,水垢导热系数很低是水垢危害性大的主要原因。水垢的危害可归纳如下:

(1) 水垢会降低冷却水设备的传热效率,这是由于水垢的导热系数很小,严重阻碍热传递所致。

(2) 水垢能导致金属发生沉积物下腐蚀,水垢层下杂质可能被浓缩到很高的浓度,对管壁金属产生严重的腐蚀,腐蚀、结垢过程相互促进,会很快导致水冷管壁的破损。

(3) 水垢生成得太快、太多,迫使热力设备不得不提前检修,增加检修工作量和检修成本。

3. 碳酸钙垢

在开式循环冷却系统中,水中的重碳酸钙由于受热分解及二氧化碳在冷却塔中的散失,使下列平衡向右进行,而析出碳酸钙。

$$Ca(HCO_3)_2 \Longleftrightarrow CaCO_3 \downarrow + CO_2 \uparrow + H_2O \qquad (3-4)$$

水在冷却塔中冷却时,由于水是以水滴及水膜的形式与空气接触,水中二氧化碳散失。一般情况下,水经冷却塔一次喷溅后,其中残留二氧化碳量可降至 $2 \sim 3mg/L$,经多次喷溅,水中二氧化碳含量可接近于零。水中残留二氧化碳量与水温的关系如图 3-1 所示。图中数据是在水滴与空气接触 $1.5 \sim 2s$(一般为 $2 \sim 5s$)时获得的。

碳酸钙为难溶性盐类,它在蒸馏水中的溶解度如图 3-2 所示。

随着冷却水在开式循环冷却系统中的浓缩,各种离子浓度不断升高,碳酸钙因达到其

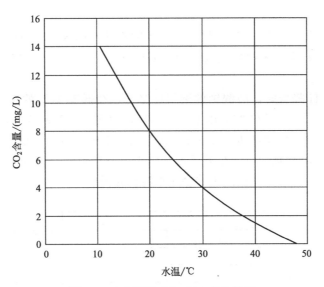

图 3-1 水中残留 CO_2 与水温的关系

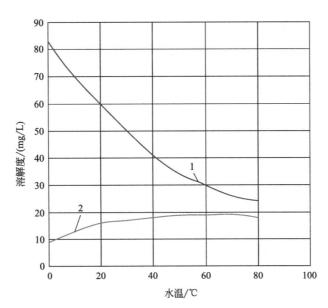

图 3-2 蒸馏水中碳酸钙的溶解度
1—大气压下；2—完全除去 CO_2 后

溶度积而成为过饱和溶液。不同温度下，碳酸钙的溶度积见表 3-2。

表 3-2 不同温度下碳酸钙的溶度积

温度/℃	碳酸钙的溶度积 K_{sp}	温度/℃	碳酸钙的溶度积 K_{sp}
0	9.55×10^{-9}	25	4.57×10^{-9}
5	8.13×10^{-9}	30	3.98×10^{-9}
10	7.08×10^{-9}	40	3.02×10^{-9}
15	6.03×10^{-9}	50	2.34×10^{-9}
20	5.25×10^{-9}		

4. 硫酸钙垢

硫酸钙在 98℃ 以下是稳定的含两个结晶水的物质（$CaSO_4 \cdot 2H_2O$），在 98～170℃ 时，是稳定的含半个结晶水的物质（$CaSO_4 \cdot 1/2H_2O$），在 170℃ 以上为稳定的无水物（$CaSO_4$）。

当温度升高 pH 降低时，硫酸钙的溶解度降低，在低于 37℃ 的水中，硫酸钙的溶解度随温度的升高而增大，但在 37℃ 以上，则相反，随温度的升高而减小，例如在 40℃ 的蒸馏水中，硫酸钙的溶解度可达 1.25g/L，硫酸钙在水中的溶解度如图 3-3 所示。它的溶解度约为碳酸钙的 40 倍以上。这也就是冷却水中很少产生硫酸钙水垢的原因。只有在高浓缩倍率下运行的换热设备，硫酸钙才会在水温高处析出。

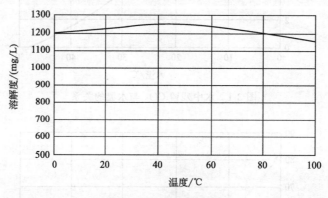

图 3-3　硫酸钙的溶解度

5. 结垢影响因素

换热器内垢的形成受到水质、水温、流速、换热温降、换热器材质和光洁度等因素的影响。

（1）循环水本身水质和补充水

循环冷却水在运行过程中，随着水量的挥发消耗，水中各种杂质的浓度就会相应增大，结垢的概率就会同时增加，这时补充水的水质其含盐量、碱度、硬度、pH 值等指标就显得尤为重要。这几个指标越高循环水越容易达到饱和而产生结晶。因此，这在投加水质阻垢剂时就必须考虑。

（2）水温

循环冷却水中的碳酸钙、碳酸镁等硬度盐类，其溶解度都是随着温度的升高而减小，因此水温越高越易结垢，同时由于分子活动也随温度的上升其动能越大，水垢的附着速度也越高，所以根据工艺条件的变化，比如夏季热负荷较大时就应该适当减低循环水的浓缩倍数，减少系统中硬度盐类离子的浓度，就会相应减少设备结垢的概率。

（3）流速

水垢的附着速度是随着换热器内的冷却水流速的增大而减小，如果水流速度达到 1.0m/s 以上时，水垢、悬浮物等杂质易被水流冲走，不易沉积，相反如果在换热器中，某些部位流速过小或水流分配不均、死角就容易沉积水垢。因此根据换热器的形式、结构在工艺条件允许的情况下，适当提高水流速度也是降低设备结垢的有效手段。

（4）换热温差

循环冷却水和热介质之间的换热温差也和结垢有着直接关系，温差越大换热器结垢的概率也越大，正是基于这个原因几乎所有换热器的冷热介质的进出流向上都是相反的，也就是说冷却水的升温不会突然间过大而产生局部结垢的现象，因此在换热器的使用前要进行冷热介质流道方向的检验。

此外，阻垢剂的选择和正确使用都对结垢有着重要的影响，因此只有根据实际工艺、设备条件维持各因素之间的协调，才能有效抑制水垢的沉积。

6. 控制管理措施

（1）设备回水温度的控制

根据以往的经验，如何减少设备内结垢要从整体上考虑，需严格控制设备的回水温度不超过 45℃。

（2）浓缩倍数的控制

冷却水的浓缩倍数与回水温度有很大的关系，温度高、浓缩倍数高很容易形成结垢，因此循环水系统的浓缩倍数应根据回水温度适当调整，循环水系统的回水温度较高，也就应该将循环水的浓缩倍数控制在范围（例如 2.0～2.5）的最小值；冷却水系统的回水温度适中，水的浓缩倍数应控制在范围（例如 2.0～2.5）的中间值；而冷水系统的回水温度较低，水的浓缩倍数应控制在范围（例如 2.0～2.5）的最大值。

（3）缓蚀阻垢剂的管理

在循环冷却水中加入缓蚀阻垢剂是防止循环冷却水系统结垢和腐蚀的主要和常用措施。缓蚀阻垢剂的添加要根据方案和方法严格执行，杜绝在生产中出现少加药、不加药、多加药的现象，同时还要保持药剂添加量稳定、连续，要保证水中的药剂成分含量和 pH 值一定。

（4）除菌灭藻和排污的管理

生物黏泥、藻类、软垢浮渣等物质在循环水系统中的危害是巨大的，可以造成冷却塔填料、换热设备堵塞，杀菌灭藻剂的添加要根据厂家的方式定时定量进行加药，另外还要经常检查各冷却塔内藻类的滋长情况。循环水的排污要采取连续的方式进行（加杀菌灭藻剂时不排污），这样能保证水质稳定。

（5）水中淤泥的清理

冷却水系统运行一段时间后，会在冷却塔下沉积一些淤泥等杂质，时间久了会随着冷却水进入冷却设备和冷却塔，造成设备和填料堵塞，影响冷却效果，所以要组织人员清理冷却塔下水池，一年至少清理两次。

（6）冷却塔的管理

冷却塔是给水降温的地方，首先要保证在冷却塔内布水均匀，并时常检查清理布水器，保证冷却塔的冷却效果；冷却塔风扇也要定期检查，保证其运行的稳定性，在冷却塔最初开工时要观察风扇叶的角度、风量和电机电流是否在设计指标。

第三节　腐蚀产物在水中的存在形态

通常的工业循环冷却水系统中产生的腐蚀产物主要是铁、铝和铜的离子、氧化物和氢氧化物。沉积的腐蚀产物主要为金属氧化物和氢氧化物。在水中，除溶解态的金属离子外，腐蚀产物还以胶体和悬浮态颗粒存在。铁的形态主要是以 Fe_2O_3、Fe_3O_4 为主，它们呈悬浮态和胶体状态，此外也有铁的各种离子。铝的腐蚀产物形态主要是以 $Al(OH)_3$ 胶体的状态和 Al^{3+} 存在。

一、双电层和 Zeta 电位

当固体与液体接触时，由于固体表面构晶原子力场不饱和，其吸引溶液中的离子，使固-液界面的液体一侧带着和金属表面相反的电荷，在带电界面上就会形成一个扩散双电层（diffuse double layer）（图 3-4）。扩散双电层分为两部分，即靠近固体表面的第一部分包括紧密地吸附在固体表面上的离子和参与部分溶剂化的水分子，形成一个双电层的内部紧密层，第二层称扩散层。

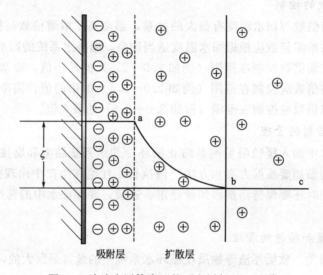

图 3-4　溶液中固体表面的双电层与 Zeta 电位

当固体颗粒在溶液中运动时，虽然固体的表面和溶液是有相对位移的，但是紧密层会随着固体颗粒一起运动，紧密层与固体颗粒之间一般不会有相对位移，而在扩散层会和紧密层之间会发生相对位移。紧密层和扩散层之间的剪切面上的电位即 Zeta 电位。

Zeta 电位是表征胶体稳定性的重要指标，一般来说 Zeta 电位的数值越大，胶体稳定性越好。一般 Zeta 电位（mV）与胶体稳定性之间有如表 3-3 所示的关系。

表 3-3　胶体的 Zeta 电位与胶体的稳定性

Zeta 电位/mV	胶体稳定性	Zeta 电位/mV	胶体稳定性
0～±5	快速凝结或凝聚	±40～±60	较好的稳定性
±10～±30	开始变得不稳定	超过±60	稳定性极好
±30～±40	稳定性一般		

Zeta 电位绝对值小于 30mV 的悬浮颗粒在水中容易沉降，其 Zeta 电位的绝对值越小，越容易沉降。

二、胶体的等电点

胶体的等电点（pzc）指的是胶体颗粒表面所带的电荷与其表面溶液侧吸附的电荷相

等，固体表面所带的净电荷为零（Zeta 电位＝0）时溶液的 pH 值。胶体的等电点可以通过测定 Zeta 电位随溶液 pH 的变化来计算，Zeta 电位和 pzc、pH 之间有如下关系：

$$Zeta = k(pzc - pH) \tag{3-5}$$

式中 Zeta 为 Zeta 电位，mV；pzc 为等电点；k 为常数。显然当 Zeta 电位为 0 时，溶液 pH 值和 pzc 相等。通过绘制实验测得 Zeta 电位和 pH 之间的趋势线就可以得到 pzc。

由上式可知，当 pH＜pzc 时，胶体的 Zeta 电位大于零，胶体带正电；当 pH＞pzc 时，胶体的 Zeta 电位小于零，胶体带负电。

金属，如管道、铝散热器、均压电极等固体表面在水中也带有表面电荷，具有相应的 Zeta 电位和 pzc。当这些金属所带的电荷与胶体所带的电荷相反时，腐蚀产物胶体和悬浮颗粒易在金属表面沉积。掌握水中腐蚀产物和金属表面所带电荷情况对于了解换流阀中腐蚀产物在金属表面（如铝合金散热器表面、均压电极等）的沉积情况等有着非常重要的意义。

三、树脂粉末在水中的 Zeta 电位

表 3-4 示出了研磨至 200 目的离子交换树脂在纯水中的 Zeta 电位。

表 3-4　树脂粉末的 Zeta 电位（mV）

类型	Cl 型	OH 型	OH/H 型	Na/Cl 型	Na 型	H 型
Zeta 电位	−8.5886	−8.92140	23.2375	24.5790	29.8980	22.5413

一般情况下，Zeta 电位＜0 时，表明材料的表面带有净的负电荷。表 3-4 中阴树脂的 Zeta 电位为负值，说明 OH 型树脂和 Cl 型树脂是带有负电荷的。阳树脂和混合树脂的 Zeta 电位都大于 0，说明阳树脂和混合树脂的表面带有净的正电荷。全部溶液的 Zeta 电位的绝对值都处于 10～30 之间，已经过了快速凝结或者凝聚的阶段，介于稳定和不稳定之间。而阴树脂的 Zeta 电位绝对值小于 10mV，易于沉降，这也许是其显著加速铝合金腐蚀的原因之一。

第四节　腐蚀产物的沉积

相关文献及换流阀内冷却系统腐蚀模拟试验研究结果均证实，晶闸管铝合金散热器在电解电流的作用下产生电解腐蚀，腐蚀产物 Al^{3+} 在内冷却水 pH6～8 的范围以 $Al(OH)_3$ 胶体形式存在。

一、胶体与颗粒物在金属表面的沉积

在水中，胶体和颗粒物受到的力主要有：

（1）热运动力

悬浮在水中的胶体和颗粒物会受到周围处于热运动状态的分子的撞击，发生布朗运动。布朗运动是阻止胶体和颗粒物沉降的因素之一。颗粒的粒径越小受热运动力的影响越大，大颗粒物受热运动的影响可以忽略。

（2）浮力

具有一定体积的颗粒物在水中会受到浮力。浮力也是阻止颗粒物沉降的因素。颗粒物

的体积越大，受到的浮力也越大。

（3）重力

具有一定质量的颗粒物均受到重力的作用。重力是造成颗粒物沉降的主要因素之一。当重力大于浮力和热运动力时，颗粒物发生沉降。研究表明，对于粒径大于 $5\mu m$ 的悬浮颗粒，主要依靠重力作用沉积。

（4）静电作用力

对于带电颗粒物，相互之间的静电作用力是造成颗粒物从水中沉降或在水中稳定存在的主要因素。当颗粒物之间带有相同符号的电荷时，颗粒物之间的静电排斥力是颗粒物不溶于聚集和沉降，如在水中稳定存在的胶体；当颗粒物之间带有符号相反的电荷时，颗粒物之间发生凝聚，形成大的颗粒，在重力的作用下发生沉积。

由于管道内壁和设备零部件的表面在水中也带有电荷，当水中颗粒物所带的电荷与管道内壁和设备零部件表面所带电荷符号相反时，颗粒物将发生沉降。研究表明，对于粒径小于 $5\mu m$ 的悬浮颗粒，主要依靠静电作用沉积。

（5）磁力

对于某些具有磁性的颗粒物，如 Fe_3O_4，易在具有磁性的表面发生沉积。

如前所述，铝合金腐蚀产物在水中以胶体和颗粒物的形式存在，表面带有电荷。同时，金属，如均压电极等，其表面也带有电荷。如果均压电极和内冷却水中腐蚀产物的 Zeta 电位符号相同，则腐蚀产物不易在均压电极上沉积；反之，如果均压电极和内冷却水中腐蚀产物的 Zeta 电位符号相反，则腐蚀产物容易在均压电极上沉积。

二、影响腐蚀产物在金属表面沉积的因素

影响腐蚀产物在金属表面沉积的因素很多。在换流站中，腐蚀产物主要沉积在均压电极上，均压电极的极性、腐蚀产物的 Zeta 电位、内冷却水水质、温度、pH、流动状态等都影响腐蚀产物的沉积。

1. 均压电极的极性

通过研究整流站、逆变站不同位置均压电极上沉积垢量的分布差异，以及均压电极表面结垢的位置，发现凡是电位较正的均压电极结垢严重，电位较负的结垢轻微或基本没结垢。在均压电极上，结垢是从电极尖端逐渐向电极根部发展。这可能是因为腐蚀产物自身带有负电荷，因静电吸附作用附着在均压电极，在电流密度作用下脱稳沉积。电位较正的均压电极表面的正电荷密度较大，因此，结垢严重。且对于针状均压电极，电极尖端电荷密度较大，因此，结垢从电极尖端开始逐渐向电极根部发展。

2. 水质

水质是影响腐蚀产物在金属表面沉积的主要因素。水中铝腐蚀产物离子、颗粒物浓度越大，均压电极上的结垢量越多。循环水水质的各项控制指标，绝大部分是根据结垢控制的要求而制订的。除了成垢离子和浊度等外，水的 pH 值对结垢沉积也有较大影响。因为钙、镁垢和铁的氧化物在 pH 大于 8 时几乎完全不溶解，有机胶体在碱性溶液中比在酸性溶液中更易混凝析出。另一方面，内冷却水水质，特别是内冷却水电导率，是影响铝合金散热器腐蚀的主要因素。铝合金散热器的腐蚀速度越快，产生的腐蚀产物浓度越大，均压电极上沉积的腐蚀产物也越多。因此，保证内冷却水水质，抑制铝合金散热器的腐蚀，并有效过滤去除水中的颗粒物和腐蚀产物离子，是减少腐蚀产物在均压电极沉积的有效

措施。

3. 流动状态

流动状态包括流体的流速、流体的湍流或层流程度、流动图形或水流分布等几个方面。

由于使沉积的腐蚀产物脱离金属表面的剪切力决定于流体的流动状态，因此流动状态对腐蚀产物沉积有重要作用。

在流动体系中，如有高流速突变为低流速的突变区域，则由于剪切力的突然消失，在此域内腐蚀产物最易沉积，如热交换器管内流动的水往往是处于湍流状态的，但在管壁附近总有一层滞流层，在滞流层内水的流速较低，而水的温度将高于水的总体温度，因此，腐蚀产物易在管壁上生成。

4. 温度

在冷却水系统中，有两种温度影响，即主体水温和热交换管的壁温。热交换器管壁温度高，会明显加强污垢的沉积。这是因为：

① 温度高会使微溶盐类的溶解度下降，导致水垢析出；

② 温度高有利于解析过程，促使胶体脱稳如絮凝；

③ 温度高加快了传质速度和粒子的碰撞，使沉降作用增加。

5. 表面状态

粗糙表面比光滑表面更容易造成污垢沉积。这是因为表面积的增大，增加了金属表面和腐蚀产物接触的机会和黏着力。此外，一个粗糙的表面好比有许多空腔，表面越粗糙，空腔的密度也越大。在这些空腔内的溶液是处在滞流区，如果这个表面是传热面，则还是高温滞流区。浓缩、结晶、沉降、聚合等各种作用都在这里发生，促进腐蚀产物的沉积。

换流阀内冷却水微碱性，铝的腐蚀产物在内冷却水中的应该呈现胶体状体，树脂能去除内冷却水中的铝的氧化物能力有限。均压电极结垢是表面现象，更深层次的原因是铝合金散热器的腐蚀，如果能控制铝合金散热器腐蚀就能间接控制均压电极结垢，对于正在设计的换流站，应从铝合金散热器防电解腐蚀考虑，从源头降低内冷却水的铝含量。对于已经运行的换流站，应研究电极结垢规律，适时开展人工除垢工作。对于已经开展了除垢工作的换流站，应研究电极结垢机理方面研究电极的结垢抑制技术，以及从内冷却水水质方面研究，通过内冷却水的处理降低铝含量，最后从电极本身改造方面研究，考虑依靠电极自身除垢。在均压电极结垢问题没有得到彻底解决之前，掌握均压电极的结垢规律及除垢技术显然非常必要，建议每年年检期间开展电极抽取检测工作，评估电极结垢情况，进行电极结垢速率计算，依此决定电极除垢时机，同时依据结垢规律，有针对性除垢。

第四章

换流阀内冷却系统腐蚀原理与防护技术

第一节 内冷却水系统的主要腐蚀形态

一、系统材质及介质

换流阀内冷却水系统的与内冷水介质接触部分的主要材质为 304 及以上不锈钢、6063 铝合金和聚偏二氟乙烯（PVDF）。

304 及以上不锈钢的使用部件比较多，主要用于主循环泵（含水泵叶轮）、主过滤器、主循环水管道、离子交换器、膨胀水箱、阀门、补水泵、补水罐以及冷却系统的蛇形换热管等，各部件的材质如下：

冷却塔换热盘管：316L

去离子装置：316L

循环水泵（含叶轮）：316

原水泵：316

补水泵：316

主过滤器：316L

高位水箱：316L

除气罐：316L

补水箱：316L

管道及阀门：304L

6063 铝合金主要用于换流阀组件中的晶闸管铝散热器，铝散热器与晶闸管通过接触传热，将晶闸管产生的热量通过在铝散热器中流动的内冷水带走。

聚偏二氟乙烯（PVDF）主要用于换流阀塔、换流阀组件区域的支管路和分支管路，实现内冷水在换流阀区域的分配和汇聚。

在纯水介质中，由于纯水强烈的溶出作用，所有材质都会将其所含物质微量释放出来，其中以金属管最严重，以聚偏二氟乙烯（PVDF）最轻。

二、内冷水中的腐蚀

根据电化学实验，采用电化学极化法测定铝合金、不锈钢在纯水下的腐蚀速度，根据测得的极化曲线，铝合金在纯水中的腐蚀电流密度为 $0.163\mu A/cm^2$，不锈钢在纯水中的腐蚀电流密度为 $0.036\mu A/cm^2$，铝合金的腐蚀电流密度约为不锈钢的 4.5 倍，表明在纯水条件下铝合金比不锈钢腐蚀速率更大。

根据换流阀内冷却水系统模拟实验，采用水质化学分析的方法表征换流阀部件的腐蚀程度，即通过分析运行中内冷水中铝离子和铁离子浓度的变化监测换流阀冷却器的腐蚀，见图 4-1 和图 4-2。

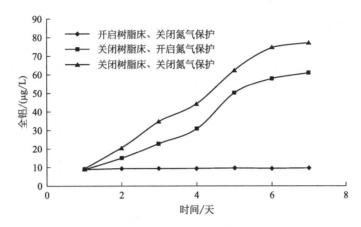

图 4-1 全铝含量随运行时间的变化

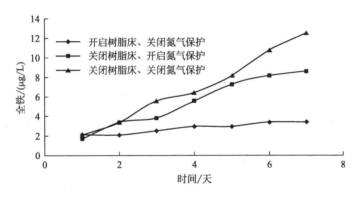

图 4-2 全铁含量随运行时间的变化

可以看出，铝离子的浓度约为铁离子浓度的 5～8 倍。考虑到铝的原子量为铁的原子量的 0.23 倍，按物质的量浓度计算，铝离子的浓度约为铁浓度的 10～15 倍，即每腐蚀 1mol 铁，将有 10～15mol 的铝被腐蚀。

根据对实际运行换流站内冷水系统中均压电极垢样、净化树脂分析，均压电极收集的部分垢样经硫酸煮沸溶解后通过 ICP-MS 检测，垢样主要阳离子均为铝，约为 90%～97%，次要阳离子均为铁，约为 1%～3%。垢样经 XRD 检测分析，其主要成分为三羟基铝石（96%～98%），次要成分为三水铝石（2%～3%）。对内冷水系统进行检测，净化树脂离子交换器出口水样中铝含量较低，约为 1.1～3.0μg/L，净化树脂中铝含量比较高，达 30.58～373.46mg/L，部分铝腐蚀产物已经被净化树脂去除。

综合以上，铝腐蚀产物主要来源于内冷水系统的晶闸管铝合金散热器的腐蚀，铁腐蚀产物主要来源于内冷水系统的不锈钢部件。考虑到换流阀内冷却水系统的不锈钢部件要庞大的多，但系统内铁腐蚀产物又比铝腐蚀产物低得多，因此，晶闸管铝合金散热器是换流阀内冷却水系统的主要腐蚀部件。

根据对实际运行换流站换流阀内冷却水 pH、溶解氧的现场检测，内冷水基本为微碱性，溶解氧均达到过饱和，在此种水质条件下，根据铝离子形态与 pH 关系的规律，换流阀内冷却水中的铝腐蚀产物主要以氢氧化铝胶体形式存在。

三、主要腐蚀形态分析

当铝合金在纯水中仅发生电化学腐蚀时，铝腐蚀产物的最终浓度水平取决于铝氧化膜在纯水中的溶解度。根据铝的 pH-溶解度关系，见图 4-3，铝氧化膜在纯水中的溶解度随 pH 增加先变小后增大，当 pH=5.7 左右时，铝氧化膜在纯水中溶解度最小，约 $10^{-8} \sim 10^{-7}$ mol/L，即质量浓度为 $0.27 \sim 2.7 \mu g/L$。

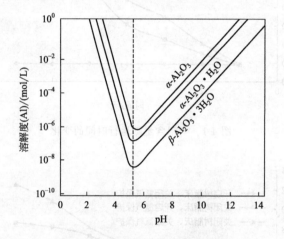

图 4-3 铝在纯水中的 pH-溶解度

当铝合金在纯水中存在电解电流时，电化学腐蚀和电解腐蚀同时存在，铝腐蚀产物最终浓度水平取决于两者的共同作用。在实验条件为 $\leqslant 0.3 \mu S/cm$、pH5.0 ~ 6.0、50℃纯水的换流阀内冷却水模拟平台上，保持铝散热器支路细管流量 8L/min，分别在铝散热器施加 0mA 和 1mA 泄漏电流，内冷水中铝腐蚀产物浓度水平，泄漏电流 1mA 时是泄漏电流 0mA 时的 23 倍，说明泄漏电流会急剧增加铝散热器的腐蚀，见图 4-4。

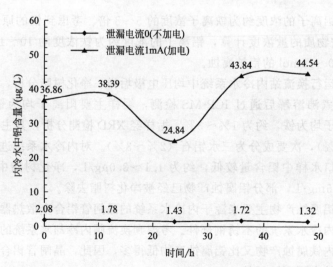

图 4-4 0mA/1mA 泄漏电流下铝腐蚀产物的浓度

由于铝合金电化学腐蚀电流为 μA 级，此时铝腐蚀产物的最终浓度水平约 $0.27\sim$ $2.7\mu g/L$。但根据相关计算，换流阀铝散热器的泄漏电流一般为 mA 级，因此，泄漏电流远远大于电化学腐蚀电流。综上所述，换流阀晶闸管铝散热器的腐蚀主要受泄漏电流引起的电解腐蚀主导，与电化学腐蚀相比，电解腐蚀对铝腐蚀产物的贡献占 90% 以上。

第二节　电解腐蚀

一、阀电压分布

由于铝合金散热器及均压电极与晶闸管均连接，它们的电位与晶闸管电位变化一致，因此分析阀电压即是分析铝合金散热器及均压电极电压。换流阀工作过程及阀的导通截止过程见图 4-5 及图 4-6，表 4-1。

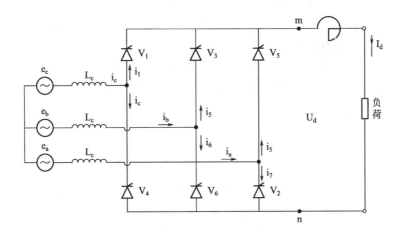

图 4-5　换流阀导通截止过程图

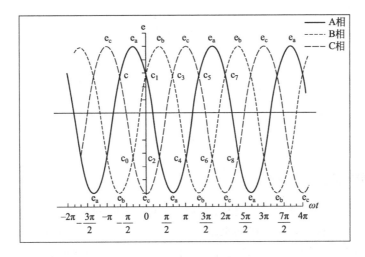

图 4-6　交流电压波形

表 4-1 阀导通过程

起始位置	ωt	导通的阀	
		共阴极	共阳极
C~C0	$-120°\sim-60°$	V1	V6
C0~C1	$-60°\sim0°$	V1	V2
C1~C2	$0°\sim60°$	V3	V2
C2~C3	$60°\sim120°$	V3	V4
C3~C4	$120°\sim180°$	V5	V4
C4~C5	$180°\sim240°$	V5	V6
C5~C6	$240°\sim300°$	V1	V6
C6~C7	$300°\sim360°$	V1	V2

首先，看一下 m 点电位的情况，也就是共阴极阀公共点处的电位。其次，看一下 n 点电位的情况，也就是共阳极阀公共点处的电位。因此，逆变站工作时，晶闸管阳极侧始终处于正极性，而晶闸管阴极侧始终处于负极性。

阀电压与交流电压重叠见图 4-7，在一个周波中，阀导通时间为 $120°+\mu$（μ 为换相角），阀截止时间为 $240°-\mu$，整流站阀电压见图 4-8，逆变站阀电压见图 4-9。

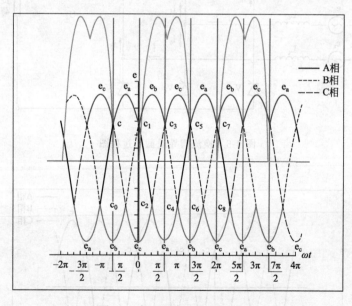

图 4-7 阀电压与交流电压叠图

二、泄漏电流计算分析

根据静电流体力学，在液体中电极间电压与电流之间的关系如图 4-10 所示，分为欧姆区、饱和区、击穿区。均压电极在水路中的电压及电流关系应该处于欧姆区。由于电极与换流阀的电路连接，因此电极的电位随晶闸管电位变化，电极间的电压差即是电极间若干个晶闸管的电压差之和。

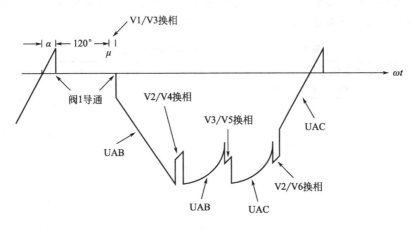

图 4-8　整流站阀电压

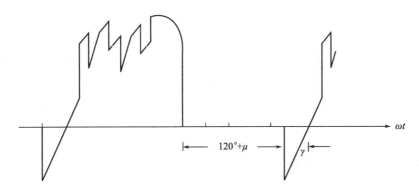

图 4-9　逆变站阀电压

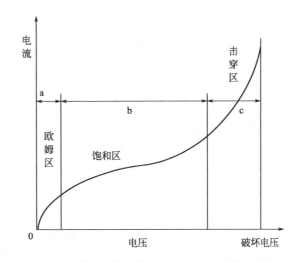

图 4-10　静电流体力学水中电流和电压关系曲线

以某换流站为例，该换流站双极 864 支电极，阀组件并联水路，汇流管直径 3.20cm，组件内电极间汇流管长度 81.20cm，散热器连接水管直径 0.60cm，长度 100cm。通过欧姆定律计算水路电压、电流，见表 4-2。由表 4-2 可见，内冷却水电导率 0.5μS/cm 时的泄漏电流是内冷却水电导率 $0.1\mu S/cm$ 时的泄漏电流的 5 倍，如果泄漏电流全部参与腐蚀过程，则内冷却水电导率越大，其腐蚀结垢速率越快。

表 4-2 均压电极、散热器水路间电压及电流

名称	水电导率 /(μS/cm)	水路电阻 /MΩ	两端电压 /V	电解电流 /pA	阀状态	电流方向
两电极	0.10	101.02	25.857	256	导通	阳极至阴极
相邻散热器	0.10	3538.57	1.989	1	导通	阳极至阴极
首尾散热器	0.10	7178.16	25.857	4	导通极	阳极至阴极
两电极	0.10	101.02	41665.000	412463	未导通	阴极至阳极
相邻散热器	0.10	3538.57	3205.000	906	未导通	阴极至阳极
首尾散热器	0.10	7178.16	41665.000	5805	未导通	阴极至阳极
两电极	0.50	20.20	25.857	1280	导通	阳极至阴极
相邻散热器	0.50	707.71	1.989	3	导通	阳极至阴极
首尾散热器	0.50	1435.63	25.857	18	导通	阳极至阴极
两电极	0.50	20.20	41665.000	2062315	未导通	阴极至阳极
相邻散热器	0.50	707.71	3205.000	4529	未导通	阴极至阳极
首尾散热器	0.50	1435.63	41665.000	29022	未导通	阴极至阳极

P. O. Jackson 等计算了多个换流站的换流阀内冷却水中的层间泄漏电流和散热器之间的泄漏电流（文献［11］）。P. O. Jackson 等计算结果表明，对于电导率为 $0.5\mu S/cm$ 的内冷却水，层间泄漏电流约为 $1\sim4mA$，散热器之间的泄漏电流小于 $65\mu A$。

三、换流阀散热器腐蚀机理

由表 4-3 所示的计算结果及 P. O. Jackson 等的计算结果可知，无论是均压电极之间，还是相邻的散热器、首尾散热器之间均存在电位差 ΔV。

$$\Delta V \geqslant (\varphi_a - \varphi_b) + |\eta_a| + |\eta_c| + IR \tag{4-1}$$

当时，电极上将发生电化学反应，在回路中产生泄漏电流，这是造成散热器腐蚀的根本原因。式中，φ_a、φ_b 分别为阳极和阴极的电极电位，η_a 和 $|\eta_c|$ 分别为阳极和阴极过电位，I 为回路电流，R 为回路电阻，包括内冷却水水路电阻和电极材料等的电阻。

通常，式(4-1) 中除 IR 外的其它各项之和 $(\varphi_a - \varphi_b) + |\eta_a| + |\eta_c|$ 不超过 5V。由表 4-3 可见，水路电阻非常大，IR 将远远大于式(4-1)中其它各项之和。

下面分析散热器和均压电极上发生的反应。

在构成电流回路的散热器之间及均压电极之间，电位较正的散热器金属/溶液界面上将发生氧化反应，即活性物质失去电子生成另一种物质。在内冷却水中，能够失去电子的活性物质包括：散热器金属本身（即铝合金，Al）、内冷却水本身（H_2O）、水中的 Cl^-等。如果散热器金属铝本身发生失电子反应，铝合金散热器将发生腐蚀。如果内冷却水 H_2O 或水中的 Cl^- 等杂质离子发生失电子反应，将发生水的电解或 Cl^- 的电解，理论上铝合金散热器将不腐蚀。哪种活性物质优先发生反应取决于该活性物质失去电子反应的电极电位，电极电位低的反应优先发生。

表4-3　电极反应及其反应电位（25℃）

电极	活性物质	电极反应	$\varphi^{\ominus}$/V	c(Ox)/(mol/L)或atm	c(Red)/(mol/L)或atm	φ/V	η/V (i=1mA/cm²)			E/V		
							Pt	Au	Fe	Pt	Au	Fe
阳极（正极）	Al	$Al \longrightarrow Al^{3+}+3e^-$	-1.67	1	1	-1.67					-1.67	
	O_2	$2H_2O \longrightarrow O_2+4H^++4e^-$	1.229	1	1.00×10^{-7}	0.815	0.34			1.155		
	Cl^-	$2Cl^- \longrightarrow Cl_2+2e^-$	1.36	1	2.82×10^{-7} ([Cl^-]=10μg/L)	1.75	0			1.75		
	Pt										1.8	
	不锈钢	$M(Cr,Ni,Fe) \longrightarrow M^{2+}+2e^-$									1.8	
阴极（负极）	O_2	$O_2+2H_2O+4e^- \longrightarrow 4OH^-$	0.401	0.026796 ([O_2]=100μg/L)	1.00×10^{-7}	0.792	0.12	0.431	0.981	>0.792	>0.792	>0.792
	H^+	$2H^++2e^- \longrightarrow H_2$	0	1.00×10^{-7}	1	-0.414	0.12	0.431	0.981	-0.294	0.017	0.567
	H_2O	$2H_2O+2e^- \longrightarrow H_2+2OH^-$	-0.828	1	1.00×10^{-7}	-0.414	0.12	0.431	0.981	-0.294	0.017	0.567
	Al^{3+}	$Al^{3+}+3e^- \longrightarrow Al$	-1.67	7.41×10^{-8} ([Al^{3+}]=2ppb)	1	-1.81					-1.81	

表 4-3 示出了阳极和阴极上的活性物质、电极反应及其标准电极电位 $\varphi^{\ominus}$、氧化态物质 Ox 的浓度 $c(\text{Ox})$、还原态物质 Red 的浓度 $c(\text{Red})$、电极电位 φ、生成的气体在不同金属（Pt、Au 和 Fe）上的过电位和各反应发生所需的电极电位（反应电位，E）。在阳极上发生水的电解反应（$2H_2O = O_2 + 4H^+ + 4e^-$）或 Cl^- 的电解反应（$2Cl^- = Cl_2 + 2e^-$）时，反应电位中应该包括 O_2 或 Cl_2 的析出过电位，即 $E = \varphi + \eta$。

在同样的电流密度下，氯气的析出过电位远小于氧气的析出过电位，如，在 Pt 电极上，$i = 100\text{mA/cm}^2$ 时，氧气的析出过电位为 0.721V，氯气的析出过电位为 0.0077V。均压电极上的电流密度很小，应该不大于 1mA/cm^2，氧气和氯气的析出过电位很小。将文献［12］第 355 页表 14 和第 356 页表 16 中的数据拟合，计算出 $i = 1\text{mA/cm}^2$ 时，氧气的析出过电位为 0.34V，氯气的析出过电位约为 0V。氢气的析出过电位为根据文献［12］第 354 页表 12 中的数据计算得到的结果。

由表 4-3 可见，在阳极上，铝溶解反应（$Al = Al^{3+} + 3e^-$）的电位最负，将在阳极上优先发生，即阳极上发生铝合金散热器的腐蚀。

实际上，在换流阀散热器中，为了避免上述铝合金的腐蚀，在散热器水路的进水口和出水口分别连接一个不锈钢或铂的接头。由于在散热器水路中，这两个不锈钢接头的距离最近，回路中的电流将汇流到不锈钢接头，内冷却水水路中的泄漏电流将从上一个不锈钢接头上流出，流经内冷却水后在下一个不锈钢接头上流入，活性物质分别在阳极端和阴极端的不锈钢接头上发生氧化和还原反应，避免了铝合金/溶液界面上发生铝合金的电解腐蚀反应，铝合金散热器的电解腐蚀被抑制。如下一节所述，在铝合金散热器水路进出水口处连接不锈钢接头后，阳极上发生的是 H_2O 的电解反应。

在铝合金散热器水路进出水口处采用不锈钢接头后可以避免铝合金的电解腐蚀，但与内冷却水接触的铝合金表面仍然会发生腐蚀，产生腐蚀产物。

铝合金在纯水中的腐蚀反应为：

$$2Al + 6H_2O == 2Al^{3+} + 3H_2 + 6OH^-$$

如表 4-3 所示，在阴极上，氧（O_2）的还原反应（$O_2 + 2H_2O + 4e^- = 4OH^-$）的反应电位最高，将优先反应，即阴极上发生溶解氧的还原反应。

由于溶解氧的还原反应的反应电位 0.792V 与 H_2O、H^+ 的还原反应的反应电位 0.567V 较为相近，在散热器两端电位差较大时，这些反应也会同时发生。

四、均压电极上的电极反应

对于均压电极，其材质为铂或不锈钢。根据文献［13］中的 Pt 和 304 不锈钢在纯水中的极化曲线可知，Pt 和 304 不锈钢在纯水中，当电极电位低于 1.415V 时，处于钝化状态，腐蚀速度很慢，当电极电位超过 1.415V 后，发生水的电解。因此可以认为，304 不锈钢在 1.415V 以下始终处于钝化状态，腐蚀很轻微。同样，Pt 在纯水中也不发生腐蚀。根据表 4-3 所示结果，H_2O 的电解反应比 Cl^- 的电解反应所需的反应电压低，因此，在作为阳极的均压电极上将发生水的电解反应，即

$$2H_2O == O_2 + 4H^+ + 4e^-$$

这一反应在正极的电极电位大于 1.155V 时就会发生。当均压电极两端电位差足够大时，$2Cl^- == Cl_2 + 2e^-$ 反应也会同时发生。

在作为阴极的均压电极上仍然发生溶解氧的还原反应（$O_2 + 2H_2O + 4e^- == 4OH^-$）。

第三节　腐蚀影响因素研究

1. 氯离子、pH 和溶解氧等对铝腐蚀的影响

图 4-11 示出了 60℃时各种水质条件下氯离子浓度对铝合金腐蚀电流密度的影响，由结果可知：

（1）在氯离子浓度大于等于 1mg/L 时，各种水质条件下，随氯离子浓度增大，腐蚀速度增大。在氯离子浓度为 0.5mg/L 及以下时，氯离子的影响比较复杂。

（2）除氧条件下，腐蚀速度低于未除氧条件下的腐蚀速度。

（3）在除氧和未除氧条件下，pH＝6 时，腐蚀速度最低。

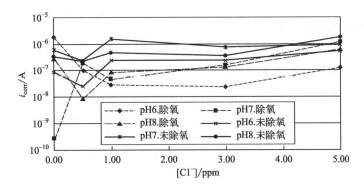

图 4-11　氯离子浓度对铝合金腐蚀电流密度的影响

2. 内冷却水电导率对腐蚀电流的影响

首先，内冷却水的电导率越大，泄漏电流越大。图 4-12 示出了内冷却水电导率对铝合金腐蚀电流的影响。可见，内冷却水的电导率越大，铝合金在内冷却水中的腐蚀速度越快。

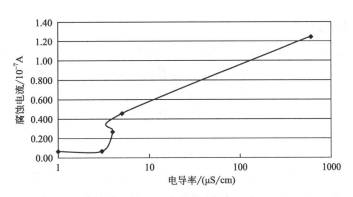

图 4-12　电导率对腐蚀电流的影响

3. 余氯对腐蚀电流的影响

图 4-13 示出了内冷却水中余氯对铝合金腐蚀速度的影响。可见，在余氯浓度很低时，余氯会使铝合金的腐蚀速度增大。在内冷却水中，余氯的浓度往往很小，因此，内冷却水

中的余氯会加速铝合金的腐蚀。

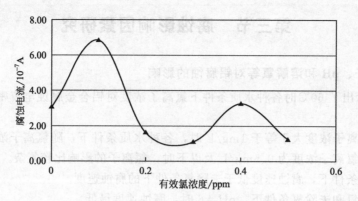

图 4-13   余氯对铝合金腐蚀电流的影响

4. 碳酸盐对腐蚀电流的影响

图 4-14 示出了内冷却水中碳酸盐对铝合金腐蚀速度的影响。可见，随着碳酸盐含量的增大，铝合金的腐蚀速度增大。因此，内冷却水中的碳酸盐会加速铝合金的腐蚀。

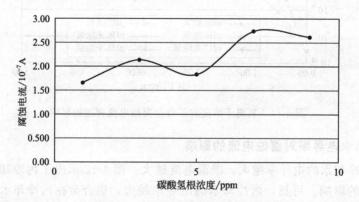

图 4-14   碳酸盐对铝合金腐蚀电流的影响

5. 树脂粉末的影响

为保证内冷却水电导率不高于 $0.5\mu S/cm$，换流阀内冷却系统设有混床离子交换系统净化装置，在内冷却水循环过程中对部分或全部内冷却水进行净化处理。研究表明，泄漏的离子树脂粉末不会引起内冷却水电导率的明显变化。张培东等人通过模拟实验研究认为离子树脂粉末会引起铝合金局部表面呈碱性，西门子则通过实验认为树脂粉末与铝合金表面接触会产生铝酸盐。

图 4-15 和图 4-16 示出了铝合金在各种树脂粉末溶液中的极化曲线。

由图 4-15 和图 4-16 可以看出，Al 在加入阴树脂粉末的溶液中腐蚀速度最大，按照阴：阳＝2：1 的比例混合树脂其次，在阳树脂粉末溶液中最小，但是也都大于在去离子水中的电流腐蚀密度。

（1）铝合金及不锈钢在树脂粉末溶液中的腐蚀电流密度

根据测得的极化曲线，可以得到铝合金和不锈钢在树脂粉末溶液中的腐蚀电流密度，如表 4-4 和图 4-17 所示。

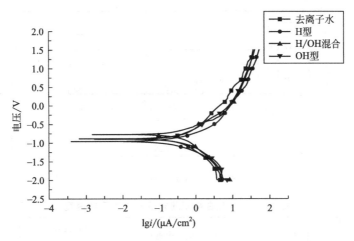

图 4-15　铝合金在 H 型、OH 型及 H/OH 型树脂粉末溶液中的极化曲线

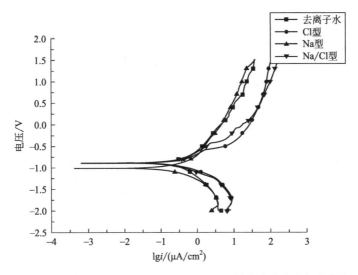

图 4-16　铝合金在 Na 型、Cl 型及 Na/Cl 型树脂溶液中的极化曲线

表 4-4　不同金属在树脂粉末溶液中的腐蚀电流密度（$\mu A/cm^2$）

类型	Cl 型树脂	OH 型树脂	Na 型树脂	H 型树脂	H/OH 混合	Na/Cl 混合	去离子水
Al	0.234	0.230	0.172	0.174	0.201	0.198	0.163
不锈钢	0.063	0.060	0.052	0.050	0.053	0.054	0.036

从表 4-4 和图 4-17 中可以明显看出，在含有树脂粉末的去离子水中，铝和不锈钢的腐蚀电流密度都比在去离子水中明显增大，其中阴树脂腐蚀电流密度最大，阳树脂最小，混合树脂居中间，同一类型的两种树脂相差不大，比较接近。而且铝合金的腐蚀电流密度远远大于不锈钢的腐蚀电流密度。

（2）失重法数据分析

表 4-5 和图 4-18 中示出了铝合金在各种树脂粉末溶液中的浸泡实验结果。

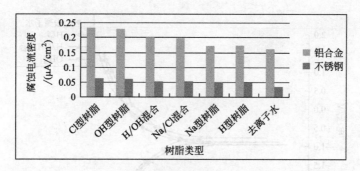

图 4-17　不同金属在树脂粉末溶液中的腐蚀电流密度

表 4-5　铝合金在树脂粉末溶液中的腐蚀速度

类型	试样表面积 S/cm^2	试样失重/g	腐蚀速度 /[g/(m²·h)]	平均腐蚀速度 /[g/(m²·h)]
去离子水	31.80	0.0009	0.0017	0.00123333
	30.81	0.0003	0.0006	
	30.21	0.0007	0.0014	
H 型树脂	30.93	0.0033	0.0066	0.009
	30.66	0.0070	0.0136	
	29.70	0.0034	0.0068	
Na 型树脂	29.75	0.0071	0.0142	0.0139
	30.39	0.0062	0.0121	
	31.73	0.0082	0.0154	
OH/H 混合型树脂	30.25	0.0108	0.0213	0.02256667
	30.08	0.0129	0.0255	
	30.99	0.0109	0.0209	
Na/Cl 混合型树脂	29.55	0.0134	0.0270	0.0234
	29.79	0.0118	0.0236	
	30.13	0.0099	0.0196	
OH 型树脂	30.30	0.0199	0.0391	0.03756667
	28.82	0.0183	0.0378	
	29.59	0.0178	0.0358	
Cl 型树脂	28.90	0.0199	0.0410	0.04116667

　　由表 4-5 和图 4-18 可以得出：铝合金在去离子水中几乎无腐蚀，在含有树脂粉末的去离子水中都会有腐蚀产生，且腐蚀速度阴树脂＞混合树脂＞阳树脂。这与由极化曲线测得的结果一致。

　　在前述各节中，介绍了各种因素对换流阀晶闸管铝合金散热器腐蚀的影响。总结前述内容可知：

　　(1) 水中溶解氧升高会加速换流阀晶闸管铝合金散热器腐蚀；

　　(2) 实验室实验结果表明，pH＝6 时换流阀晶闸管铝合金散热器腐蚀速度最低；

　　(3) 氯离子浓度在 0.1ppm 以上时，氯离子浓度越大，腐蚀速度越快；

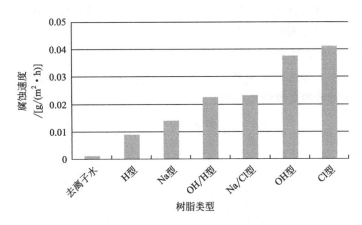

图 4-18　铝合金在不同树脂粉末溶液中的腐蚀速度

（4）在电导率大的水中，铝合金腐蚀速度更快；

（5）碳酸盐、余氯等会加速铝合金的腐蚀；

（6）树脂粉末的泄入会加速铝合金的腐蚀。

以上结论是在没有电场存在，即内冷却水中没有泄漏电流的条件下取得的，无电场条件时，在保证内冷却水水质（电导率小于 $0.5\mu S/cm$）的条件下，造成换流阀晶闸管铝合金散热器腐蚀的主要因素是离子交换树脂粉末的泄入及内冷却水溶解氧含量的增加。

但是，在实际换流阀系统的运行中，尽管在换流阀系统中安装了均压电极，将泄漏电流从毫安级降到了微安级，显著减缓了由于泄漏电流造成的电解腐蚀，但是，持久且稳定的泄漏电流将全面破坏铝合金表面的氧化膜，造成电解腐蚀。在这种情况下，造成换流阀晶闸管铝合金散热器腐蚀的最根本原因是泄漏电流。在内冷却水化学方面，由于运行中的换流阀内冷却系统的管路直径和长度已经确定，水的电导率是影响泄漏电流大小的最关键因素。溶解氧作为氧化剂，其浓度的增加会减少阴极反应的阻力，加速铝合金的腐蚀；泄入内冷却水中的离子交换树脂粉末会吸附到铝合金表面，在吸附点形成局部酸性或碱性环境，破坏表面氧化膜造成局部腐蚀。

综上所述，在实际换流阀系统的运行中，泄漏电流是造成腐蚀的根本原因，在此情况下，内冷却水的电导率是影响腐蚀的最关键内冷却水参数。

第四节　添加乙二醇对腐蚀的影响研究

换流阀内冷却系统中加入的缓蚀剂需至少满足下列要求：

（1）在内冷却水中，对换流阀晶闸管铝合金散热器具有显著缓蚀作用；

（2）由于换流阀内冷系统仍有泄漏电流，缓蚀剂的加入不应增加内冷却水的电导率，以防止电解腐蚀加重；

（3）在水中溶解度大；

（4）低毒或无毒、安全、环保；

（5）价格低廉。

乙二醇为北方地区常用的换流阀内冷系统防冻剂，也是汽车等行业常用的防冻剂，应用广泛、安全，在东北地区采用50％（体积比）的乙二醇溶液作防冻剂。研究发现乙二醇加入换流阀内冷却水中对铝合金具有缓蚀作用。

1. 乙二醇溶液的电导率

表4-6示出了乙二醇溶液的电导率，可见乙二醇的加入能显著降低内冷却水的电导率。这与表4-7中所示的文献结果一致。

表 4-6　乙二醇溶液的电导率（$\mu S/cm$）

温度/℃	10	20	30	40	50	60
0％	2.2	1.2	1.2	3.9	7.0	8.3
10％	0.9	0.8	1.9	1.3	2.9	3.7
20％	1.0	1.0	2.3	1.1	6.3	7.0
30％	1.0	1.0	1.1	1.2	1.6	1.9
40％	0.9	0.9	1.0	2.1	1.1	1.3
50％	0.7	0.8	0.8	0.9	1.4	1.5
60％	0.6	0.7	0.7	0.8	1.5	1.6
80％	0.4	0.4	0.3	0.4	1.5	1.7
100％	0.1	0.2	0.0	0.1	0.3	0.4

表 4-7　添加乙二醇内冷却水水质检测结果

换流站编号	乙二醇浓度/％ (V/V)	内冷却水检测结果			
		电导率 /($\mu S/cm$)	pH	溶解氧 /($\mu g/L$)	Cl^- /($\mu g/L$)	SO_4^{2-} /($\mu g/L$)
A	50.0	0.02	8.04	3.0	89.5	0
B	50.0	0.03	7.60	1.6	76.8	0
C	50.0	0.02	7.79	4.5	65.2	0

来源：李国兴等，换流站换流阀内冷却水水质要求与控制，黑龙江电力，2013年第35卷第6期，542-545页．

2. 铝合金在乙二醇溶液的腐蚀

（1）铝合金在乙二醇溶液中的极化曲线

图4-19～图4-21中分别示出了40℃、50℃、60℃乙二醇溶液中铝合金的极化曲线。

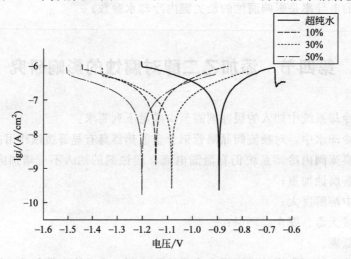

图 4-19　铝合金在乙二醇溶液中的极化曲线（40℃）

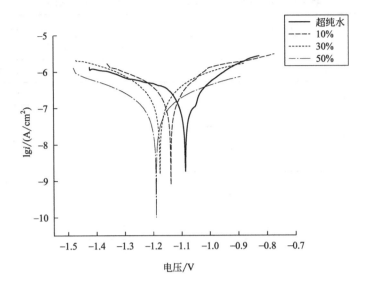

图 4-20 铝合金在乙二醇溶液中的极化曲线（50℃）

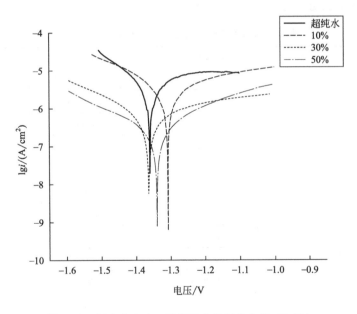

图 4-21 铝合金在乙二醇溶液中的极化曲线（60℃）

对比纯水中与乙二醇溶液中的极化曲线可知，乙二醇对极化曲线的阳极分支与阴极分支的影响大致相同，表明乙二醇对铝腐蚀的阴极过程和阳极过程的影响基本相同，其可能的缓蚀机理是乙二醇在铝合金表面上吸附覆盖表面活性点，降低了腐蚀速度。

（2）铝合金在乙二醇溶液中的自腐蚀电流密度

去离子水中加入乙二醇后，铝合金的自腐蚀电流密度显著降低，且乙二醇浓度越高，温度对自腐蚀电流密度的影响越小。铝合金在乙二醇溶液中的自腐蚀电流密度见表 4-8。

表 4-8   6063 铝合金在乙二醇溶液中的自腐蚀电流密度

温度/℃	乙二醇浓度（体积分数）	自腐蚀电位/V	腐蚀电流密度/(A/cm²)
40	0%	−0.893	1.890×10^{-7}
	10%	−1.146	1.639×10^{-7}
	30%	−1.083	9.773×10^{-8}
	50%	−1.201	7.894×10^{-8}
50	0%	−1.086	3.705×10^{-7}
	10%	−1.138	3.190×10^{-7}
	30%	−1.176	2.923×10^{-7}
	50%	−1.190	1.353×10^{-7}
60	0%	−1.360	4.470×10^{-6}
	10%	−1.308	3.540×10^{-6}
	30%	−1.364	6.570×10^{-7}
	50%	−1.181	2.510×10^{-7}

表 4-8 和图 4-22 示出了浸泡实验结果。

表 4-9   6063 铝合金在乙二醇溶液中的腐蚀速度

乙二醇溶液浓度/%,(V/V)	试样编号	试样表面积/mm²	腐蚀速度/[g/(m²·h)]	平均腐蚀速度/[g/(m²·h)]
0	1	1872.898	0.026697	0.027526
	2	1863.370	0.025555	
	3	1884.355	0.030325	
10	4	1884.051	0.016745	0.013819
	5	1884.682	0.010422	
	6	1832.845	0.014290	
30	7	1876.589	0.007930	0.005751
	8	1883.303	0.004109	
	9	1826.800	0.005213	
50	10	1875.561	0.001904	0.003001
	11	1879.961	0.003799	
	12	1803.823	0.003300	
80	13	1876.126	0.001586	0.001943
	14	1821.932	0.001634	
	15	1824.376	0.002610	

由表 4-9 和图 4-22 可知，在乙二醇溶液中，铝合金的腐蚀速度显著降低，且乙二醇浓度越大，腐蚀速度越低，但乙二醇浓度超过 50% 后，腐蚀速度的进一步降低效果不显著。因此，乙二醇浓度不宜超过 50%。

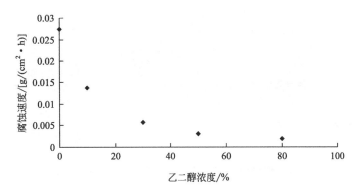

图 4-22　6063 铝合金在乙二醇溶液中的腐蚀速度

（3）铝合金在乙二醇溶液中的腐蚀形貌

图 4-23～图 4-32 示出了上述浸泡实验后试样的腐蚀形貌。由图可见，在 40℃的去离子水中，铝合金表面有明显的腐蚀斑点和腐蚀产物覆盖。

图 4-23　铝合金在去离子水中的腐蚀形貌（1 倍）

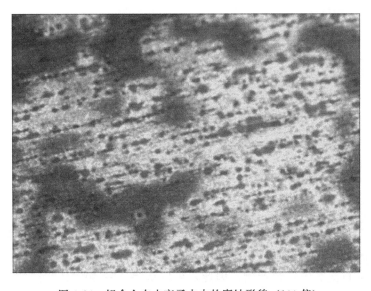

图 4-24　铝合金在去离子水中的腐蚀形貌（100 倍）

图 4-25　铝合金在 10％乙二醇溶液中的腐蚀形貌（1 倍）

图 4-26　铝合金在 10％乙二醇溶液中的腐蚀形貌（100 倍）

图 4-27　铝合金在 30％乙二醇溶液中的腐蚀形貌（1 倍）

　　由图 4-23 至图 4-32 可见，随着乙二醇的浓度由 10％增大到 80％，试样表面的腐蚀斑点和表面覆盖的腐蚀产物逐渐减少，当乙二醇的浓度增大到 50％时，试样表面没有出现明显的腐蚀斑点和覆盖的腐蚀产物。因此，可以认为，在 40℃、50％的乙二醇溶液中，铝合金的腐蚀很轻微。

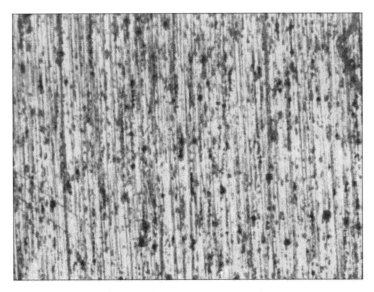

图 4-28 铝合金在 30％乙二醇溶液中的腐蚀形貌（100 倍）

图 4-29 铝合金在 50％乙二醇溶液中的腐蚀形貌（1 倍）

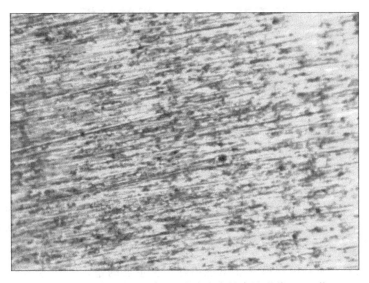

图 4-30 铝合金在 50％乙二醇溶液中的腐蚀形貌（100 倍）

图 4-31　铝合金在 80％乙二醇溶液中的腐蚀形貌（1 倍）

图 4-32　铝合金在 80％乙二醇溶液中的腐蚀形貌（100 倍）

第五节　均压电极的结垢

均压电极布置在换流阀水冷管路中，用来控制冷却水中的电位分布，防止泄漏电流对铝散热器造成电化学腐蚀。均压电极通常是在一个不锈钢底座上面固定了一个很细的铂针，见图 4-33。不锈钢底座用于装配均压电极在冷却水管的安装孔中，细铂针与外导线相连接，实现均压的作用。

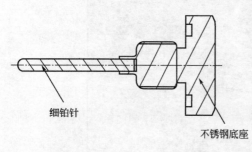

细铂针

不锈钢底座

图 4-33　均压电极结构示意图

在工程实践中，均压电极作为换流阀的成套组件，不同换流阀技术的厂家所采用的均压电极形状不尽相同，三种典型均压电极见图 4-34。电极探针的材料主要采用惰性铂金，铂为惰性材料，不会因漏电流而出现损耗，更主要的是，铂是溶解氧还原、H_2O 电化学还原与氧化的优良催化剂，H_2 和 O_2 在 Pt 上的析出过电位低，有利于 H_2O、O_2 和

H^+ 在电极上发生反应，用 H_2O 和 O_2、H^+ 的反应代替金属的电解腐蚀反应，减少金属溶解在泄漏电流中所占的比例，降低金属的腐蚀。

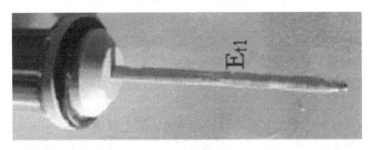

(a) ABB均压电极

(b) 西门子均压电极

(c) 中联普瑞、AREVA均压电极

图 4-34　均压电极

一、阀内冷却水中的腐蚀产物

由于晶闸管铝制散热器的电化学腐蚀，光触发换流阀塔均压电极在电场的作用下容易形成垢质。实际运行经验表明，形成的垢质如果不及时处理，在运行过程中由于振动、水流冲击等原因可能导致垢质脱落，堵塞冷却水支路管路，造成电抗器、阻尼电阻等元件散热不畅烧毁，导致直流系统闭锁事故。同时，过厚的垢质还可能造成除垢时电极无法拔出、电极密封圈腐蚀，导致水冷系统泄漏闭锁直流系统。

均压电极密封圈腐蚀、电抗器接头松动等引发的漏水故障其最直接原因是均压电极结垢。某换流站均压电极极一年均结垢厚度约为 0.20mm，二年均结垢厚度为 0.295mm，可见其结垢严重程度。当均压电极上水垢沉积到一定厚度，电极会表现出高阻性质，且水垢沉积位置和厚度分布不均，尤其是安装孔附近较薄，不足以产生足够的绝缘效果，过大的电流会电解出臭氧，臭氧会快速溶解均压电极密封圈，造成渗漏现象。相关学者通过对水垢样品分析，确定了其来自铝散热器的电化学腐蚀产物，而高压条件下铝散热器腐蚀容易受到多种水化学因子的影响，工况的多变性造成其反应机理较为复杂，主要受局部碱性环境、Cl^- 浓度、流速、温度等影响。而均压电极结垢及运行中的垢物脱落也是造成电极除垢困难、电极密封圈腐蚀漏水、垢物脱落堵塞内冷却水管路等后果的隐患，均压电极密封圈腐蚀、电抗器接头松动等引发的漏水故障其最直接原因是均压电极结垢。

换流站阀内冷却水的补充水采用桶装纯净水，其电导率在 $5\sim6\mu S/cm$，桶装纯净水含盐量约是内冷却水的 1000 倍以上。根据分析，其杂质含量 SO_4^{2-}（约 $29.9\mu g/L$）、NO_3^-（约 $47.2\mu g/L$）、Na^+（约 $78.9\mu g/L$）、K^+（$10.8\mu g/L$）、Mg^{2+}（$4.6\mu g/L$）、Ca^{2+}（$14.6\mu g/L$）、Cl^-（约 $16\mu g/L$）。这些补充水所携带的离子全部依靠并联旁路的 H-OH 离子交换器，同时由于内冷却水系统腐蚀下来的 Al^{3+} 需要占用更多的 H-OH 离子交换容量，因此会在后期树脂接近失效时重新逐步释放。

实践经验证明，当换流阀阀塔大量补充水后，需要考虑内冷却水二次除盐所需的时间，当阀塔全部采用桶装纯净水（$5\sim6\mu S/cm$）补给后，其水质达到合格标准需 $7\sim9$ 天。

根据对已投运的天广直流换流阀均压电极垢样的分析，垢样中除了绝对数量的 Al_2O_3 外，还含有 $1.5\%CaO$、$1.01\%SO_3$、$0.93\%P_2O_5$ 和 $1.26\%SiO_2$，除 Al_2O_3 来自于系统的腐蚀产物外，CaO、SO_3、P_2O_5 和 SiO_2 主要来源于内冷却水补水的带入。

事实上，阀内冷却水及补水中的杂质主要由三种状态存在：溶解性盐类（<1nm）、胶体（$1\sim100nm$）、细小颗粒物（$1\sim100\mu m$）。溶解性盐类导电能力强，电导率可以直接反映出来；而胶体、细小颗粒物无法直接用电导率体现，但这类物质由于表面电荷的作用，对系统的堵塞以及在均压电极上的沉积有重要影响。由于电导率直接关系到电流的泄漏能力，且能够方便、可靠、准确地测量，因此在聚焦电导率的同时容易忽略胶体、细小颗粒物的问题。

腐蚀产物的粒径对腐蚀产物在电极上的沉积影响很大。通常，粒径大于 $5\mu m$ 的腐蚀产物颗粒主要靠重力作用沉积，粒径小于 $5\mu m$ 的腐蚀产物颗粒主要靠静电作用沉积。

下面根据实际测量结果讨论阀内冷却水中颗粒杂质的粒径分布。

1. 试验器材及药品

试验器材：换流阀内冷却水模拟装置、电源、洁净度检测仪、不同粒径的滤芯、塑料管、取样瓶。

试验药品：桶装纯净水。

2. 实验方法

首先，在换流阀内冷却水模拟试验装置上分别安装 $10\mu m$、$5\mu m$ 和 $1\mu m$ 的滤芯，然后将桶装纯净水加入其中，接着接通电源。每 1h 取主路水样用洁净度检测仪测量其颗粒数（图 4-35～图 4-37）。

图 4-35　换流阀内冷却水模拟试验装置

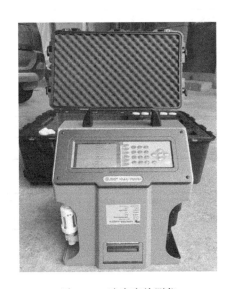

图 4-36　洁净度检测仪

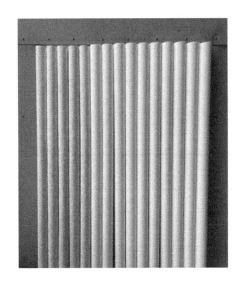

图 4-37　不同粒径下的滤芯

3. 实验结果及讨论

表 4-10 为取自某换流站极 1 内冷却水、极 2 内冷却水、超纯水设备制水以及桶装纯净水水样的洁净度检测数据。对比表中的数据我们可以发现，在换流阀内冷却水中，粒径 5μm 及以下的颗粒物占颗粒物总数的 84% 以上，粒径 5～10μm 及以下的颗粒物约为 10%～13%，10μm 以上的颗粒物所占比例小于 3%。

表 4-10　不同水样的洁净度检测数据

样品名称	粒径在 2~5μm 的颗粒数/(个/mL)	粒径在 5~10μm 的颗粒数/(个/mL)	粒径大于 10μm 的颗粒数/(个/mL)	粒径在 2~5μm 的颗粒数百分比	粒径在 5~10μm 的颗粒数百分比	粒径大于 10μm 的颗粒数百分比
极 1 内冷却水	96.4	15.2	2.8	0.8427	0.1329	0.0245
极 2 内冷却水	159.2	19.0	4.2	0.8728	0.1042	0.0230
超纯水设备制水	7.4	2.4	0.4	0.7255	0.2353	0.0392
桶装纯净水	9.4	3.4	0.8	0.6912	0.2500	0.0588

　　表 4-11~表 4-13 分别为滤芯 10μm、5μm 和 1μm 条件下主路洁净度检测数据，对比表 4-10 中的换流站内冷却水中的数据，可以发现滤芯 10μm、5μm 和 1μm 条件下主路洁净度有较大的改善。此外，从表中我们还可以看出，经过 10μm、5μm 和 1μm 滤芯过滤处理后，主路水样中颗粒粒径主要集中在 2~5μm 这个范围内，约占 90%，粒径在 5~10μm 之间的颗粒数较少，粒径在 10μm 以上的颗粒几乎没有了。

表 4-11　滤芯为 10μm 时洁净度检测数据

时间/h	粒径在 2~5μm 的颗粒数/(个/mL)	粒径在 5~10μm 的颗粒数/(个/mL)	粒径大于 10μm 的颗粒数/(个/mL)
0	61	6.2	0.6
0.5	45.8	4.8	0.2
1	46.2	3.8	0.4
2	44	3.8	0.2
3	28.3	3.1	0.2
4	19	2.8	0.2
5	17.8	2.8	0.4
6	26.3	4.1	0.2
6.5	16.9	3	0.2
7	17.2	3.1	0.2

表 4-12　滤芯为 5μm 时洁净度检测数据

时间/h	粒径在 2~5μm 的颗粒数/(个/mL)	粒径在 5~10μm 的颗粒数/(个/mL)	粒径大于 10μm 的颗粒数/(个/mL)
0	27.9	3	0.4
0.5	19.1	2.2	0.2
1	14.9	1.4	0.1
2	8.2	1	0.2
3	6.4	1.1	0
4	9.9	1.2	0
5	8.5	0.9	0.2
6	9.1	1.9	0
6.5	7	1.1	0
7	6.8	1.1	0

表 4-13　滤芯为 1μm 时的洁净度检测数据

时间/h	粒径在 2~5μm 的颗粒数 /(个/mL)	粒径在 5~10μm 的颗粒数 /(个/mL)	粒径大于 10μm 的颗粒数 /(个/mL)
0	24	1.2	0.2
0.5	16.4	1	0
1	7.5	0.7	0
2	3.9	0.7	0
3	3	0.6	0
4	1.8	0.2	0
5	1.2	0	0
6	3.4	0.8	0
6.5	0.4	0	0
7	0.4	0	0

图 4-38~图 4-40 分别为依据表 4-11~表 4-13 中数据制作的不同滤芯下不同粒径颗粒数对比图。从图中我们可看出滤芯依次为 10μm、5μm 和 1μm 时，洁净度依次改善，滤芯从 10μm 变到 5μm 时改善程度较大，而滤芯从 5μm 变到 1μm 时，改善的幅度变小。滤芯孔径越小时，水流阻力越大，对泵的要求也就越高。因此，选用 5μm 滤芯更为合适。

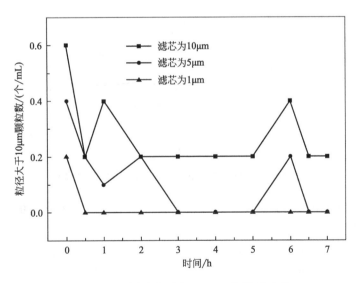

图 4-38　不同滤芯下大于 10μm 颗粒数比较

二、均压电极结垢分析及规律

1. 换流站均压电极结垢情况

（1）换流站均压电极结垢情况案例 1

某换流站晶闸管阳极侧结垢严重，而阴极侧结垢轻微，层间电极基本没有结垢，2 年

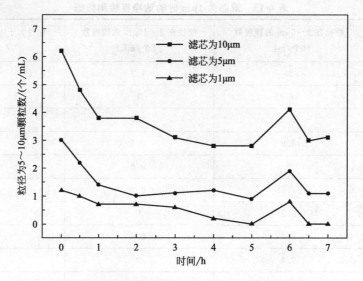

图 4-39　不同滤芯下粒径在 $5\sim10\mu m$ 颗粒数比较

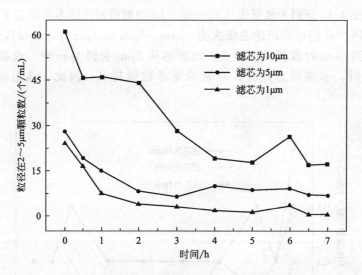

图 4-40　不同滤芯下粒径在 $2\sim5\mu m$ 颗粒数比较

未进行除垢的阳极侧均压电极结垢平均直径已达 3.4mm，1 年未除垢的阳极侧均压电极结垢平均直径为 2.9mm。

　　该换流站每年组织 1 次人工除垢工作，但是除垢工作容易间接损伤阀塔其它设备，例如均压电极接线松动放电、注水排气失败、水冷管道损伤等。

　　该换流站内冷却水处理系统情况：两台 1∶1 阴、阳树脂小混床，敞开式高位水箱，$5\mu m$ 精密主过滤器。水质控制主要监督电导率，同时每季度进行一次水质送样分析，补给水为桶装纯净水，虽然电导率一直能保持在 $0.1\mu S/cm$ 以下，但是每年结垢速率仍然到达 0.3mm/a 以上；改自来水为桶装纯净水补给阀塔，同时增加混床出口 $3\mu m$ 精密过滤器后结垢速率相对好转，但是仍然到达 0.3mm/a，说明精密过滤器能有效滤除部分容易在均压电极上结垢的物质，而该物质却不能被混床的离子交换树脂有效去除，同时该类物质对电导率贡献比较小。

已有事故表明均压电极结垢一般存在如下危害：一是在阀塔振动及水流扰动情况下容易导致结垢脱落堵塞内冷却水管路，换流阀散热不良造成阀塔设备损坏，严重时直接经济损失将以亿元人民币计；二是电极结垢后有效放电面积缩小，导致其密封圈腐蚀漏水，引发直流闭锁，造成直流输电工程长期停运，影响跨区电力交易；三是均压电极结垢没有及时处理或者处理工艺控制不当，也可能造成导致结垢脱落堵塞内冷却水管路，进而损坏阀塔设备。对此，西门子公司将电极由原来的 1mm 直径改为 2mm 直径，并将电极密封圈由平面安装改为凹槽安装，避免了电极密封圈腐蚀问题，但是对于电极的结垢问题一直在研究，没有提出解决方法，对电极的结垢原因与规律也没有提出确切结果，其换流阀检修作业规程仅指明了如果电极长度低于 60%，更换电极即可，而某些换流站未发现均压电极腐蚀现象，因此从未更换电极，仅清除电极表面结垢。

（2）换流站均压电极结垢情况案例 2

该换流站极 I 运行 3 年半，均压电极结垢后最大直径 3.40mm，见表 4-14；极 II 运行 3 年，抽样均压电极结垢后最大直径 3.75mm，见表 4-15。极 I 阳极侧均压电极结垢轻微，附着力微弱，针状部分 85%～90% 被结垢覆盖。阴极侧抽取压电极结垢严重，且疏松，易捻动脱落，结垢厚度达到 0.63mm，针状部分 85%～90% 被结垢覆盖。阀组件汇水管 T 型处均压电极结垢厚度及结垢长度均居中，坚硬密实，去除较困难，针状部分 50% 被结垢覆盖，电极结垢情况见图 4-41。极 II 结垢位置及结垢厚度与长度与极 I 相同，同样是晶闸管阴极侧结垢严重，阳极侧结垢轻微，阀组件汇水管处均压电极结垢居中，但是阴极侧结垢厚度达到 0.88mm，见图 4-42。

表 4-14　极 IC 相 L 侧第 1、第 2 层均压电极结垢厚度（mm）

阀基	顶部进					顶部出				
	中部进					中部出				
	阀段 I					阀段 II				
阀塔	1 进 E5	1 出 E6	2 进 E3	2 出 E4	分流进	汇流出	1 进 E7	1 出 E8	2 进 E9	2 出 EI0
层一	2.98	3.33	2.06	1.99	2.64	2.82	3.26	3.21	2.02	2.03
层间	—									
层二	3.06	3.34	2.00	2.04	2.83	2.29	3.40	3.24	2.18	2.09
层间	2.13					2.00				

注：电极原直径 2.00mm、长度 23.80mm，电极座孔径为 4.00mm。

表 4-15　极 II C 相 L 侧均压电极结垢厚度（mm）

阀基	顶部进				—	顶部出				
	中部进				1.99	中部出				
					—					
	阀段 I					阀段 II				
阀塔	1 进	1 出	2 进	2 出	分流进	汇流出	1 进	1 出	2 进	2 出
层一	—	—	3.75	2.52	—	2.00	2.04	1.98	3.45	3.66

注：电极原直径 2.00mm、长度 23.80mm，电极座孔径为 4.00mm。

因此，可以确定该换流站晶闸管阴极侧电极较其阳极侧电极结垢严重，与案例 1 的换流站均压电极结垢情况不一致。

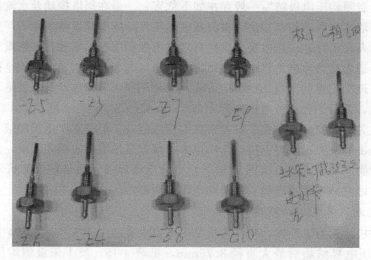

图 4-41　极 IC 相 L 侧第 1 层及组件汇流管进出口抽取电极结垢情况

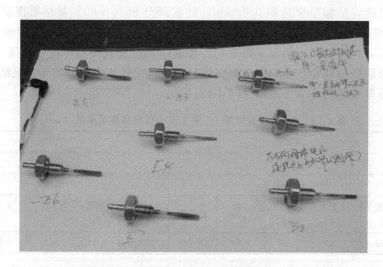

图 4-42　极Ⅱ C 相 L 侧第 1 层及相关位置抽取电极结垢情况

与该换流站对端的换流站对极Ⅰ阀塔 C 相第二层内冷却水管道均压电极结垢情况进行了抽检，在第二层共抽查 5 个电极，见图 4-43 所示：①阳极侧进水管均压电极，电极上附着的垢质呈黄褐色，质地致密，电极头部结垢最为严重，头部至尾部结垢情况依次减弱，用游标卡尺测量头部结垢后的电极直径为 3.22mm，电极本身厚度为 2mm，故垢质最大厚度为 0.61mm。②阳极侧出水管均压电极，②号电极结垢情况比①号电极结垢情况更为严重，最大直径为 3.52mm，垢质最大厚度为 0.76mm，③阴极侧进水管均压电极。④阴极侧出水管均压电极。⑤主出水管均压电极，⑤号电极结垢情况最为轻微，垢质长度为 10.12mm，占电极长度的 43.2%（电极长度为 23.4mm，最大直径为 2.02mm，垢质厚度基本可忽略不计。综合以上情况进行分析，极Ⅰ阀塔 C 相第二层内冷却水管道阳极侧均压电极结垢情况最为严重，阴极侧结垢情况轻微，电极直径基本未发生变化，主水管均压电极结垢情况最为轻微，垢质随厚度增加逐渐由黄褐色变为黑褐色，垢质附着不强，①、②电极垢质稍用力即可拔出，③、④、⑤号电极垢质量少，用软布轻轻擦拭即可除去。

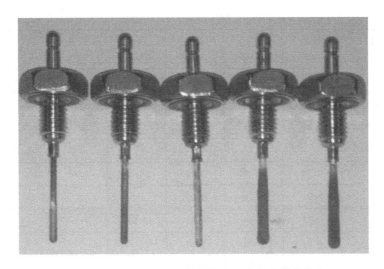

图 4-43　换流站均压电极结垢情况（右起①②③④⑤）

2. 垢样成分

均压电极垢样常温下不溶于酸碱，垢样经硫酸煮沸溶解后通过 ICP-MS 检测，发现垢样的主要金属元素为铝、次要金属元素为铁；阴极侧均压电极垢样一般为 95.8～154.3mg，阳极侧均压电极垢样一般为 3.0～4.3mg，T 形汇流管处均压电极垢样一般为 16.9～48.0mg，见表 4-16；经 XRD 检测，垢样主要成分为 β-三羟基铝，含量为 96%～98%，次要成分为 α-三水铝石，含量 2%～3%，见图 4-44。

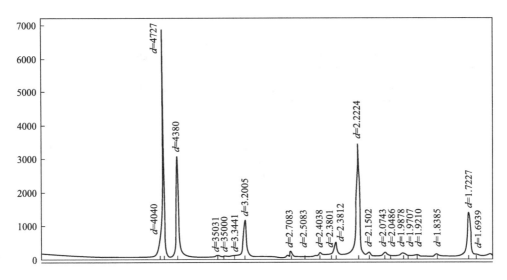

图 4-44　垢样 XRD 图谱

表 4-16　垢样检测结果

（a）极 I、极 II 阴极侧垢样检测结果

检测项目	极 I CLIE3	极 I CLl F4	极 I CLIE9	极 I CL2E3	极 I CL2E4	极 II CLl E5	极 II CLlE6	极 II CLl E7
Al/%	91.79	97.40	95.16	87.14	97.72	94.23	95.77	83.20
Fe/%	3.09	0.92	0.97	4.08	1.33	1.92	1.28	10.76

续表

检测项目	极Ⅰ CLIE3	极Ⅰ CLl F4	极Ⅰ CLIE9	极Ⅰ CL2E3	极Ⅰ CL2E4	极Ⅱ CLl E5	极Ⅱ CLlE6	极Ⅱ CLl E7
Pb/%	2.19			0.41		1.42	1.82	
Si/%	0.64	0.47	1.35		0.68	0.67	0.32	1.16
Cr/%	0.93	0.30	0.54	0.20		0.68	0.33	0.44
Cu/%	1.35		0.37	1.54		0.46	0.22	0.44
Mn/%		0.23	0.24	0.14		0.61		0.20
Ni/%		0.21	0.28	0.05				1.36
S/%		0.23	0.39	0.32	0.27			0.28
Cl/%		0.24	0.36	0.24			0.26	0.24
Zn/%			0.34	1.85				0.20
Mg/%				0.18				
P/%				2.36				0.20
As/%				0.12				
Ca/%				0.68				0.24
K/%				0.05				0.04
Na/%				0.65				
F/%								0.96
Ti/%								0.28
垢重/mg	120.9	140.0	95.8		140.5	120.3	154.3	

(b) 极Ⅰ、极Ⅱ阳极侧垢样检测结果（各元素所占质量分数/%）

检修项目	极Ⅰ CLI 汇流进口	极 ICLI 汇流出口	极 IC2L 汇流进口	极 IC2L 汇流出口	极Ⅰ C2L E5	极Ⅰ C2L E10	极Ⅱ CIL E3	极Ⅱ CIL E9
Al/%	82.46	98.19	98.49	96.62	68.17	98.195	86.38	85.80
Fe/%	0.55	0.75	0.61	0.88	20.78	0.35	4.94	8.79
Cu/%	0.03	0.04	0.02	0.09	4.04	0.04	0.32	0.97
Ca/%	13.01	0.24	0.31	0.80	0.83	0.83	3.06	0.87
K/%	0.82	0.08	0.02	0.22	0.74	0.16	1.78	0.25
Mg/%	1.44	0.19	0.12	0.12	3.40	0.14	0.42	2.00
Na/%	1.69	0.52	0.43	1.28	2.05	0.29	3.11	1.31
垢重/mg	40.8	48.0	19.1	16.9	3.4	137.3	3.0	4.3

3. 均压电极结垢的规律

某换流站既是整流站又是逆变站，其双极864支电极根据极Ⅰ、极Ⅱ阀塔电极位置可以分成5类，其位置及结垢厚度情况见图4-45及表4-17。分析两极结垢规律如下：配水管、汇水管处电极约50%长度被垢样覆盖，厚度极值0.5mm以上，结垢坚硬密实，需借助工具敲碎才能除去；晶闸管阴极侧电极约85％长度被垢样覆盖，厚度极值0.8mm以上，结垢疏松、海绵状、端部毛刺状，用手可以整体搓掉，阳极侧电极约85％长度被垢样覆盖，厚度极值0.3mm以上，结垢非常疏松、烧焦状，易碰掉垢样；1层下及6层上层间S型水管上电极约85％长度被垢样覆盖，厚度一般小于0.1mm，结垢疏松，易碰掉垢样。极Ⅰ累计运行44个月，电极最厚结垢已经达到0.81mm，见表4-18；极Ⅱ累计运行39个月，电极最大结垢厚度已经达到0.88mm，见表4-18。不同之处：极Ⅰ底部直水管处电极较极Ⅱ该处电极结垢严重，厚度极值为0.5mm以上，见表4-19；极Ⅱ中上部S型水管处电极较极Ⅰ该处电极结垢严重，厚度极值为0.4mm以上，见表4-20。

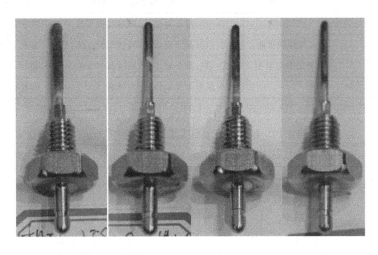

图 4-45　4种电极结垢情况（阴极侧电极、T型三通处电极、S型处电极、阳极侧电极）

表 4-17　换流站极Ⅰ阀塔电极位置及结垢情况

序号	阀塔(A、B、C)电极位置		电极接线点	结垢情况
1	顶部直水管	L	2支一组,接于阀顶部金属横梁	疏松,厚度小于0.10mm
		R	2支一组,接于阀顶部金属横梁	疏松,厚度小于0.10mm
2	S型水管	L1、R1上部	4支一组,接于直流出线	疏松,厚度小于0.10mm
		R2上部	2支一组,接于金属导线排	疏松,厚度小于0.10mm
		L3上部	2支一组,接于金属导线排	疏松,厚度小于0.10mm
		L4、R4上部	4支一组,接于金属导线排	疏松,厚度小于0.10mm
		R5上部	2支一组,接于金属导线排	疏松,厚度小于0.10mm
		L6上部	2支一组,接于金属导线排	疏松,厚度小于0.10mm
3	层间T型法兰管	L、R侧	2支一组,接于阀组件,每层每侧1组,6层	致密,厚度极值0.31mm
4	配水管及汇流管	晶闸管阴极侧	2支一组,接于配水管,每层每侧2组,6层	紧密,厚度极值0.81mm
		晶闸管阳极侧	2支一组,接于配水管,每层每侧2组,6层	疏松,厚度极值0.28mm
5	底部直水管	L、R侧底屏蔽上	2支一组,接于底屏蔽	疏松,厚度极值0.51mm

注：运行44个月，阀塔底部电压−500kV。

表 4-18　换流站极 Ⅱ 阀塔电极位置及结垢情况

序号	阀塔（A、B、C）电极位置		电极接线点	结垢情况
1	顶部直水管	L	2 支一组，接于阀顶部金属横梁	疏松，厚度小于 0.10mm
		R	2 支一组，接于阀顶部金属横梁	疏松，厚度小于 0.10mm
2	S 型水管	L1、R1 上部	4 支一组，接于直流出线	紧密，厚度极值 0.47mm
		L2 上部	2 支一组，接于金属导线排	疏松，厚度小于 0.10mm
		R3 上部	2 支一组，接于金属导线排	疏松，厚度小于 0.10mm
		L4、R4 上部	4 支一组，接于金属导线排	疏松，厚度小于 0.10mm
		R5 上部	2 支一组，接于金属导线排	疏松，厚度小于 0.10mm
		L6 上部	2 支一组，接于金属导线排	疏松，厚度小于 0.10mm
3	层间 T 型法兰管	L、R 侧	2 支一组，接于导线排，每层每侧工组，6 层	致密，厚度极值 0.54mm
4	配水管及汇流管	晶闸管阴极侧，	2 支一组，接于配水管，每层每侧 2 组，6 层	紧密，厚度极值 0.88mm
		晶闸管阳极侧	2 支一组，接于配水管，每层每侧 2 组，6 层	疏松，厚度极值 0.32mm
5	底部直水管	L、R 侧底屏蔽上 2 支组，接于底屏蔽		疏松，厚度小于 0.10mm

注：运行 39 个月，阀塔底部电压＋500kV。

表 4-19　换流站极 Ⅰ 电极结垢数据分析（mm）

电极位置	CL	CR	BL	BR	AL	AR	均值	极值
阴极侧均值	2.63	2.94	2.96	2.95	2.94	2.94	2.90	
极值	3.37	3.62	3.18	3.26	3.20	3.26		3.62
阳极侧均值	2.13	2.23	2.23	2.23	2.23	2.23	2.21	
极值	2.55	2.30	2.32	2.38	2.31	2.34		2.55
T 型 3 通均值	2.04	2.16	2.13	2.08	2.12	2.09	2.10	
极值	2.11	2.61	2.43	2.23	2.54	2.31		2.61
层间均值	2.05	2.04	2.07	2.05	2.03	2.03	2.04	
极值	2.12	2.05	2.09	2.06	2.05	2.05		2.12
底部均值	2.88	2.72	2.73	2.65	2.68	2.83	2.75	
极值	3.02	2.82	2.83	2.80	2.69	2.97		3.02
顶部均值	2.04	2.04	2.02	2.02	2.02	2.04	2.03	
极值	2.05	2.04	2.03	2.03	2.03	2.05		2.05
中部均值	2.11	2.02	2.00	2.01	2.01	2.02	2.02	
极值	2.13	2.02	2.00	2.01	2.01	2.02		2.13

表 4-20　换流站极 Ⅱ 电极结垢数据分析（mm）

电极位置	CL	CR	BL	BR	AL	AR	均值	极值
阳极侧均值	2.34	2.28	2.30	2.28	2.31	2.29	2.30	
极值	2.61	2.40	2.43	2.63	2.47	2.45		2.63
阴极侧均值	2.99	2.93	3.09	2.89	2.95	3.05	2.98	
极值	3.62	3.61	3.60	3.76	3.69	3.71		3.76
T 型 3 通处均值	2.24	2.10	2.23	2.14	2.19	2.07	2.16	

续表

电极位置	CL	CR	BL	BR	AL	AR	均值	极值
极值	2.85	2.35	2.89	3.04	3.08	2.14		3.08
层间均值	2.06	2.04	2.06	2.06	2.05	2.08	2.06	
极值	2.08	2.05	2.10	2.11	2.06	2.16		2.16
底部均值	2.01	2.01	2.02	2.01	2.02	2.03	2.01	
极值	2.01	2.01	2.02	2.01	2.02	2.03		2.03
顶部均值	2.04	2.05	2.04	2.04	2.04	2.04	2.04	
极值	2.05	2.05	2.05	2.05	2.05	2.05		2.05
中部均值	2.45	2.52	2.49	2.72	2.62	2.02	2.47	
极值	2.69	2.67	2.94	2.76	2.69	2.02		2.94

4. 均压电极结垢分布规律总结

阀组件上不同位置的均压电极结垢程度、状态不同，呈现比较明显的规律。对于整流换流站，工作时晶闸管阴极侧始终处于直流线路的正极性侧，而晶闸管阳极侧始终处于直流线路的负极性侧。

对于逆变换流站工作时，晶闸管阳极侧始终处于直流线路的正极性侧，而晶闸管阴极侧始终处于直流线路的负极性侧。

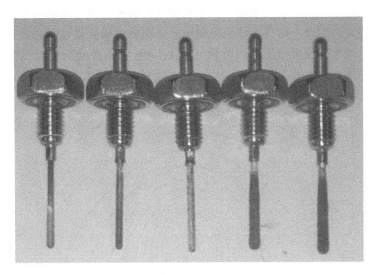

图 4-46　均压电极形态（依次负-零-正-进、出汇水处）

均压电极结垢情况如图 4-46 所示。均压电极结垢大致符合以下规律：正电位处电极较负电位处电极结垢严重，零电位处基本不结垢。负电位处电极结垢比较轻微，垢样呈现轻微附着状态，用毛线擦除、抛光能够去除；正电位处电极结垢比较严重，垢样呈现疏松状态，用毛巾擦除、抛光处理能够去除；阀组件配水进、汇水出处电极结垢紧密，用钳子裹软铜箔方能捏碎。

5. 均压电极结垢机理研究

如前所述，在均压电极上的沉积物主要是铝的腐蚀产物。在内冷却水中，腐蚀产物除以离子状态存在外，主要以悬浮物和胶体状态存在。在内冷却水中，这些悬浮物和胶体的表面带有电荷，其中粒径 $5\mu m$ 及以下的颗粒物占 85%。粒径 $5\mu m$ 及以下的颗粒物主要靠静电引力的作用在金属表面沉积。

实验室中电解法制备的铝合金腐蚀产物的 Zeta 电位结果表明，铝合金的腐蚀产物胶体的 Zeta 电位大于零，胶体表面带正电荷。在实际的工业冷却水中，大多数情况下，水中胶体的 Zeta 电位小于零，胶体表面带负电。

在换流阀均压电极上，电位高的均压电极所带正电荷密度较大，对带负电荷的腐蚀产物颗粒的静电引力较大，因此，腐蚀产物更容易在电位较正的均压电极上沉积。整流换流站晶闸管阴极侧始终处于直流线路的正极性侧，而晶闸管阳极侧始终处于直流线路的负极性侧，而逆变换流站晶闸管阳极侧始终处于直流线路的正极性侧，而晶闸管阴极侧始终处于直流线路的负极性侧，正电位处较负电位处结垢严重，这与前述均压电极上结垢规律相符。

虽然处于溶解状态的正负离子也会在均压电极上吸附或沉积，但胶体和悬浮物微粒的质量远远大于正负离子，腐蚀产物在均压电极上的沉积主要是胶体和悬浮物的沉积。溶解态的离子的主要沉积形式是首先发生水解转变为胶体或悬浮物后以胶体或悬浮物的形式沉积。

均压电极的形状为圆柱体接半球顶端，对于此类半球头圆柱电极上的电势场分布早有研究，见图 4-47，在电极附近等电位线分布较密集，距离电极较远时，等电位线逐渐变疏。由电场强度和电势的关系式 $E=V/d$，电场强度是用来表示电场的强弱和方向的物理量，反映了电位在空间上的变化情况，即等电位线的疏密反映了电场强度的强弱，曲率最小处场强度最大，因此，电极半球头顶端轴向方向的电场强度较其它非轴向以及圆柱径向空间的电场强度大。电极结垢形貌特征与图 4-47 电场强度分布比较相像，说明电极结垢厚度与电场强度正相关。

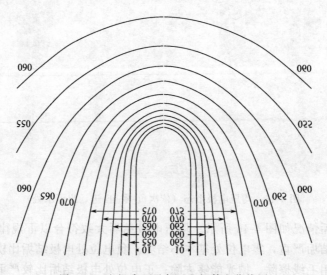

图 4-47　电极表面及邻近空间等电位线图

均压电极间泄漏电流达到 $0.4mA$。单个阀组件内 4 组均压电极间的电流之和（$0.4mA \times 4 = 1.6mA$）远远大于单个阀组件内 28 个铝合金散热器间的电流之和（$0.9\mu A \times 14 = 12.6\mu A$），因此，均压电极的确转移了大部分的泄漏电流。

换流阀中，均压电极上以及铝合金散热器水路进出口的不锈钢接头上，主要发生水的电解和溶解氧的还原反应。根据法拉第电解定律和上述泄漏电流值，可计算出发生电解的水的量，计算结果与国内某换流站内冷却水系统在没有泄漏的条件下每极每年需补水200～500L的结果基本相符。

第六节　腐蚀的抑制

1. 改变散热器水路进出口材质

如前所述，作为阳极的铝合金散热器在电压的作用下将发生电解腐蚀，但作为阳极的金属铂电极和不锈钢电极不发生腐蚀，而是发生水的电解反应。为此，在铝合金散热器水路进出口采用铂或不锈钢接头，改变散热器水路进出口材质，活性物质在金属/溶液界面上的反应将发生在不锈钢/溶液界面，避免了铝合金/溶液界面上发生铝合金的电解腐蚀反应，铝合金散热器的电解腐蚀被抑制。采用不锈钢或铂接头后，虽然可以将散热器铝合金/内冷却水界面上发生的铝的电解腐蚀反应转化为不锈钢或铂/内冷却水界面上的水的电解反应，显著减缓了铝合金散热器的电解腐蚀，但铝合金在内冷却水中的腐蚀并不能完全避免。特别是由于不锈钢和铝合金的电位不同，二者的耦合将导致电偶腐蚀。

2. 合理设置均压电极

散热器之间、均压电极之间的电位差是造成换流阀腐蚀和结垢的主要原因，在内冷却水回路中合理设置均压电极，减小散热器之间和均压电极之间的电位差，是消除电解腐蚀驱动力的有效方法。

3. 降低内冷却水的电导率

由式 $\Delta V \geqslant (\varphi_a - \varphi_b) + |\eta_a| + |\eta_c| + IR$ 可知，在相邻散热器两端电位差 ΔV 一定时，水的电导率越小，IR 越大，用于电解腐蚀的电压 $[(\varphi_a - \varphi_b) + |\eta_a| + |\eta_c|]$ 就越小，腐蚀的驱动力就越小，腐蚀速度越慢。为此，对于运行中的换流阀，降低内冷却水的电导率是最直接和最有效的腐蚀抑制方法。

增大内冷却水回路中的通过离子交换树脂床的水量，降低内冷却水的电导率是抑制散热器腐蚀的有效方法。

4. 避免离子交换树脂粉末进入内冷却水回路

如前所述，离子交换树脂粉末能够加速铝合金的腐蚀速度。应采取措施，如在离子交换树脂床出水口设置更精密的过滤器，避免离子交换树脂粉末进入内冷却水回路。

5. 去除内冷却水中的有害杂质

内冷却水中的 Cl^-、溶解氧等均为有害杂质。

虽然前述计算中，因内冷却水中 Cl^- 浓度较低，其不是阳极上的优先反应物质，但当内冷却水电导率较大、水路电阻造成的电压降 IR 较小时，电解电压较大时，或者水的电解产物 O_2 迁移速度太慢时，或者内冷却水中 Cl^- 浓度较大时，Cl^- 也能在阳极上电解生成 Cl_2。

如前所述，溶解氧的浓度越大，其在阴极上的还原速度越快，造成的腐蚀速度越快。另一方面，也有实验结果表明，在30℃的纯水中，在120h的浸泡期间，没有溶解氧时的腐蚀速度更快（文献 [14]）。

一般通过在膨胀罐中进行氮气保护，维持水面上的氮气压力，除去内冷却水中的溶解氧等措施抑制腐蚀。

第七节　内冷却水处理探讨

一、内冷却水水质要求

根据 DL/T1716—2017《高压直流输电换流阀冷却水运行管理导则》相关标准，换流阀内冷却水主要控制指标为 pH、电导率、溶解氧及铝离子，见表 4-21。内冷水补充水主要控制指标为 pH 和电导率，要求电导率≤0.50μS/cm，pH 值在 6.5～8.5。

表 4-21　换流阀内冷却水质要求（DL/T1716—2017）

序号	项目	控制指标				试验方法
1	pH 值(25℃)	6.5～8.0				GB/T6904
2	电导率(25℃)/(μS/cm)	内冷却水		交换器出口水		GB/T6908
		标准值	期望值	标准值	期望值	
		≤0.50	≤0.30	≤0.15	≤0.10	
3	溶解氧含量[①]/(μg/L)	标准值		期望值		GB/T12157
		≤200		≤100		
4	铝离子/(μg/L)	≤2				GB/T12154

① 适用于采用除氧处理的全密闭式冷却水系统。

电导率是换流阀内冷却水最核心的控制指标，内冷水在循环冷却过程中不仅起到冷却作用，同时还起到绝缘作用，因此必须保持很低的电导率，正常控制在 0.3μS/cm 以内。根据换流站一般的控制逻辑，电导率保护设高报警及超高跳闸，当内冷水电导率≥0.5μS/cm 时报警，≥0.7μS/cm 时跳闸，发生直流闭锁。

二、内冷却水的处理

目前，内冷却水的处理主要为机械过滤控制固体颗粒、离子交换控制电导率和氮气密封控制溶解氧含量。

1. 固体颗粒杂质的控制

换流阀内冷却水系统主管道、去离子回路和补水回路均设有机械式过滤器，采用不同过滤精度的不锈钢芯体过滤杂质，从而确保内冷却水的高洁净度。

管道主过滤器一般设置主循环泵出口管道，采用两套管道过滤器，过滤精度 100μm 左右，主要除去内冷却水主循环水中的固体颗粒杂质，见图 4-48。

去离子回路的精密过滤器一般设置离子交换器出口，采用两套管道式过滤器，过滤

图 4-48　主管道过滤器及不锈钢滤芯

精度 5μm 左右，主要用于拦截可能漏过的离子交换树脂碎屑，见图 4-49。

补水回路的补水过滤器一般采用 Y 型机械式过滤器，过滤精度 5μm 左右，主要用于防止补水系统的固体颗粒杂质进入系统，见图 4-50。

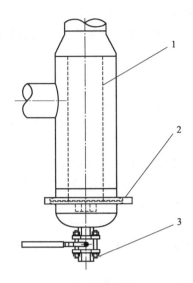

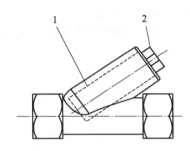

图 4-49　去离子回路精密过滤器
1—滤芯；2—连接卡箍；3—阀门部分

图 4-50　补水回路的补水过滤器
1—滤芯；2—封头

主过滤器、精密过滤器、补水过滤器均设置有过滤器压差，当过滤器压差大于正常运行值时，切换至备用过滤器，对其进行清洗和维护。

2. 电导率的控制

内冷却水电导率的控制主要由离子交换器构成的去离子回路实现，去离子回路并联于内冷却主回路的支路，主要由混床离子交换器、精密过滤器以及相关附件组成，见图 4-51。主要通过离子交换作用不断脱除内冷却水中阴阳离子，从而抑制在长期运行条件下内冷却水的电导率，防止金属接液材料的电解腐蚀或其它电气击穿等不良后果。

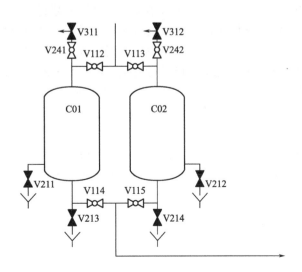

图 4-51　去离子回路的离子交换器精混床

混床离子交换树脂采用进口核级非再生树脂（抛光树脂），吸附容量大，耐高温，高流速，适用于微量离子的去除，出水电导可接近理论纯水的电导 $0.055\mu S/cm$，正常运行状态下，单台树脂可连续使用 3 年。

离子交换器一般设置 2 套，1 用 1 备，当其中一台的树脂失效时，出水电导率传感器检测到高值时，发出报警信号，提示离子交换树脂失效。手动切换至另一台运行，同时更换失效树脂。

3. 溶解氧的控制

绝大多数换流阀内冷却水用除氧、全密闭方式控制，根据相关试验结果，氧可以促进铝散热器的腐蚀，因此采用除氧方式，有利于减缓铝散热器的腐蚀。仅少部分换流阀内冷却水采用不除氧控制方式。

采用除氧方式的溶解氧控制一般采用氮气缓冲密封系统，主要由高位水箱构成。高位水箱并联与内冷水主管道回路，位于阀厅内靠近水冷室侧的阀体顶部管道最高处，与除气罐共同完成冷却水中气体排出的功能，同时具有保证管路压力恒定的作用。

在高位水箱设置有自动补氮和排气，缓冲阀内冷却水因温度变化而产生的体积变化。当冷却水温度变化时，高位水箱液位可以随着温差的变化升降，进行自动补氮或排气，保证水箱的气侧时刻充满氮气，隔离空气中的氧气。

高位水箱还是重要的水位监测装置，在水箱外侧装有冗余的液位传感器，当液位到达低点时，发出报警信号，提示补水。当液位到达超低点时，发出跳闸信号。水箱的液位传感器传输线性连续信号，如下降速率超过整定值，则判断系统管路和阀体可能有泄漏。

三、内冷却水的处理新技术

随着水处理技术发展及换流阀内冷却水处理技术研究，内冷水处理在 pH 和电导率控制方面开展了一些新技术研究。

内冷水加 CO_2 调控 pH 处理。基于铝水 pH-电位体系原理，铝合金在 pH=5.7 左右时电化学腐蚀速率最低，陕西电科院开展了相关在内冷却水中添加微量 CO_2 调节内冷水 pH 处理的研究，取得了一定效果。该处理技术目前存在的主要问题是换流阀内冷却水对电导率控制严格，调节范围十分狭窄，稍有不慎导致电导率超高的风险大。

内冷水 EDI 旁路净化处理。EDI（连续电除盐）采用直流电迫使污染性离子持续地从进水中迁移出来，并穿过树脂床和离子交换膜汇集到浓水室。同时直流电能够将水分子电离成氢离子和氢氧根离子，持续地对树脂进行再生。随着水处理技术的进步和发展，在纯水处理领域 EDI 旁路净化处理的出水水质可以和离子交换精混床的出水水质相媲美，同时具有连续运行、不失效、不需再生的显著优势，因此，部分研究单位开展了用 EDI 代替原有的离子交换精混床处理的研究。该处理技术目前存在的主要问题是 EDI 处理有持续浓水排放，由于内冷却水系统保有水量有限，加装有渗水、漏水保护，对失水十分敏感。EDI 处理水质指标完全具有优势，只因持续浓水排放失水是无法克服的关键问题。

第五章

换流阀外冷却系统腐蚀与结垢

第一节 外冷却水系统的主要腐蚀形态

一、均匀腐蚀

均匀腐蚀又称全面腐蚀或普遍腐蚀，是最常见的腐蚀形态之一，均匀腐蚀是腐蚀过程在金属的全部暴露表面上大致均匀地进行，金属逐渐变薄，最后被破坏的一种腐蚀形态。均匀腐蚀是铝合金腐蚀的主要腐蚀形态，通常发生在 pH 很低或很高的酸、碱溶液中，图 5-1为水中铝合金的腐蚀形貌。

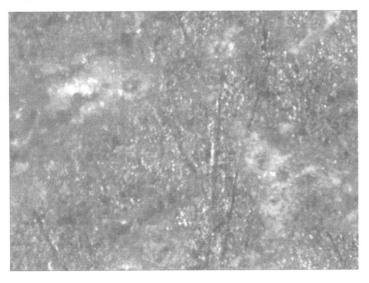

图 5-1　水中铝合金腐蚀形貌

二、电偶腐蚀

当两种不同的金属浸在导电的溶液，例如冷却水中时，两者之间通常存在着电位差。如果这些金属互相接触或用导线连通，则该电位差就会驱使电子在它们之间流动，从而形成一个腐蚀电池。与不接触时相比，耐蚀性较差的金属（即电位较低的金属）在接触后的腐蚀速率通常会增加，而耐蚀性较好的金属（即电位较高的金属）在接触后的腐蚀速率将下降。这类腐蚀因涉及一种金属和另一种金属间的接触，所以称为电偶腐蚀、双金属腐蚀或接触腐蚀。若要预测电偶腐蚀中的电偶关系，应该采用电偶序表。电偶序是按金属或合金的腐蚀电位（而不是平衡电位或标准电极电位）的高低而排列的。

电偶引起的加速腐蚀通常在两种不同金属连接处腐蚀速率最大，离连接处的距离愈远，则腐蚀速率愈小。

冷却水系统中电偶腐蚀的实例是很多的。如换热器中黄铜换热管和钢制管板或钢制水室之间在冷却水中发生的电偶腐蚀。在腐蚀过程中，被加速腐蚀的是钢制管板或水室，而不是铜管。由于钢制管板或水室的壁较厚，因而仍可长期使用。

防止冷却水系统中电偶腐蚀的方法有：

① 选择组装在一起的金属时，要选用那些在电偶序中尽可能靠近的品种。

② 涂层，特别是阳极部位的涂层要保护好，若拟采用涂层进行保护，则两种金属都需要用涂层保护。

③ 选用的硬焊合金至少要比被连接金属中的一种金属更耐蚀。用相同的合金焊接则更好。

④ 对电偶接触的两种金属都进行阴极保护。

⑤ 使不同的金属彼此绝缘。

三、缝隙腐蚀

浸在冷却水中的金属表面，当其处在缝隙或其它隐蔽的区域内时，常会发生强烈的局部腐蚀。这种腐蚀常常和垫片底面、搭接缝、表面沉积物、金属的腐蚀产物以及螺帽、铆钉帽下的缝隙内积存的少量静止溶液有关。因此，这些腐蚀形态被称为缝隙腐蚀，有时也被称为垢下腐蚀、沉积腐蚀、垫片腐蚀等。

产生缝隙腐蚀的沉积物有：冷却水中的泥砂、尘埃，腐蚀产物、水垢、微生物黏泥和其它固体。沉积物下面形成缝隙，为液体不流动创造条件。

缝隙腐蚀通常发生在宽度等于或小于 $0.1 \sim 0.2 \mathrm{mm}$ 左右的缝隙中。缝隙腐蚀是由于在缝隙中金属生成金属离子 M^{2+}，而缝隙中的溶液由于对流不畅而贫氧，故氧的还原反应主要在缝隙之外的阴极区进行。这样，在缝隙溶液中就有了过剩的正电荷，促使带负电荷的氯离子迁移到缝隙中来以保持溶液的电中性。结果，缝隙中金属氯化物的浓度增加，之后，金属氯化物水解而使缝隙中的溶液酸化，从而加速金属和合金的溶解。

防止冷却水系统中发生缝隙腐蚀的措施很多，往往需要根据具体情况而定：

① 控制冷却水系统中垢下腐蚀的最好办法是防止和除去金属水冷设备表面的沉积物。具体的措施包括：a. 向循环冷却水中加入酸，降低水的 pH 以防止结垢；b. 向循环冷却水中添加阻垢剂和分散剂，以防止产生沉淀物；c. 用除盐或软化的方法除去冷却水中造成结垢的钙离子和镁离子；d. 采用旁流过滤以除去冷却水中的悬浮物；e. 定期进行物理清洗或化学清洗。

② 新设备用接焊，而不用铆接或螺栓连接，搭接焊时焊缝要连续。在换热器的管子与管板间连接时宜用焊接而不要用胀接，以消除缝隙。

③ 降低冷却水中氯离子的浓度。

四、孔蚀

孔蚀又被称为点蚀。孔蚀是在金属表面上产生小孔的一种局部腐蚀形态。

孔蚀是冷却水系统中破坏性和隐患最大的腐蚀形态之一。它使设备穿孔损坏，而这时的失重仅占整个结构很小的百分数。检查或发现蚀孔常常是很困难的，因为蚀孔既小，通常又被腐蚀产物或沉积物覆盖着，因而设备常会在突然之间因穿孔而泄漏，造成事故。

在碳钢管壁表面和管板上经常可以看到许多由孔蚀产生的腐蚀产物，其下面就是蚀孔。当蚀孔穿透整个换热器管壁时，就会发生泄漏。

对于碳钢而言，孔蚀主要发生在中性的腐蚀介质中，例如，在未采取防护措施的敞开式循环冷却水系统中。

孔蚀是金属溶解的一种独特形态。蚀孔的阳极溶解呈一种自催化过程。金属 M（例如铁）在蚀孔内溶解，生成金属离子 M^{2+}，造成蚀孔内正电荷过量，结果使氯离子 Cl^- 迁移到蚀孔内以维持孔内溶液的电中性。因此，蚀孔内会有高浓度的 MCl_2。MCl_2 水解的结果产生高浓度的 H^+ 和 Cl^-，H^+ 和 Cl^- 能促进多数金属和合金的溶解。氧的阴极还原过程是在蚀孔附近的表面上进行的，故这部分表面不受腐蚀。

冷却水中大多数的孔蚀与水中的卤素离子有关。其中影响最大的是氯离子、次氯酸根离子。冷却水都含有不同程度的氯离子，故金属在冷却水系统中常常发生孔蚀。

铬酸盐、聚磷酸盐、硅酸盐存在可以防止或减轻冷却水中金属的孔蚀。

防止冷却水系统中孔蚀的方法有：

① 在 304 型不锈钢中加入 2%钼，其耐孔蚀的能力可以大大提高。

② 选用耐孔蚀的金属或合金，如钛合金。

③ 向冷却水中加入缓蚀剂。

五、晶间腐蚀

金属腐蚀时，若晶界只比基体稍许活泼一些，则通常发生的还是均匀腐蚀。然而若金属或合金的晶界非常活泼，就会发生晶间腐蚀。严重时合金碎裂（晶粒脱落），同时丧失强度。

敏化的奥氏体不锈钢在海水中仅几个星期或几个月就会发生晶间腐蚀。

在大多数情况下，奥氏体不锈钢的晶间腐蚀是由于晶界邻近的贫铬区引起的。

焊缝腐蚀是不锈钢的一种特殊的晶间腐蚀。焊缝腐蚀区通常是在母材板上稍离焊缝有一些距离的一条带上（热影响区），这一部分不锈钢在焊接过程中曾在敏化范围内加热过。

有三种方法常用于控制或减轻奥氏体不锈钢的晶间腐蚀：

① 高温固溶处理一般称为固溶淬火。不锈钢的固溶淬火处理包括加热到 1060～1120℃，接着水淬。

② 在奥氏体不锈钢中加入容易生成碳化物的元素——钛。

③ 将不锈钢中的碳含量降低到 0.03%以下（如 304L 不锈钢）。

六、选择性腐蚀

选择性腐蚀是从一种固体合金中有选择性地溶解出其中一种元素的腐蚀。

冷却水系统中最常见的选择性腐蚀是黄铜管的脱锌。脱锌处的黄铜由黄色变为铜红色，结构疏松，强度丧失。

黄铜脱锌一般有两类：一类是均匀型或层型脱锌，另一类是局部型或塞型脱锌。

关于脱锌机理，目前有两种理论，一种认为，由于锌比铜活泼，脱锌是黄铜表面层中的锌发生选择性溶解，而锌则仍留在黄铜的表面层中；另一种认为，铜和锌一起溶解，之后锌离子留在溶液中，而铜则发生再沉积而回到基体上。

解决冷却水系统中黄铜脱锌的方法：

① 开发更好的黄铜。

② 对于脱锌严重的腐蚀环境或关键部件，可改用铜镍合金（70％～90％Cu，30％～10％Ni）。

③ 进行阴极保护。

七、磨损腐蚀

磨损腐蚀又称为磨蚀。磨损腐蚀是由于腐蚀性流体和金属表面间的相对运动引起的金属加速破坏和腐蚀，它同时还包括机械磨耗和磨损作用。

磨损腐蚀的外表特征是：槽、沟、波纹、圆孔和山谷形，还常常显示有方向性。许多金属，例如铝和不锈钢的耐蚀性依靠生成某种表面膜（饨化膜），当这些保护膜遭受磨损或破坏后，金属和合金的腐蚀就以高速进行，形成磨损腐蚀。

在冷却水系统中，泵的叶轮、凝汽器中冷却水入口处铜管的端部、挡板和折流板等处常生磨损腐蚀。

磨损腐蚀与表面膜、湍流、冲击、金属或合金的砂蚀性等因素有关。

① 表面膜。表面膜的保护能力取决于表面膜对机械破坏或磨损的抵抗力以及当破坏或损伤后的再生速度。钛所生成的二氧化钛保护膜很稳定，对海水、氯化物溶液都有良好的耐磨损腐蚀性能。

② 湍流。许多磨损腐蚀的产生是由于存在湍流状态。最常见的例子是发生在列管式换热器管子的冷却水入口端。腐蚀通常局限在入口端 10～20cm 的一段上。

③ 冲击。许多破坏直接来自冲击。在水流被迫改变方向的部位，例如冷却水系统中换热器内的折流板和挡板处，容易产生这类破坏。冷却水中的固体颗粒和气泡都会增大冲击的破坏作用。

防止冷却水系统中磨损腐蚀的方法有：

① 合理选择材料。这是解决多种磨损腐蚀的经济方法。

② 合理设计。增大管径可以降低流速，保证层流，减少冲击。增加材料厚度可使易受破坏的部位得到加固。凝汽管进口端管子设计时使管端伸出管板较多的长度。

③ 改变环境。除去水中的溶解氧、悬浮的固体颗粒和向水中添加缓蚀剂是减轻磨损腐蚀的有效方法。在循环冷却水系统中应设置旁路过滤装置。

④ 覆盖层。有时也可采用各种涂层在金属和介质间形成弹性的隔离层。在凝汽器进水端铜管的入口处涂覆环氧树脂或加装尼龙套管。

⑤ 阴极保护。可以用钢或锌制成的牺牲阳极或用外加电流对黄铜管束的两端和水室提供阴极保护。在水泵中，则可以使用锌制成的牺牲阳极进行阴极保护。

八、应力腐蚀

应力腐蚀破裂是指在应力和特定腐蚀介质的共同作用下而引起金属或合金的破裂。应力腐蚀破裂的特点是，大部分表面实际上未遭破坏，只有一部分细裂纹穿透金属或合金的内部。应力腐蚀破裂能在常用的设计应力范围之内发生，因此其后果严重。

应力腐蚀破裂的重要变量是温度、溶液成分、金属成分、应力和金属结构。应力腐蚀裂纹的外貌是脆性机械断裂。应力腐蚀破裂有晶间破裂和穿晶破裂两种。应力腐蚀破裂的方向一般与作用应力的方向垂直。

应力可以有各种来源，外加应力、残余应力、焊接应力以及腐蚀产物产生的应力。应力增大，产生破裂的时间缩短。并不是所有的金属-环境组合都会发生应力腐蚀破裂。例如，不锈钢在氯化物环境中破裂，但在含氨环境中则不破裂。

应力腐速破裂的速度随温度上升而加速。

应力腐蚀破裂的发展可分为裂纹的形成、裂纹的扩展和金属的断裂三个阶段。

防止冷却水系统中应力腐蚀的方法有：

① 消除残余应力（退火），将部件加厚或减少载荷等办法将应力降到临界应力值以下。

② 除去或控制水中危害性大的组分，例如氯离子、氨等。

③ 改换材料：在产生应力腐蚀破坏条件下，碳钢常常比不锈钢更合用。

④ 进行外加电流或牺牲阳极的阴极保护。

第二节　腐蚀影响因素

本节讨论冷却水的一些化学和物理因素对金属腐蚀的影响。

一、化学因素

1. pH 值

pH 值对金属腐蚀速率的影响，主要取决于金属表面氧化物膜（钝化膜）在不同 pH 值下的溶解度。如该金属氧化物易溶于酸性溶液，不易溶于碱性溶液，则该金属在 pH 较低的情况下腐蚀较快，但一些两性金属例如铝、锌等，其氧化物即溶于酸性溶液也溶于碱性溶液，则 pH 呈中性时腐蚀较慢。图 5-2 示出了铝合金表面氧化物 Al_2O_3 在 25℃水中的溶解度（文献 1）。可见，在 25℃水中，pH＝5.2 时 Al_2O_3 的溶解度最小。图 5-3 示出了铝在水中的腐蚀速度与溶液 pH 之间的关系（文献 3）。对比图 5-2 和图 5-3，可见铝在水

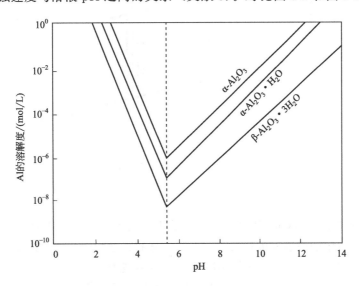

图 5-2　Al_2O_3 在水中的溶解度与溶液 pH 的关系（25℃）

中的腐蚀速度与其表面氧化膜 Al_2O_3 的溶解度有很大关系。铝在 $pH=5\sim7$ 的溶液中腐蚀速度最低。通常认为，铝可用在 $pH=4.5\sim8.5$ 的溶液中具有较好的耐蚀性。图 5-4 示出了铝在 $40\sim70℃$ 水中的电位-pH 图，随着温度的升高，铝的钝化区域（Al_2O_3 区域）面积减小，铝酸盐（AlO_2^- 区域）面积增大，铝的钝化区 pH 上限降低，在 $60℃$ 下，$pH4.3\sim8.6$ 为钝化区。

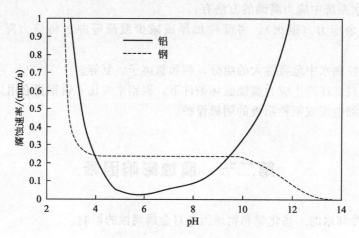

图 5-3 溶液 pH 对铝合金腐蚀速度的影响

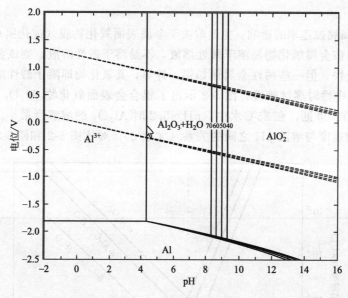

图 5-4 铝在 $40\sim70℃$ 水中的电位-pH 图

2. 阴离子

在 pH 相同（即 H^+ 浓度相同），但阴离子不同的酸或碱中，铝合金的腐蚀速度差别很大。铝在氢氟酸中的腐蚀速度远大于相同 pH 值的其它酸中的腐蚀速度，在碳酸钠和氢氧化钠溶液中的腐蚀速度远大于相同 pH 的其它碱溶液中的腐蚀速度。

冷却水中的 Cl^-、Br^- 等活性离子能够破坏碳钢、不锈钢和铝等金属或合金表面的钝化膜，增加其腐蚀的阳极过程速率，引起金属的局部腐蚀（点蚀、缝隙腐蚀、应力腐蚀开裂等）。在增加金属溶解速度方面，不同离子有着不同的影响，其顺序为 $NO_3^- < Cl^- < SO_4^{2-} < ClO_4^-$。

冷却水中的铬酸根、亚硝酸根、硅酸根和磷酸根等阴离子则对钢具有缓蚀作用，其盐类则是一些常用的冷却水缓蚀剂。其中铬酸盐、亚硝酸盐是氧化型缓蚀剂，它们本身就能使钢钝化；而磷酸盐和硅酸盐则本身没有氧化性，它们需要水中有溶解氧存在，才能使钢钝化。

3. 金属离子

冷却水中的碱金属离子，例如钠离子和钾离子，对金属和合金的腐蚀速率没有明显的或直接的影响。钙镁离子可以在金属表面生成水垢。水垢会影响传热，但在水垢紧密黏附在基底金属上时对基底金属具有保护作用。实际情况下，钙镁离子往往和水中的其它阴离子形成沉积物沉积在金属表面，造成腐蚀。氧化性金属离子，如 Cu^{2+}、Fe^{3+} 等可以在常用的结构材料，如不锈钢、碳钢、铝合金等表面还原为单质，引起局部腐蚀。铜离子在冷却水中的浓度即使低到 0.003mg/L 以下，也足以引起铝的点蚀。铜离子还会引起钢和镀锌钢的点蚀。

锌离子在冷却水中对钢有缓蚀作用，故锌盐被广泛用作冷却水缓蚀剂。

4. 溶解氧

水中的溶解氧是引起金属发生电化学腐蚀的一个主要因素。氧气是一种去极化剂，引起腐蚀电池的阴极去极化，导致金属腐蚀加剧。在一般情况下，水中氧含量愈多，金属的腐蚀愈严重，而且腐蚀的主要形式是很深的溃疡状腐蚀。

但是，在某些特定条件下，如所用的水是电解质浓度非常小（导电率<0.1μS/cm）的中性水，溶解氧会在钢材表面产生钝化保护膜，从而减缓腐蚀速度。

暴露在空气中的冷却水中的氧含量取决于温度和溶解在水中的盐的浓度。其依赖关系示于图 5-5 中。

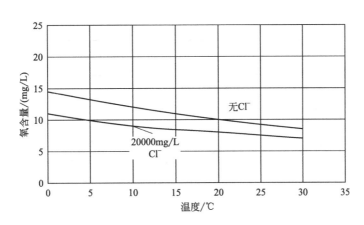

图 5-5　水中氧含量与温度的关系

氧在冷却水中对金属的腐蚀性的影响随金属而变化。

（1）水对钢的腐蚀过程中，溶解氧的浓度是控制因素，在实验的温度和含氧量范围内，腐蚀速率随着氧含量增加而增加。

（2）铜管被广泛应用于淡水，其腐蚀速率较低。在很软的水中，氧和二氧化碳含量极高时，能使铜的腐蚀速率增加。

（3）铝在水中有生成氧化膜的倾向，甚至在没有溶解氧存在时也是如此。膜的生长有助于防止腐蚀。在铝的腐蚀过程中，水中的氧并不是一种腐蚀促进剂，然而从水中除去氧可以阻止点蚀。例如水中加入 0.05mg/L 铜离子，会促进铝的点蚀，但如果把氧含量降到 0.8mg/L 时，将不发生点蚀。

5. 二氧化碳

二氧化碳溶于水生成碳酸或碳酸氢盐，使水的酸性增加，pH 值下降。造成金属表面膜的溶解、破坏和氢的析出。

没有氧存在时，溶解二氧化碳的存在也会引起铜和钢的腐蚀，但不引起铝的腐蚀。

6. 氨

溶解氨会形成铜氨络离子，促进铜的腐蚀。而冷却水中的氨对铝和碳钢没有腐蚀。

7. 硫化氢

硫化氢是能够进入冷却水系统的最有害的气体之一，硫化氢是由于大气污染、有机物污染而带入冷却水系统中的，或者是由于硫酸盐还原菌还原冷却水中的硫酸盐后生成的。

硫化氢会加速铜、钢和合金钢的腐蚀。但硫化氢对铝合金没有腐蚀性。

8. 二氧化硫

循环冷却水系统中的喷淋式冷却塔在运行过程中，会收集工业大气中的二氧化硫。溶解二氧化硫会降低循环冷却水的 pH 值，增加金属的腐蚀性。

9. 氯

溶解氯水解生成盐酸和次氯酸；降低冷却水的 pH 值，增加水的腐蚀性。同时，氯离子会促进碳钢、不锈钢、铝等金属或合金的腐蚀（孔蚀、缝隙腐蚀）。氯对腐蚀的影响见图 5-6。

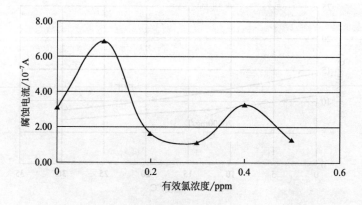

图 5-6　氯对腐蚀的影响

10. 悬浮物

水中悬浮固体的增加会加大腐蚀速度。悬浮物的沉淀还会引起沉积物下的氧浓差电池腐蚀，使局部腐蚀加快，悬浮物沉积还会阻碍缓蚀剂到达金属表面，从而影响缓蚀剂的缓蚀效果，浊度应控制在 10NTU 以内。

二、物理因素

1. 流速

在循环冷却水系统中,循环冷却水 pH 通常处于中性至弱碱性范围,金属的腐蚀主要是耗氧腐蚀。在水流速度较低时,随水流速度的增加,溶解氧传质速度加快,金属腐蚀速率增加。同时,对于铝、碳钢、不锈钢等易钝化金属,当水的流速足够高时,足量的氧到达金属表面,使金属发生钝化,金属的腐蚀速率下降。

如果水的流速继续增加,特别是发生湍流时,可能会发生流动加速腐蚀,金属的腐蚀速率重新增大。

2. 温度

一般地讲,金属的腐蚀速率随温度的增加而增加。温度升高,冷却水中物质的扩散系数增大,而过电位和溶液的黏度减小。扩散系数增大,能使更多的溶解氧扩散到腐蚀金属表面的阴极区。过电位的降低,可以使氧或氢离子的阴极还原过程和金属的阳极溶解过程加速,这些都使金属的腐蚀速率增加。

在敞开式循环冷却水中,在温度较低的区间内,金属的腐蚀速率随温度的升高而升高。虽然氧在水中的溶解度随温度升高而下降,但这时氧的扩散速度的增加起着主导的作用,因而到达金属表面的氧的通量增加,这一倾向一直继续到 77℃,如图 5-7 所示。之后,金属的腐蚀速率随温度的升高而下降。此时,氧的溶解度降低在起主导作用。

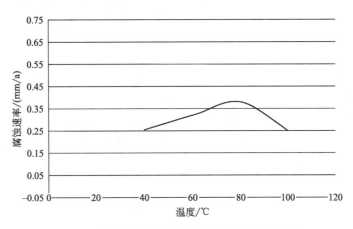

图 5-7 含溶解氧的水中温度对铁腐蚀速率的影响

在密闭式循环冷却水中,金属的腐蚀速率随温度的升高而升高,这是因为在密闭系统中,氧在有压力的状态下溶解在水中而不能逸出。温度升高,扩散系数增大,氧扩散到金属表面的通量增大。表 5-1 给出了温度对腐蚀速率的影响。

表 5-1 温度对腐蚀速率的影响

金属腐蚀速率/(mm/a)	24℃	38℃	金属腐蚀速率/(mm/a)	24℃	38℃
含镍铝青铜	0.375	0.425	低碳钢	1.800	6.475
灰口铸铁	0.850	2.575			

如果在同一金属或合金上存在温度差,则温度高的那一部分会成为腐蚀电池的阳极而腐蚀,温度低的部分成为阴极。这种情况常发生在结垢的换热器中。温度升高的过程中,

某些金属或合金之间的相对电位会发生明显的电位极性逆转。例如，当水的温度升高到大约 65℃左右时，镀锌钢板上的锌镀层将由阳极变为阴极。此时，锌镀层对钢板就不再有保护作用。

第三节　腐蚀控制措施

冷却水系统中的金属设备有各种换热器、泵、管道、阀门等。从腐蚀和腐蚀控制而言，其中的关键设备是换热器。这不仅是由于换热器腐蚀后更换的费用较高，而更重要的是冷却水引起换热器管壁的腐蚀穿孔会使外冷却水系统进入内冷却水系统，造成生产事故。因此，工业冷却水系统中的腐蚀控制主要是各种换热器或换热设备的腐蚀控制。

冷却水系统中金属设备腐蚀的控制方法有很多。常用的有以下五种：

① 控制冷却水水质；

② 添加冷却水缓蚀剂；

③ 采用新型耐蚀材料换热器；

④ 用冷却水防腐涂料涂覆；

⑤ 阴极保护。

这些腐蚀控制方法各有其优缺点和适用条件，应根据具体条件灵活应用。一般来讲，在设计阶段，根据冷却水系统特点和冷却水水质合理选择换热器等的材料是控制冷却水系统腐蚀的根本性方法。冷却水系统及材料确定后，根据冷却水系统特点和结构材料特点合理控制冷却水水质，包括 pH、杂质离子浓度以及添加缓蚀剂等，是控制冷却水系统腐蚀的主要方法。涂料涂覆主要是用涂料涂覆碳钢换热器，这种腐蚀控制方法主要应用于直流冷却水系统和敞开式循环冷却水系统中的碳钢换热器上。冷却水系统碳钢换热器采用涂料涂覆和阴极保护的联合保护方式则既经济又有效。阴极保护适用于腐蚀很严重的情况，如以海水为冷却水的冷却水系统。以下讨论冷却水水质控制方法。

冷却水水质控制方法包括杂质离子浓度的控制、pH 控制和添加缓蚀阻垢剂。

一、冷却水杂质浓度的控制

如前所述，水中的阴阳离子杂质、悬浮物、溶解气体等均可造成冷却水系统的腐蚀，因此，需要严格控制冷却水中杂质离子等的含量。理论上，控制这些杂质的浓度越低越好，但控制的杂质离子浓度越低，所需要的处理成本越高，因此，实际的冷却水杂质控制指标是将杂质离子浓度控制在一个经济上可接受、技术上可实现的尽可能低的值。

对于循环冷却水，浓缩倍率是一项重要的控制参数。通过控制补给水水质、冷却水系统排污水量、浓缩倍率和旁路过滤等保证循环冷却水的水质符合要求。

二、冷却水的 pH 控制

冷却水 pH 是影响金属腐蚀的重要水质指标。冷却水 pH 对铝和碳钢腐蚀速度有影响。可见，铝合金在 pH5～8 的水中腐蚀速度较低，且在 pH 小于 6 的酸性范围内腐蚀速度更低；pH 在 4～10 的范围内，pH 对碳钢的腐蚀速度影响不明显。对于碳钢，在实际运行中，一般将水的 pH 控制在 8.0～9.5；由于 pH 增大，水垢的生成倾向增大，为防止结垢，某些开放式循环冷却水系统将冷却水 pH 控制在 7～8 之间。

三、添加冷却水缓蚀剂

缓蚀剂是一种用于腐蚀性介质中抑制金属腐蚀的添加剂。对于一定的金属-腐蚀介质体系，只要在腐蚀介质中加入少量的缓蚀剂，就能有效地降低该金属的腐蚀速率。缓蚀剂的使用浓度一般很低，故添加缓蚀剂后腐蚀介质的基本性质不发生变化。缓蚀剂的使用不需要特殊附加设备，也不需要改变金属设备或构件的材质或进行表面处理，因此，添加缓蚀剂是控制循环冷却水系统中金属腐蚀的主要方法之一。

我们把冷却水系统中使用的缓蚀剂简称为冷却水缓蚀剂，并不是所有的缓蚀剂都能作为冷却水缓蚀剂的，它们需要具备一定的条件：

① 在低浓度时，它们就能有效地抑制冷却水中金属的腐蚀；

② 它们能在不同的工况（pH、温度、热通量、水质等）下能有效地工作；

③ 它们在经济上是可接受的。即添加缓蚀剂的方案和其它方案（例如，涂料涂覆、阴极保护、采用耐蚀的冷却设备以及不加缓蚀剂任其腐蚀后更换冷却设备等方案）相比，在经济上是合算的或者是可以接受的；

④ 它们的飞溅、泄漏、排放或经处理后的排放，在环境保护上是容许的；

⑤ 它们与冷却水中存在的各种离子（例如：Ca^{2+}、Mg^{2+}、SO_4^{2-}、Cl^- 等）以及加入冷却水中的阻垢剂、分散剂和灭藻剂是相容的，甚至有协同作用；

⑥ 它们对冷却水系统中同时存在的不同金属的缓蚀效果都是可以接受的。例如，当冷却水系统中同时使用碳钢的和铜合金的冷却设备时，添加冷却水缓蚀剂后，碳钢的腐蚀速率可以降低到 0.125mm/a 以下，而铜合金的腐蚀速率则可降低到 0.005mm/a 以下；

⑦ 它们不会造成换热金属表面传热系数的降低。

冷却水缓蚀剂又可分为单一冷却水缓蚀剂和复合冷却水缓蚀剂，前者是由一种缓蚀剂组成的，而后者则是由几种或多种缓蚀剂复配而成。现将主要用于循环冷却水系统中缓蚀剂简要介绍于下。

1. 单一冷却水缓蚀剂

（1）铬酸盐

铬酸盐是循环冷却水系统中最为有效的缓蚀剂之一，最常用作冷却水缓蚀剂的铬酸盐是铬酸钠（sodium chromate tetrahydrate）。铬酸钠是一种氧化型缓蚀剂。它是通过使钢铁表面生成一层连续而致密的含有 γ-Fe_2O_3 和 Cr_2O_3 的钝化膜（其中主要是 γ-Fe_2O_3）而达到防腐的效果。钝化膜的外层主要是高价铁的氧化物，内层则是高价铁和低价铁的氧化物。在钝化膜的生长过程中，铬酸盐则被还原为 Cr_2O_3。反应机理如下：

$$2Fe+2Na_2CrO_4+2H_2O \longrightarrow Fe_2O_3+4NaOH+Cr_2O_3$$

铬酸盐有一个临界浓度。当冷却水中铬酸盐的使用浓度高于其临界浓度时，则碳钢的腐蚀速率降到很低的数值，因而得到保护，当铬酸盐的使用浓度低于其临界浓度时，则碳钢发生明显的腐蚀，主要表现为点蚀，这是使用铬酸盐时遇到的主要问题。

铬酸盐的临界浓度随水中氯离子浓度和硫酸根浓度的增加而增加。在循环冷却水系统中单独使用铬酸盐时，其起始浓度为 500~1000mg/L，随后可逐步降低到维持浓度 200~250mg/L。此时，冷却水的 pH 在 6~11 之间，温度在 38~66℃之间发生变动时，几种常用的金属都能得到良好的保护。但是铬酸盐这样高的使用浓度无论从经济上或者从环境保护上考虑，都是不能接受的。因此，在实际应用时，铬酸盐通常以较低的剂量与其它缓蚀剂（例如：锌盐、聚磷酸盐、硅酸盐、膦酸盐等）配成复合缓蚀剂后再使用。

① 铬酸盐的优点

a. 它不仅对钢铁，而且对铜、锌、铝及其合金都能良好的保护；

b. 适用的 pH 范围和温度范围都很宽（pH6～11，温度 38～66℃）；

c. 缓蚀效果特别好，可以使碳钢的腐蚀速率降低到 0.025mm/a 以下；

d. 价格比较便宜；

e. 能抑制冷却水中微生物的生长。

② 铬酸盐的缺点

a. 毒性大，易污染环境；

b. 六价铬排放标准要求高，排污水必须加以处理后才能排放；

c. 容易被还原而失效，故不宜应用于有还原性物质的冷却水系统中。

（2）亚硝酸盐

亚硝酸盐也是一种氧化型缓蚀剂，常用的是亚硝酸钠（sodium nitrite）。

亚硝酸盐保护钢铁时也有一个临界浓度。亚硝酸钠的临界液度与溶液中腐蚀性离子（氯离子、硫酸根离子等）液度的大小有关。冷却水中亚硝酸盐的使用浓度通常为 300～500mg/L，这个浓度对于直流冷却水系统是不经济的。细菌能分解亚硝酸盐，再加上它有毒，故亚硝酸盐很少用在直流冷却水系统中。但是，亚硝酸钠被广泛用作冷却设备酸洗后的钝化剂。

亚硝酸盐能防止腐蚀的原因是它能使钢铁表面生成钝化膜。钝化膜的主要成分为 γ-Fe_2O_3，其中含有少量的氮。其钝化过程的总反应被表示为：

$$6Fe+3NO_3^- +3H^+ \longrightarrow 3\gamma\text{-}Fe_2O_3+NH_3+N_2$$

亚硝酸盐的缺点：

a. 使用浓度太高；

b. 亚硝酸盐含有营养性氮，容易促进冷却水中微生物生长；

c. 亚硝酸盐有毒；

d. 可能被还原为氮，使铜和铜合金发生腐蚀。

（3）硅酸盐

作为冷却水缓蚀剂的硅酸盐主要是水玻璃（xNa$_2$O・ySiO$_2$）。水玻璃又名硅酸钠（sodium silicate），水玻璃中 Na$_2$O 与 SiO$_2$ 之比称为水玻璃的模数，通常使用模数为 2.5～3.0 的水玻璃。如系控制非铁合金的腐蚀，常需要模数更高的水玻璃。一般认为，原水中存在的单硅酸盐是没有缓蚀作用的，只有那些玻璃态无定形的聚硅酸盐才有保护作用。冷却水中固溶体浓度高时，即离子浓度高时，硅酸盐可能是无效的，因为此时硅酸盐胶体系统不稳定；冷却水中固溶体浓度低时（≤500mg/L 时），则硅酸盐是有效的。

硅酸盐控制腐蚀的最佳 pH 范围是 8.0～9.5。在 pH 过高或镁硬度高的水中，不宜使用硅酸盐。硅酸盐既可在清洁的金属表面上，也可在有锈的金属表面上生成保护膜，但这些保护膜是多孔性的。当冷却水中硅酸盐浓度低时，金属有形成点蚀的倾向。用硅酸盐作缓蚀剂时，冷却水中必须有溶解氧，金属才能得到有效的保护。

硅酸盐常被用作直流冷却水的缓蚀剂，其使用浓度为 8～20mg/L（以 SiO$_2$ 计）。在循环冷却水中，则其使用浓度为 40～60mg/L，最低为 25mg/L。

硅酸盐不但可以抑制冷却水中钢铁的腐蚀，而且还可以抑制其它金属如铜及其合金、铅、镀锌层的腐蚀。

硅酸盐对碳钢的缓蚀效果远不如聚磷酸盐，更不及铬酸盐，硅酸盐从开始加入冷却水中到建立保护作用的过程时间较久，一般需要 3～4 周。

硅酸盐是一种阳极型缓蚀剂。硅酸盐的缓蚀作用机理是水中带负电旳硅酸根在腐蚀电池的阳极区生成硅胶，并与氢氧化铁沉淀一起在钢的表面生成保护膜。

① 硅酸盐的优点

a. 无毒；

b. 成本较低；

c. 对冷却水设备几种常用金属——碳钢、铝、铜及其合金都有一定的保护作用。

② 硅酸盐的缺点

a. 建立保护作用的时间长；

b. 缓蚀效果不太理想；

c. 在镁硬度高的水中，容易产生硅酸镁硬垢，较难清洗。

（4）钼酸盐

与铬酸盐不同，钼酸盐是一种低毒的缓蚀剂。由于 Mo 和 Cr 都属于ⅥB族元素，人们很自然想到用钼酸盐取代铬酸盐作为冷却水缓蚀剂。冷却水中通常使用的铬酸盐是钼酸钠（sodium molybdate）。

和铬酸盐相反，在冷却水中钼酸盐是一种非氧化型缓蚀剂，因此，它需要一种合适的氧化剂去帮助它在金属表面产生一层保护膜（氧化膜）。在敞开式循环冷却水中，丰富的氧化剂是水中的溶解氧；在密闭式循环冷却水中，则需要诸如亚硝酸钠一类氧化性盐类。使用单一的钼酸盐作缓蚀剂时，要使冷却水中碳钢的腐蚀速率达到设计规范要求的低于 $0.125mm/a(5mpy)$，钼酸盐的浓度约为 400～500mg/L。如图 5-8 所示，显然，这个浓度比其它几种常用缓蚀剂的要高得多。因此，在工业冷却水系统中，很少单独使用钼酸盐作缓蚀剂。

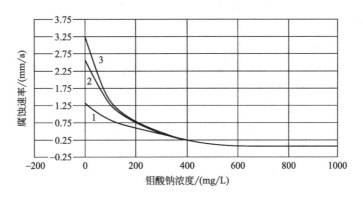

图 5-8 不同硬度的水中碳钢的腐蚀速率与钼酸盐浓度的关系
1—高硬度水；2—低硬度水；3—零硬度水

钼酸盐对 pH 的依赖性不大，在 pH5.5～8.5 的范围内，都可以使用。

俄歇电子能谱的研究结果表明，碳钢在钼酸钠溶液中生成的保护膜基本上是由 Fe_2O_3 组成的，虽然在保护膜的大部分剖面上都可以检测到很少量的钼。

钼酸盐的优点是对环境的污染很小，钼酸盐的缺点是缓蚀效果不如铬酸盐和聚磷酸盐，对于敞开式循环冷却水系统，单独使用钼酸盐作缓蚀剂时的成本太高。

（5）锌盐

最常用作冷却水缓蚀剂的锌盐是硫酸锌。锌盐在冷却水中能迅速地对金属建立起保护作用，但单独使用时，锌盐的缓蚀效果不是很好。长期以来，人们都认为，单独使用时锌盐是一种安全但低效的缓蚀剂。

锌盐是一种阴极型缓蚀剂。由于金属表面腐蚀微电池中阴极区附近溶液中的局部 pH 升高，锌离子与氢氧离子生成氢氧化锌沉积在阴极区，抑制了腐蚀过程的阴极反应而起缓蚀作用的。

当锌盐与其它缓蚀剂（例如：铬酸盐、聚磷酸盐、磷酸酯、有机多元膦酸盐等）联合使用时，它往往是有效的。例如，当锌盐与铬酸盐联合使用时，它可以把锌盐生成保护膜迅速的特点与铬酸盐生成的保护膜耐久的特点结合起来，从而提高了它们的缓蚀作用。环境保护部门对锌盐的排放有较严的限制，所以在联合使用时，它的使用浓度通常为 $0.5\sim2.0\text{mg/L}$。

① 锌盐作冷却水缓蚀剂的优点：

a. 它能在金属表面迅速形成保护膜；

b. 成本低；

c. 与其它缓蚀剂联合使用时效果较好。

② 锌盐作冷却水缓蚀剂的缺点：

a. 单独使用时，缓蚀作用较差；

b. 对水生生物有毒性；

c. 在 pH＞8.0 时，锌离子易从水中析出，以致降低或失去其缓蚀作用。

（6）磷酸盐

磷酸盐是一种阳极型缓蚀剂。在中性和碱性环境中，磷酸盐对碳钢的缓蚀作用主要是依靠水中的溶解氧。溶解氧与钢反应，生成一层薄的 $\gamma\text{-}Fe_2O_3$ 氧化膜。这种氧化膜并不迅速形成，而是需要相当的时间。在这段时间里，在氧化膜的间隙处，电化学腐蚀继续进行。这些间隙既可被连续生成的氧化铁所封闭，也可以由不溶性的磷酸铁（$FePO_4$）所堵塞，使碳钢得到保护。

由于磷酸盐易与水中的钙离子生成溶度积很小的磷酸钙垢，所以过去人们很少用它作为冷却水缓蚀剂。同理，人们还把聚磷酸盐水解形成的正磷酸盐作为冷却水中需要加以严格控制的一个组分来对待，虽然它也有一定的缓蚀作用。

近年来，由于开发出了一系列对磷酸钙垢有较强抑制能力的磷酸钙阻垢剂，例如：丙烯酸/丙烯酸羟丙酯的共聚物、磺酸/丙烯酸共聚物等，使用磷酸盐作为冷却水缓蚀剂，需要与磷酸钙阻垢剂联合使用。

① 磷酸盐作冷却水缓蚀剂的优点：

a. 没有毒性；

b. 价格较便宜。

② 磷酸盐作冷却水缓蚀剂的缺点：

a. 需要与磷酸钙阻垢剂联合使用；

b. 缓蚀作用不是很强；

c. 容易促进冷却水中藻类的生长。

（7）聚磷酸盐

聚磷酸盐是目前使用最广泛，而且是较经济的冷却水缓蚀剂之一。最常用作冷却水缓蚀剂的聚磷酸盐是六偏磷酸钠和三聚磷酸钠。聚磷酸盐是一些线性无机聚合物。其通式为：

$$^{+}MO-\overset{\overset{\displaystyle O}{\|}}{P}-O-(\overset{\overset{\displaystyle O}{\|}}{P}-O)_{n}-\overset{\overset{\displaystyle O}{\|}}{P}-O-M^{+}$$
$$\underset{OM^{+}}{|}\quad\underset{OM^{+}}{|}\quad\underset{OM^{+}}{|}$$

工业用的聚磷酸盐往往是一些 n 值在某一范围内的聚磷酸盐的混合物，而不是 n 值为某一指定值的单一化合物。研究结果表明，在低 pH 时，或者 pH 虽高但水的结垢倾向不大时，聚磷酸盐的链长对碳钢的腐蚀速率没有明显的影响。仅在高 pH 时，聚磷酸盐的链长对碳钢的腐蚀速率才有明显的影响。n 值在 20 附近时，六偏磷酸钠对碳钢的缓蚀作用最强。

要使聚磷酸盐能有效地保护碳钢，冷却水中既需要有溶解氧，又需要有两价金属离子（例如钙离子或锌离子），尤其是钙离子。通常理想的钙离子的浓度在 $40\sim160\mathrm{mg/L}$（以 Ca^{2+} 计）。

聚磷酸盐是一种阴极型的缓蚀剂。聚磷酸盐中产生缓蚀作用的是聚磷酸根。聚磷酸根是带负电荷的离了，当水中有钙离子（或其它两价金属离子）存在时，直链的聚磷酸根阴离子通过与钙离子络合，变成一种带正电荷的络合离子，这种离子以胶溶状态存在于水中。当铁在冷却水中腐蚀时，这种胶溶状态的带正电荷的聚磷酸钙络合离子向腐蚀微电池中的阴极区移动，同时与腐蚀产生的铁离子相络合，以聚磷酸钙铁为主要成分的络合离子沉积在腐蚀微电池阴极区的表面，生成一种无定形的能自己修复的保护膜，阻挡了水中溶解氧在腐蚀微电池阴极区的还原，抑制了腐蚀的阴极过程，从而抑制了整个腐蚀过程的进行。

除了具有缓蚀作用外，聚磷酸盐还有阻止冷却水中碳酸钙和硫酸钙结垢的阻垢作用和稳定水中铁和锰的稳定作用，这些作用有利于控制冷却水系统中发生垢下腐蚀。

使用聚磷酸盐的关键是尽可能避免其水解成正磷酸盐，以及随后生成溶度积很小的磷酸钙垢。虽然 n 值在 20 附近的六偏磷酸钠对碳钢的缓蚀作用最强，但从尽可能降低其水解速度方面考虑，人们通常选用 $n=5\sim7$ 的聚磷酸盐。为了防止磷酸钙垢的析出，在使用聚磷酸盐的同时，还需添加能使磷酸钙稳定在冷却水中而不析出的磷酸钙阻垢剂。

单独使用时，在敞开式循环冷却水系统中聚磷酸盐的使用浓度通常为 $20\sim25\mathrm{mg/L}$，pH 在 $6.5\sim7.0$，在直流冷却水系统中通常为 $2\mathrm{mg/L}$。

为了提高其缓蚀效果，聚磷酸盐常与铬酸盐、锌盐、磷酸盐、有机多元膦酸盐等缓蚀剂联合使用。

① 聚磷酸盐作冷却水缓蚀剂的优点

a. 缓蚀效果较好；

b. 用量较小，成本较低；

c. 同时兼有缓蚀作用和阻垢作用；

d. 冷却水中存在的还原性物质（例如 H_2S）不影响其缓蚀效果；

e. 没有毒性。

② 聚磷酸盐作冷却水缓蚀剂的缺点

a. 易于水解，水解后生成的磷酸根易与水中的钙离子生成磷酸钙垢；

b. 冷却水中需要有溶解氧和足量的钙离子存在，才能有效地保护碳钢，故不宜使用于密闭式的循环冷却水系统中；

  c. 易于促进藻类的生长；

  d. 对铜和铜合金有侵蚀性。

（8）有机多元膦酸

有机多元膦酸是指分子中有两个或两个以上的膦酸基团直接与碳原子相连的化合物。其中最常用的有氨基三甲叉膦酸（ATHP 或 AMP）、羟基乙叉二膦酸（HEDP）和乙二胺四甲叉膦酸（EDT-MP）等及其盐类。为简便起见，常把它们简称为膦酸或有机膦酸。

由于冷却水系统都是在某一个 pH 范围内运行的，冷却水本身又有一定的缓冲能力，故不管向冷却水中加入的是有机多元膦酸还是有机多元膦酸盐，由于它们两者在水中存在离子平衡，在冷却水中的具体存在形式取决于冷却水的 pH，而不取决于加入的是多元膦酸还是多元膦酸盐，它们两者在冷却水中的缓蚀作用和阻垢作用是等效的。

多元膦酸盐与聚磷酸盐在许多方面是相似的。它们都有阻垢作用，能使钙离子和镁离子稳定在冷却水中而不析出；它们对钢铁都有缓蚀作用；它们对铜和铜合金都有腐蚀性。但是多元膦酸盐并不像聚磷酸盐那样易于水解为正磷酸盐，这是它们一个很突出的优点。多元膦酸盐已被成功应用于水质较硬和 pH 较高的冷却水系统中，控制其中的腐蚀与结垢。

ATMP、EDTMP、DETPMP 等中叉膦酸型多元膦酸（盐）的缓蚀性能与其结构的关系可归纳如下：缓蚀率随着其氮原子上甲叉原酸基团数的增加而增加，即按缓蚀作用的大小：

$$N(CH_2PO_3H_2)_3 > HN(CH_2PO_3H_2)_2 > H_2NCH_2PO_3H_2$$

多元膦酸盐常常与铬酸盐、锌盐或聚磷酸盐等缓蚀剂联合使用，单独作缓蚀剂使用时，多元膦酸盐的浓度通常为 1～20mg/L。作复合缓蚀剂使用时，这个浓度还可降低。

① 多元膦酸盐作冷却水缓蚀剂的优点

a. 不易水解，特别适用于高硬度、高 pH 和高温下运行的冷却水系统；

b. 同时具有缓蚀作用和阻垢作用；

c. 能使锌盐稳定在冷却水中。

② 有机多元膦酸盐作冷却水缓蚀剂的缺点

a. 对铜和铜合金有侵蚀性；

b. 价格较贵。

（9）膦羧酸

膦羧酸又称膦酸羧酸或羧基磷酸。它是分子中既含有膦酸基团 R—PO(OH)$_2$，又含有羧酸基团—COOH 的一类有机酸。其中应用较早的是 2-膦酸丁烷-1,2,4-三羧酸（2-phosphonobutane-1,2,4-tricarboxylic acid），简写为 PBTCA。

PBTCA 具有明显的缓蚀作用和阻垢作用，特别适用于高温、高硬度、高 pH、高浓缩倍数的循环冷却水中，它的排放没有严格限制。

在冷却水中，单一的 PBTCA 就有一定的缓蚀作用。为了提高其缓蚀作用，PBTCA 常与锌盐联合使用。例如，碳钢在空白自来水中腐蚀速率为 3.13mm/a(125mpy)。用 150mg/L PBTCA 进行预膜处理后，碳钢在含 10mg/L PBTCA 的自来水中正常运行的腐蚀速率就下降为 0.278mm/a(11.1mpy)。作为冷却水缓蚀剂，这一腐蚀速率仍然较大。如果将碳钢在 150mg/L PBTCA 和 3mg/L Zn^{2+} 的自来水中预膜，然后再在 5mg/L

PBTCA 和 3mg/L Zn^{2+} 的自来水中运行，则碳钢的腐蚀速率可进一步下降为 0.089mm/a（3.56mpy），达到了设计规范的要求。由此可见，PBTCA 与 Zn^{2+} 在控制碳钢腐蚀时有明显的协同作用。

ESCA(电子能谱化学分析法) 和 AES(俄歇电子谱法) 测定结果表明，PBTCA 在碳钢表面生成的保护膜中主要含有氧、碳、钙、铁和磷。有人认为，在中性水溶液中，PBTCA 主要与水中的两价金属离子 Ca^{2+}、Zn^{2+} 等生成可溶性的盐类或络合物。当冷却水中的溶解氧与碳钢表面的铁原子作用生成腐蚀产物 FeOOH 后，该盐类或络合物就与腐蚀产物 FeOOH 作用，生成保护膜，覆盖在碳钢表面，从而抑制金属的腐蚀。

PBTCA 对碳酸钙垢的沉积也有明显的阻垢作用。在高温、高硬度和碱性的配制水中，低剂量 2mg/L PBTCA 就具有较好的阻垢作用。当配制水的 pH 为 8.5 时，添加 5～10mg/L PBTCA 后也能得到满意的阻垢效果。

（10）巯基苯并噻唑

巯基苯并噻唑（mercaptobenzothiazole）简写为 MBT，其结构式为：

对于铜及其合金，巯基苯并噻唑是一种特别有效的缓蚀剂。在冷却水系统中，很低浓度的巯基苯并噻唑就可以使腐蚀速率降到很低。巯基苯并噻唑还能防止已经存在于冷却水中的溶解铜在钢铁或者铝表面上沉积下来而形成电偶腐蚀。

巯基苯并噻唑在水中的溶解度较小，因此更多的是使用其钠盐的水溶液。巯基苯并噻唑的缓释作用与其浓度有关，缓释作用在 1～2mg/L 之间有一个突越，在 2mg/L 时，缓释率很高。在有铜的直流冷却系统中，由于用水量大和巯基苯并噻唑本身的成本较高，因此，一般较少直接大量使用。

在敞开式循环冷却水系统中，为了降低冷却水处理的成本，巯基苯并噻唑通常是间歇分配加入的。典型的方案是每天分 2 次加入，第一次加入时，浓度为 2mg/L，时间为 0.5h 左右，第二次是在 12h 后加入，保持浓度为 1mg/L，时间为 0.5h 左右。

① 巯基苯并噻唑的优点：对铜和铜合金特别有效；用量少。

② 巯基苯并噻唑的缺点：对氯和氯胺很敏感，容易被氧化而破坏。

（11）苯并三唑

苯并三唑及其衍生物很多，用于缓蚀的约有 10 多种，其中最主要的是苯并三唑（BTA），其结构为：

苯并三唑是一种很有效的铜和铜合金的缓蚀剂，它不但能抑制铜溶解进入水中，而且还能使已进入水中的溶解铜钝化，阻止铜在铁、铝等金属上的沉淀。此外，它还能防止多金属系统中的电偶腐蚀。苯并三唑对铁、锌也有缓蚀作用，对银能起防变色的作用。苯并三唑的缓蚀作用随 pH 而变化，在 pH6～10 之间，其缓蚀率最高。

苯并三唑很耐氧化作用。虽然冷却水中有游离氯存在时，它的缓释能力被破坏，但在余氯消耗完后，其缓蚀作用又会恢复。

苯并三唑常常使用于有铜或铜合金冷却设备的密闭式循环冷却水系统中。苯并三唑和甲基苯并三唑也被广泛应用于有铜或铜合金冷却设备的敞开式循环冷却水系统中，通常的用量为1mg/L。它们既可以连续地加入，也可以间歇分批加入水中。由于它们在水中的溶解度较小，所以通常采用其钠盐水溶液。电子能谱化学分析法（ESCA）的研究结果表明，苯并三唑在1min内就能牢固地吸附在水中铜的表面上，其吸附层的厚度约为1~2nm。电化学极化曲线测量的结果表明，苯并三唑既有抑制铜的阳极溶解过程的作用，又有抑制氧的阴极还原过程的作用。添加苯并三唑后，铜的腐蚀电位向负的方向移动，故苯并三唑是一种混合型缓蚀剂，但以阴极型为主。

① 苯并三唑的优点：对铜和铜合金高效；更能耐受氯的氧化作用。

② 苯并三唑的缺点：价格较高。

2. 复合缓蚀剂

从以上的叙述可知，单一品种的冷却水缓蚀剂的效果往往不够理想。因此，人们常把两种或两种以上的药剂组合成复合缓蚀剂，以便能取长补短，提高其缓蚀效果。

（1）协同作用和增效作用

当一种腐蚀介质中同时加入两种或两种以上的缓蚀剂，且其缓蚀效果比单独加入一种缓蚀剂的效果更好，人们把这种作用称为协同作用。例如，在循环冷却水中，单独使用铬酸盐时，其使用浓度为200~500mg/L。铬酸盐与锌盐复配成复合冷却水缓蚀剂使用时，锌盐的浓度为1~5mg/L，铬酸盐的使用浓度仅需15~30mg/L，为单独使用时浓度的1/10左右，故锌盐与铬酸盐之间有明显的协同作用。

人们把两种或两种以上的缓蚀剂复配后有协同作用的缓蚀剂称为协同复合缓蚀剂，其中一种主要的缓蚀剂称为主缓蚀剂。

随着冷却水处理技术的发展，人们还发现，当一种腐蚀性介质中同时加入两种或两种以上的药剂，其中有一种是主缓蚀剂，其它的药剂则不一定是缓蚀剂。有时，其缓蚀效果会比单独一种主缓蚀剂的更好。例如，在碱性冷却水处理用锌盐作主缓蚀剂时，同时加入高聚物作锌离子的稳定剂可以使锌离子稳定在冷却水中而不析出，从而提高了锌盐的缓蚀效果，我们把这种作用称为增效作用或广义的协同作用，把这样复配而成的缓蚀剂称为增效复合缓蚀剂或广义的协同复合缓蚀剂。

（2）复合冷却水缓蚀剂的优点

通常采用复合缓蚀剂，而很少使用单一缓蚀剂去控制循环冷却水系统中金属冷却设备的腐蚀。这是因为与单一冷却水缓蚀剂相比，采用复合冷却水缓蚀剂后具有以下效果：

① 可以降低缓蚀剂的总浓度，从而降低冷却水处理的成本；

② 可以降低某种缓蚀剂，例如铬酸盐的用量，从而减轻其排放对环境的污染；

③ 可以同时抑制冷却水系统中多种金属的腐蚀；

④ 可以防止在冷却设备的金属换热表面上生成水垢和污垢，有利于缓蚀剂到达金属表面，从而提高其缓蚀效果和防止垢下腐蚀；

⑤ 可以使某些易于沉淀的主缓蚀剂能稳定地保持在冷却水中而不析出。

因此，目前冷却水中使用的缓蚀剂大多是由两种或两种以上的药剂（其中至少有一种是缓蚀剂）复配而成的复合缓蚀剂。

（3）复合冷却水缓蚀剂的分类

随着新型药剂的不断出现，复合冷却水缓蚀剂的品种正在不断增加。为了更好地了解和使用这些复合缓蚀剂，对复合冷却水缓蚀剂进行了分类。

按其中是否含有重金属化合物可以分为：含重金属的复合冷却水缓蚀剂和不含重金属的复合冷却水缓蚀剂。

按其对金属腐蚀反应中阳极过程或阴极过程的抑制情况可以分为：a. 阳极型复合缓蚀剂；b. 阴扳型复合缓蚀剂；c. 混合型复合缓蚀剂。

按其中的主缓蚀剂分类，则可分为：a. 铬酸盐系复合缓蚀剂；b. 磷酸盐系复合缓蚀剂；c. 锌系复合缓蚀剂；d. 钼酸盐系复合缓蚀剂；e. 硅酸盐系复合缓蚀剂；f. 全有机系复合缓蚀剂。

按各种功能组分的组合方式，则可以大致分为：a. 主缓蚀剂＋协同缓蚀剂；b. 一种金属用的缓蚀剂＋另一种金属用的缓蚀剂；c. 缓蚀剂＋阻垢缓蚀剂；d. 缓蚀剂＋分散阻垢剂；e. 缓蚀剂＋缓蚀剂的稳定剂。

（4）复合冷却水缓蚀剂的实例

① 聚磷酸盐-锌盐　锌盐加到聚磷酸盐中基本上不改变聚磷酸盐的一般性质。这种复合缓蚀剂对冷却水中电解质浓度的变化不敏感，对碳酸钙和硫酸钙垢有低浓度阻垢作用，对被保护金属表面具有清洗作用。锌盐与聚磷酸盐之间也有增效作用，故聚磷酸盐锌盐作复合缓蚀剂时的使用浓度比单独用聚磷酸盐作缓蚀剂时的使用浓度要低。

聚磷酸盐-锌盐复合缓蚀剂是一种阴极型缓蚀剂，其缓蚀作用与含钙冷却水中聚磷酸盐的作用相同。锌离子能加速保护膜的形成，抑制腐蚀，直到金属表面上生成一层致密和耐久的保护性薄膜为止。

在聚磷酸盐-锌盐复合缓蚀剂中，锌的含量通常为 10%～20%，以产生增效作用。含量大于 20%，则增效作用略有增加。图 5-9 示出了锌盐与聚磷酸盐的浓度比对碳钢腐蚀速率的影响。聚磷酸盐-锌盐复合缓蚀剂的使用浓度（以聚磷酸盐计）通常为 10mg/L。较好的做法是，先在一个短时间内（通常小于一个星期）用正常使用浓度的 2～3 倍的缓蚀剂对循环冷却水系统进行预处理。冷却水的 pH 应控制在 6.8～7.2。这种复合缓蚀剂对于冷却水水体温度的变化并不敏感。

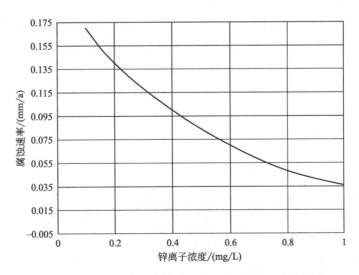

图 5-9　锌盐与聚磷酸盐的浓度比对碳钢腐蚀速率的影响

② 聚磷酸盐-正磷酸盐

聚磷酸盐-正磷酸盐复合缓蚀剂属于混合型缓蚀剂。混合型缓蚀剂中的阴极部分来自聚磷酸盐,而其阳极部分则来自正磷酸盐。

图 5-10 示出了聚磷酸盐与正磷酸盐的浓度比对碳钢腐蚀速率的影响(复合缓蚀剂总浓度 15mg/L,pH7.5,50℃)。由图中可见,聚磷酸盐-正磷酸盐之间也有增效作用。这种复合缓蚀剂对聚磷酸盐浓度的要求不很严格,它可以在 20%~80% 的范围内变化。当总磷酸盐浓度为 15mg/L 时,聚磷酸盐-正磷酸盐复合缓蚀剂可以很容易把碳钢的腐蚀速率控制到 0.025mm/a(1mpy)。

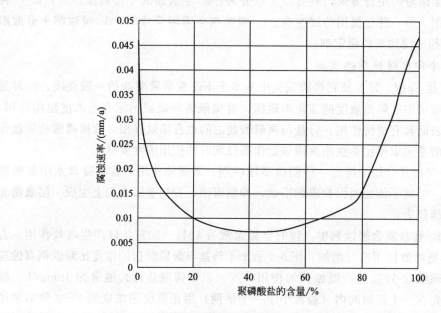

图 5-10　聚磷酸与正磷酸盐浓度比对碳钢腐蚀速率的影响

添加适当的磷酸钙稳定剂,例如丙希酸和丙希酸羟丙酯的共聚物,则可以防止聚磷酸盐-正磷酸盐复合缓蚀剂在高 pH 时产生磷酸钙沉淀,从而使这种复合缓蚀剂可以应用于 pH6.0~8.5 这一较宽的 pH 范围内。

聚磷酸盐-正磷酸盐复合缓蚀剂对温度的敏感性也不大。它可以应用于水体温度高达 70℃ 条件下,在高温时,聚磷酸盐的水解速率很快,但产物正磷酸盐也有缓蚀作用。

聚磷酸盐-正磷酸盐复合缓蚀剂对于腐蚀性离子,特别是氯离子(它会促进点蚀)有一定的敏感性。这种复合缓蚀剂的正常使用浓度为 15~18mg/L(以总磷酸盐计)。

(5) 冷却水缓蚀剂的选择依据

若干年来,人们已经开发了很多冷却水缓蚀剂,其中包括许多复合冷却水缓蚀剂,但是,各国和各地的排放标准不同,各地区的冷却水水质不同,各冷却水系统中换热器的材质、运行条件(例如浓缩倍数、温度)和要求达到的腐蚀速率不同,因此,适用的缓蚀剂也不同,但无论选用何种缓蚀剂均应做实验室试验。

表 5-2 提出了一种根据冷却水系统中冷却设备,主要是换热器的金属材质、冷却水的水质和冷却水的还原性选择缓蚀剂的依据。

表 5-2 冷却水缓蚀剂的选择依据

缓蚀剂效果	对金属的腐蚀效果			适用冷却水水质范围		
	钢	铜	铝	钙离子浓度/(mg/L)	pH	总溶解性固体/(mg/L)
铬酸盐	很好	很好	很好	0～120	5.5～10.0	0～20000
聚磷酸盐	很好	腐蚀	腐蚀	100～600	5.5～7.5	0～20000
锌盐	好	无	无	0～1200	6.5～7.0	0～5000
聚硅酸盐	好	很好	很好	0～1200	7.5～10.0	0～5000
钼酸盐	好	中等	中等	0～1200	7.5～10.0	0～5000
苯并三唑	中等	很好	好	0～1200	6.0～10.0	0～20000
聚磷酸盐-锌盐	好	一般	一般	20～1200	6.8～7.2	0～20000
聚磷酸盐-正磷酸盐	好	一般	腐蚀	50～600	6.0～8.5	0～20000

第四节 阀外冷却系统工况特点

一、冷却塔形式

冷却塔的作用是通过喷淋水和风扇来对阀内冷却水散热管进行冷却。冷却塔风扇可变频控制，控制系统根据阀内冷却水冷温度要求，控制风扇转速。每个冷却塔的顶部配有3个风扇，中间为喷淋管和喷嘴，下部为阀内冷却水冷系统散热管。冷却塔作为阀冷却系统的室外换热设备，将被换流阀加热的冷却介质降温，以使其温度在进阀的允许范围内。经过软化和去离子处理的外冷水从冷却塔的顶部喷出，对冷却塔内密集布置的散热管道中的内水冷系统进行冷却，同时通过风扇加快空气对流，提高对阀内冷却水冷系统散热管的降温效果。

阀外循环冷却水系统采用闭式喷淋冷却塔，换热设备采用蛇形管＋翅片型式，循环冷却水喷淋在蛇形管外侧同时发生传热升温、蒸发浓缩、CO_2逸出，工况条件独特：

① 冷却塔为喷淋换热，在喷淋塔热交换管的传热界面存在"传热升温、蒸发浓缩和CO_2逸出"三同时的特定工况，强化了换热管的结垢条件；

② 传热界面为换热管＋鳍片式，这种结构型式对结垢、悬浮物、生物黏泥更为敏感。因此，其工况条件要求：

① 对结垢、悬浮物、生物藻类的污堵敏感；

② 发生结垢的边界条件更窄，对运行水质指标要求更严格；

③ 运行可靠性要求更高。

二、换热形式及材质

（1）喷淋泵，选用卧式离心优质水泵，每台闭式冷却塔均配置两台喷淋循环水泵，每台水泵均为100％的容量，不锈钢316材质，互为备用。

（2）喷淋水管道及其管道附件，为保证水质，管道、阀门均采用优质不锈钢，确保系统的高稳定性与可靠性，为方便检修和维护，在泵的入口端设置泄空阀以彻底排空喷淋管道中的水。

（3）换热盘管，采用高规格不锈钢管，盘管与联箱处采用焊接连接。

（4）热交换层，填料和热交换盘管布局合理，高效换热，又便于运行。

（5）动力传动系统，风扇电动机采用全封闭式电动机，防潮效果好。风机与电动机间采用经典的皮带传动方式。

（6）离子交换罐，宜选用优质不锈钢，内衬防腐层。

（7）底部滤网，设置在冷却塔底部出水口，过滤掉外界带来的树叶、杂草、小昆虫、灰尘、杂质等，保证进入地下水池的水干净无杂质。不锈钢滤网可拆卸，方便维护清洗。

第五节　阀外水冷却系统水处理

阀外水冷却系统主要包括：软化单元、平衡水池、高压泵、工业泵、水池、盐水池等，生水经软化单元处理后，经反渗透单元进入平衡水池。

一、软化单元

软化单元的作用是对生水进行预处理，为反渗透单元提供合格的软化水。一般情况下，外水冷系统有两套软化单元，正常运行时一套软化单元投入运行，另一套备用。原水中的正离子，特别是钙镁离子在软化单元中置换成钠离子，此处理用于防止渗透膜表面结垢，从而导致反渗透单元通透能力减小。软化单元有两种运行方式，一种是自动补水，对水进行软化，软化单元另外一种运行方式是再生。随着软化单元处理水量的增加，软化树脂吸附钙镁离子的增多，它的吸附能力将会不断降低。因此需要定期对树脂再生。再生包括三个过程，第一个过程是反冲洗，第二个过程是加盐，最后是冲洗。软化单元再生优先级高于平衡水池补水的优先级，也就是说，当系统既要再生又要补水的时候，系统将先再生，等再生结束后再启动补水。

水中金属离子含量增加时，会导致电导率升高。为控制进入换流阀内冷却水的电导率在要求范围内，可在内冷水循环系统主循环回路上并联接入一个去离子水处理回路。去离子水处理回路由离子交换器、精密过滤器、流量传感器、电导率传感器及仪表等组成。离子交换器一般配置 2～3 台，内装有离子交换树脂。

1. 离子交换树脂作用机理

离子交换树脂是一类具有离子交换功能的高分子材料。在溶液中它能将本身的离子与溶液中所带电荷相同的离子进行交换。按交换基团性质的不同，离子交换树脂可分为阳离子交换树脂和阴离子交换树脂两类。阳离子交换树脂大都含有磺酸基（—SO_3H）、羧基（—COOH）或苯酚基（—C_6H_4OH）等酸性基团，其中的氢离子能与溶液中的金属离子或其它阳离子进行交换。例如苯乙烯和二乙烯苯的高聚物经磺化处理得到强酸性阳离子交换树脂，其结构式可简单表示为 R—SO_3H，式中 R 代表树脂母体，其交换原理为 $2R—SO_3H + Ca^{2+} \longrightarrow (R—SO_3)_2Ca + 2H^+$，这也是硬水软化的原理。阴离子交换树脂含有季铵基[—$N(CH_3)_3OH$]、胺基（—NR_2）或亚胺基（=NR）等碱性基团。它们在水中能生成 OH^- 离子，可与各种阴离子起交换作用，其交换原理为 $R—N(CH_3)_3OH + Cl^- \longrightarrow R—N(CH_3)_3Cl + OH^-$。

2. 离子交换树脂基本类型

① 强酸性阳离子树脂　这类树脂含有大量的强酸性基团，如磺酸基—SO_3H，容易在溶液中离解出 H^+，故呈强酸性。树脂离解后，本体所含的负电基团，如 $R—SO_3^-$，能吸附结合溶液中的其它阳离子。这两个反应使树脂中的 H^+ 与溶液中的阳离子互相交换。强酸性树脂的离解能力很强，在酸性或碱性溶液中均能离解和产生离子交换作用。

树脂在使用一段时间后，要进行再生处理，即用化学药品使离子交换反应以相反方向进行，使树脂的官能基团恢复原来状态，以供再次使用。如上述的阳离子树脂是用强酸进行再生处理，此时树脂放出被吸附的阳离子，再与 H^+ 结合而恢复原来的组成。

② 弱酸性阳离子树脂　这类树脂含弱酸性基团，如羧基—$COOH$，能在水中离解出 H^+ 而呈酸性。树脂离解后余下的负电基团，如 $R—COO^-$（R 为碳氢基团），能与溶液中的其它阳离子吸附结合，从而产生阳离子交换作用。这种树脂的酸性即离解性较弱，在低 pH 下难以离解和进行离子交换，只能在碱性、中性或微酸性溶液中（如 pH5～14）起作用。这类树脂亦是用酸进行再生（比强酸性树脂较易再生）。

③ 强碱性阴离子树脂　这类树脂含有强碱性基团，如季铵基—NR_3OH，能在水中离解出 OH^- 而呈强碱性。这种树脂的正电基团能与溶液中的阴离子吸附结合，从而产生阴离子交换作用。这种树脂的离解性很强，在不同 pH 下都能正常工作。它用强碱（如 NaOH）进行再生。

④ 弱碱性阴离子树脂　这类树脂含有弱碱性基团，如伯胺基—NH_2、仲胺基—NHR 或叔胺基—NR_2，它们在水中能离解出 OH^- 而呈弱碱性。这种树脂的正电基团能与溶液中的阴离子吸附结合，从而产生阴离子交换作用。这种树脂在多数情况下是将溶液中的整个其他酸分子吸附。它只能在中性或酸性条件（如 pH1～9）下工作。它可用 Na_2CO_3、NH_4OH 进行再生。

⑤ 离子树脂的转型　以上是树脂的四种基本类型。在实际使用上，常将这些树脂转变为其它离子型式运行，以适应各种需要。例如常将强酸性阳离子树脂与 NaCl 作用，转变为钠型树脂再使用。工作时钠型树脂放出 Na^+ 与溶液中的 Ca^{2+}、Mg^{2+} 等阳离子交换吸附，除去这些离子。这种树脂以钠型运行使用后，可用盐水再生（不用强酸）。又如阴离子树脂可转变为氯型再使用，工作时放出 Cl^- 而吸附交换其它阴离子，它的再生只需用食盐水溶液。氯型树脂也可转变为碳酸氢型（HCO_3^-）运行。强酸性树脂及强碱性树脂在转变为钠型和氯型后，就不再具有强酸性及强碱性，但它们仍然有这些树脂的其它典型性能，如离解性强和工作的 pH 范围宽广等。

3. 基体组成

离子交换树脂（ion resin）的基体（matrix），制造原料主要有苯乙烯和丙烯酸（酯）两大类，它们分别与交联剂二乙烯苯产生聚合反应，形成具有长分子主链及交联横链的网络骨架结构的聚合物。苯乙烯系树脂是最先使用的，丙烯酸系树脂是随后发展的。

树脂的交联度，即树脂基体聚合时所用二乙烯苯的百分数，对树脂的性质有很大影响。通常交联度高的树脂聚合得比较紧密，坚牢而耐用，密度较高，内部空隙较少，对离子的选择性较强；而交联度低的树脂孔隙较大，脱色能力较强，反应速度较快，但在工作时的膨胀性较大，机械强度稍低，比较脆而易碎。工业应用的树脂的交联度一般不低于4%；单纯用于吸附无机离子的树脂，其交联度可较高。

除上述苯乙烯系和丙烯酸系这两大系列以外，离子交换树脂还可由其它有机单体聚合制成。如酚醛系（FP）、环氧系（EPA）、乙烯吡啶系（VP）、脲醛系（UA）等。

4. 物理结构

离子树脂常分为凝胶型和大孔型两类。

凝胶型树脂的高分子骨架，在干燥的情况下内部没有毛细孔。它在吸水时润胀，在大分子链节间形成很微细的孔隙，通常称为显微孔（micro-pore）。湿润树脂的平均孔径为 $2\sim4nm$。这类树脂较适合用于吸附无机离子，它们的直径较小，一般为 $0.3\sim0.6nm$。这类树脂不能吸附大分子有机物质，因后者的尺寸较大，如蛋白质分子直径为 $5\sim20nm$，不能进入这类树脂的显微孔隙中。

大孔型树脂是在聚合反应时加入致孔剂，形成多孔海绵状构造的骨架，内部有大量永久性的微孔，再导入交换基团制成。它并存有微细孔和大网孔（macro-pore），润湿树脂的孔径达 $100\sim500nm$，其大小和数量都可以在制造时控制。孔道的表面积可以增大到超过 $1000m^2/g$。这不仅为离子交换提供了良好的接触条件，缩短了离子扩散的路程，还增加了许多链节活性中心，通过分子间的范德华引力产生分子吸附作用，能够像活性炭那样吸附各种非离子性物质，扩大它的功能。一些不带交换功能团的大孔型树脂也能够吸附、分离多种物质。

大孔树脂内部的孔隙又多又大，表面积很大，活性中心多，离子扩散速度快，离子交换速度也快很多，约比凝胶型树脂快约十倍。使用时的作用快、效率高，所需处理时间缩短。大孔树脂还有多种优点：耐溶胀，不易碎裂，耐氧化，耐磨损，耐热及耐温度变化，对有机大分子物质较易吸附和交换，因而抗污染力强，并较容易再生。

5. 交换容量

离子交换树脂进行离子交换反应的性能，表现在它的"离子交换容量"，即每克干树脂或每毫升湿树脂所能交换的离子的物质的量，以 mol/g 或 mmol/g（干），mol/mL 或 mmol/L（湿）表示。它又有"总交换容量""工作交换容量"和"再生交换容量"等三种表示方式。

(1) 交换容量，表示单位数量（重量或体积）树脂能进行离子交换反应的化学基团的总量。

(2) 工作交换容量，表示树脂在某一定条件下的离子交换能力，它与树脂种类和总交换容量，以及具体工作条件如溶液的组成、流速、温度等因素有关。

(3) 再生交换容量，表示在一定的再生剂量条件下所取得的再生树脂的交换容量，表明树脂中原有化学基团再生复原的程度。

通常，再生交换容量为总交换容量的 $50\%\sim90\%$（一般控制 $70\%\sim80\%$），而工作交换容量为再生交换容量的 $30\%\sim90\%$（对再生树脂而言），后一比率亦称为树脂的利用率。

在实际使用中，离子交换树脂的交换容量包括了吸附容量，但后者所占的比例因树脂结构不同而异。现仍未能分别进行计算，在具体设计中，需凭经验数据进行修正，并在实际运行时复核之。

离子树脂交换容量的测定一般以无机离子进行。这些离子尺寸较小，能自由扩散到树脂体内，与它内部的全部交换基团起反应。而在实际应用时，溶液中常含有高分子有机物，它们的尺寸较大，难以进入树脂的显微孔中，因而实际的交换容量会低于用无机离子测出的数值。这种情况与树脂的类型、孔的结构尺寸及所处理的物质有关。

6. 吸附选择

离子交换树脂对溶液中的不同离子有不同的亲和力，对它们的吸附有选择性。各种离子受树脂交换吸附作用的强弱程度有一般的规律，但不同的树脂可能略有差异。主要规律如下：

（1）对阳离子的吸附

高价离子通常被优先吸附，而低价离子的吸附较弱。在同价的同类离子中，直径较大的离子更易被吸附。一些阳离子被吸附的顺序如下：

$$Fe^{3+} > Al^{3+} > Pb^{2+} > Ca^{2+} > Mg^{2+} > K^+ > Na^+ > H^+$$

（2）对阴离子的吸附

强碱性阴离子树脂对无机酸根的吸附的一般顺序为：

$$SO_4^{2-} > NO_3^- > Cl^- > HCO_3^- > OH^-$$

通常，交联度高的树脂对离子的选择性较强，大孔结构树脂的选择性小于凝胶型树脂。这种选择性在溶液较稀时表现明显，在浓溶液中不明显。

7. 物理性质

离子交换树脂的颗粒尺寸和有关的物理性质对它的工作和性能有很大影响。

（1）树脂颗粒尺寸

离子交换树脂通常制成珠状的小颗粒，它的尺寸也很重要。树脂颗粒较细者，反应速度较快，但细颗粒对液体通过的阻力较大，需要较高的工作压力。因此，树脂颗粒的大小应选择适当。如果树脂粒径在 0.2mm（约为 70 目）以下，会明显增大流体通过的阻力，降低流量和生产能力。

树脂颗粒大小的测定通常用湿筛法，将树脂在充分吸水膨胀后进行筛分，累计其在 20 目、30 目、40 目、50 目…筛网上的留存量，以 90% 粒子可以通过其相对应的筛孔直径，称为树脂的"有效粒径"。多数通用的树脂产品的有效粒径在 0.4~0.6mm 之间。

树脂颗粒是否均匀以均匀系数表示。它是在测定树脂的"有效粒径"坐标图上取累计留存量为 40% 粒子，相对应的筛孔直径与有效粒径的比例。如一种树脂（IR-120）的有效粒径为 0.4~0.6mm，它在 20 目筛、30 目筛及 40 目筛上留存粒子分别为：18.3%、41.1% 及 31.3%，则计算得均匀系数为 2.0。

（2）树脂的密度

树脂在干燥时的密度称为真密度。湿树脂每单位体积（连颗粒间空隙）的质量称为视密度。树脂的密度与它的交联度和交换基团的性质有关。通常，交联度高的树脂的密度较高，强酸性或强碱性树脂的密度高于弱酸或弱碱性者，而大孔型树脂的密度则较低。例如，苯乙烯系凝胶型强酸阳离子树脂的真密度为 1.26g/mL，视密度为 0.85g/mL；而丙烯酸系凝胶型弱酸阳离子树脂的真密度为 1.19g/mL，视密度为 0.75g/mL。

（3）树脂的溶解性

离子交换树脂应为不溶性物质。但树脂在合成过程中夹杂的聚合度较低的物质，及树脂分解生成的物质，会在运行时溶解出来。交联度较低和含活性基团多的树脂，溶解倾向较大。

（4）膨胀度

离子交换树脂含有大量亲水基团，与水接触即吸水膨胀。当树脂中的离子变换时，如

阳离子树脂由 H^+ 转为 Na^+，阴离子树脂由 Cl^- 转为 OH^-，都因离子直径增大而发生膨胀，增大树脂的体积。通常，交联度低的树脂的膨胀度较大。在设计离子交换装置时，必须考虑树脂的膨胀度，以适应生产运行时树脂中的离子转换发生的树脂体积变化。

（5）耐用性

树脂颗粒使用时有转移、摩擦、膨胀和收缩等变化，长期使用后会有少量损耗和破碎，故树脂要有较高的机械强度和耐磨性。通常，交联度低的树脂较易碎裂，但树脂的耐用性更主要地决定于交联结构的均匀程度及其强度。如大孔树脂，具有较高的交联度者，结构稳定，能耐反复再生。

离子交换树脂不溶于水和一般溶剂。大多数制成颗粒状，也有一些制成纤维状或粉状。树脂颗粒的尺寸一般在 0.3～1.2mm 范围内，大部分在 0.4～0.6mm 之间。它们有较高的机械强度，化学性质也很稳定，在正常情况下有较长的使用寿命。

离子交换树脂中含有一种（或几种）化学活性基团，它即是交换官能团，在水溶液中能离解出某些阳离子（如 H^+ 或 Na^+）或阴离子（如 OH^- 或 Cl^-），同时吸附溶液中原来存有的其它阳离子或阴离子。即树脂中的离子与溶液中的离子互相交换，从而将溶液中的离子分离出来。

软化设备的工作过程一般由以下几个步骤循环组成。

（1）工作状态。硬水经过控制装置多路阀进水口进入装有树脂的软水器，水中的钙、镁离子不断被离子交换树脂吸附而除去，从而使硬水得到软化。经树脂层处理的水由软水器底部流出，沿着中心升降管向上，再通过多路阀出水口流出。

（2）反洗状态。工作一段时间后的软水器，会在树脂上部拦截很多由原水带来的污物，除去污物才能使离子交换树脂暴露出来，保证再生效果。此外，反洗还可以使运行中压紧的树脂层松动，有利于离子交换。此过程的水流方向为：原水进入多路阀后，沿着中心升降管向下，再由软水器底部进入，经树脂层向上，最后通过多路阀排水口排出，把顶部拦截下来的污物冲走，该过程一般需要 5～15min。

（3）再生状态。实为盐水注入装有树脂的软水器的过程。在实际工作过程中，盐水以较慢的速度流过树脂的再生效果比单纯用盐水浸泡树脂效果好，故软水器一般采用盐水慢速流过树脂的方法再生。硬水进入多路阀后，吸入盐箱中的盐水，盐水流过树脂层进行再生还原，最终进入软水器底部和升降管，再通过多路阀排水口排出。此过程一般需要 30min。

（4）慢速清洗状态。盐水流过树脂后，用原水以同样的流速慢慢将树脂中的盐全部冲洗干净的过程叫作慢冲洗。硬水经多路阀进入装有树脂的软水器，经树脂层处理过的水通过软水器底部，然后沿着中心升降管向上，再通过多路阀出水口流出。此过程需要 30min 左右。

（5）快速清洗状态。硬水经多路阀进水口进入装有树脂的软水器，向下经过树脂层后从底部沿着中心升降管向上，最后通过多路阀出水口排出，其流速比慢速清洗稍快。快冲洗主要目的是将残留的盐彻底冲洗干净，该过程一般需要 5～15min。

（6）盐箱注水状态。此过程主要是向盐箱注入溶解再生所需盐消耗量的水但需保证盐箱"见盐不见水"。注水具体过程为硬水进入多路阀，在向软水器供水的同时，通过吸盐口向盐箱注水。

二、反渗透系统

对透过的物质具有选择性的薄膜称为半透膜，一般将只能透过溶剂而不能透过溶质的薄膜称之为理想半透膜。当把相同体积的稀溶液（例如淡水）和浓溶液（例如盐水）分别置于半透膜的两侧时，稀溶液中的溶剂将自然穿过半透膜而自发地向浓溶液一侧流动，这一现象称为渗透。当渗透达到平衡时，浓溶液侧的液面会比稀溶液的液面高出一定高度，即形成一个压差，此压差即为渗透压。渗透压的大小取决于溶液的固有性质，即与浓溶液的种类、浓度和温度有关，而与半透膜的性质无关。若在浓溶液一侧施加一个大于渗透压的压力时，溶剂的流动方向将与原来的渗透方向相反，开始从浓溶液向稀溶液一侧流动，这一过程称为反渗透。

阀冷却系统中反渗透单元主要组成部分是反渗透膜，主要作用是过滤水中的金属离子。反渗透膜装在隔膜管内，该管分两级安装，第一级装有 3 个管，第二级装有 2 个管，每级有一个冗余，正常时每个隔膜管都处于运行状态，进水流量通过隔膜管，流过隔膜元件的水就是渗透水，注入平衡水池。为了使流经隔膜元件的水流量保持较大，无法通过第一级反渗透的水流至第二级反渗透膜进行再次渗透，通过的水注入平衡水池，无法通过的水则被排出。

三、加药系统

每极阀外水冷系统各配备了一套加药系统。当阀外水冷采取大旁通方式（软化单元及反渗透单元退出运行），生水直接注入平衡水池，加药系统通过对平衡水池添加水质稳定剂来净化平衡水池水质。

将自来水注入加药罐中，加入一定比例的水质稳定剂搅拌溶解，利用加药泵将溶解液加入平衡水池，对喷淋水进行除垢杀菌。

阀外水冷加药系统的作用：通过对平衡水池添加水质稳定剂以净化阀外冷却水的水质，防止阀外水冷冷却塔内的阀内冷却水冷蛇形管结垢和腐蚀。

阀外水冷加药系统主要由化学药剂及其容器、加药泵等组成。加药装置由以下配件组成：加药罐搅拌电机、加药泵、溶液箱、计量泵、就地操作盘、循环水阻垢剂、PU 软管等。外水冷加药系统常采用 4 种化学药剂：PERFORMAX 701L(缓蚀剂)、DREWSPERSE 706L(阻垢分散剂)、BIOSPERSE 48L(杀菌剂)、BIOSPERSE 250L(杀菌剂)。4 种化学药剂分别通过外水冷加药泵自动注入到平衡水池内。化学药剂作用分别为：

PERFORMAX 701L(缓蚀剂)：防止和减少因水质发生变化而引起阀外水冷对水管道内部的化学腐蚀。工业泵的启动，自动将药剂添加至平衡水池内。

DREWSPERSE 706L(阻垢分散剂)：防止和减少阀外冷却水在冷却塔高温蒸发后，导致设备表面结垢，从而影响设备的散热性能。随着工业泵的启动，自动将药剂添加至平衡水池内。

BIOSPERSE 48L、BIOSPERSE 250L(杀菌剂)：防止和杀死阀外水冷循环回路系统中产生的细菌和藻类，起到灭菌除藻的作用。

四、其它辅助单元

(1) 平衡水池

经过软化和反渗透处理的水流入平衡水池中，平衡水池中的水被喷淋泵抽到冷却塔对内水冷管道中的散热管进行喷淋冷却，然后回流到平衡水池中。当平衡水池水位低于低水位定值时，系统自动启动补水，当平衡水池水位达到高水位定值时，系统自动停止补水。当平衡水池水位在高低水位定值之间时，可以直接启动补水。

平衡水池配置水位传感器和水位开关。水位传感器用于控制阀外水冷系统补水的启停，水位开关告警接点和传感器经就地液位低判据给出的告警接点，经三取二逻辑判断后用于禁止启动喷淋泵，防止缺水情况下启动运行可能造成的喷淋泵损坏。

（2）喷淋泵

每极阀外水冷系统配置 4 台喷淋泵，用于向 3 台冷却塔提供喷淋水，其中一台作为备用，其它任何一台喷淋泵故障，备用喷淋泵自动投入运行，替代故障喷淋泵。

（3）盐池和盐水池

每极阀外水冷系有两个盐池，一用一备。当运行盐池中的盐使用完，应手动切换盐池，并需要定期对盐量不足的盐池加盐。切换盐池时，应操作对应的盐池补水阀门、盐池与盐水池相连阀门和盐池切换开关。

盐水池存放饱和盐水，工业水经过盐池进入盐水池。盐水池用于向软化单元提供饱和盐水，当软化单元再生时，需要饱和盐水对软化树脂进行再生。

（4）高压泵

阀外水冷系统补水回路的动力是由高压泵来提供的，系统配有两台高压泵，阀外冷却系统补水时一台运行、一台备用，为了确保两台泵使用寿命相同，两台泵交替使用。高压泵由变频器来控制，主要通过平衡水池中的水位来控制高压泵的转速，水池水位越低，泵转速越高，补水速度越快，反之亦然。

（5）工业泵

工业泵位于综合水泵房，它用于向阀外水冷系统提供生水。由阀外水冷系统控制工业泵的启停。保证在阀外水冷系统入口处水流量应高于设定值，到达软化罐入口处的水压应高于设定值。

第六节　外冷却水系统的结垢及控制

换流阀外冷却系统的结垢主要发生在喷淋塔内冷却水换热管外侧（文献 5）、喷嘴（文献 6）、逆止阀（文献 6）、水位传感器及其滑动杆滑动部位（文献 7、8）等处，造成散热不良、内冷却水水温升高、喷淋泵反转、主过滤器堵塞，甚至导致直流跳闸。

一、阀外冷却水结垢的原因

（1）补充水水质

由于冷却水在喷淋塔内的蒸发和系统排污造成冷却水水量损失，循环水在利用过程中需要补充新水进去，补充水的硬度、碱度、pH 值、浊度等都影响水垢的形成。补充水的硬度、碱度越大，成垢离子越多，经浓缩后越易达到过饱和产生水垢。在冷却水中，悬浮物起到晶核作用，浊度越大，悬浮物越多，越易促成污垢沉积生成。

造成补充水水质不合格的原因很多。例如，某直流输电工程高坡换流站采用水库水作为阀冷系统外冷却水喷淋系统的冷却水，其浊度和硬度均高于一般的工业用水，且水质净化系统设计不合理，净化效果差，造成换流站外冷却水喷淋塔结垢问题严重（文献9）。又例如，龙泉-政平直流工程龙泉换流站的外冷却水水处理系统采用钠型离子交换树脂软化＋反渗透除盐的方式，原水经过钠型离子交换树脂软化罐除去钙镁离子后进入反渗透除盐装置除去盐分，最后进入平衡水池。2016年4～8月，由于离子交换控制系统故障，造成离子交换罐不能自动再生和再生不彻底，使得反渗膜大量结垢，进入平衡池的补给水不合格（文献10）。

（2）循环水水质

在外冷却水系统运行中，随着冷却水在喷淋塔中的蒸发和补给水的进入，冷却水中的杂质逐渐浓缩，杂质浓度升高，通过系统排污或净化除盐维持外冷却水系统水质稳定。当循环水质不合格时会引起外冷却水系统结垢。如前述换流站因外冷却水系统补充水水质不合格造成循环水水质不合格，引起系统结垢。

二、结垢控制

根据影响结垢的不同因素及实际生产操作的可行性，有以下几种方法控制结垢。

（1）降低补充水成垢离子

循环水补充水中成垢离子或碱度较高时，可以预先通过离子交换法或石灰软化法去除补充水中的部分硬度和碱度，将软化后的水作为补充水，从源头上有效控制水垢生成。现代工业生产中，对循环水水质要求较严格、补充水量较小的工艺流程中，一般采用离子交换树脂法软化补充水。

（2）循环水过滤处理

在循环水处理系统中，增加旁滤设备，使循环水在进行冷却作用的同时经过滤器过滤，降低循环水悬浮物含量，减少使水垢附着生成的晶核杂质，从而减少水垢生成。现今工业生产中多采用纤维球过滤器或沙滤器对循环冷却水进行过滤处理。

（3）投加药剂

在大型的工业生产循环水系统中，多采用增加缓释阻垢剂对循环水进行水垢生成控制。添加的药剂通过改变循环水中碳酸钙等微溶物质的生长过程和形态，不同的药剂通过不同的方式阻止成垢离子相互结合形成水垢，进而降低水垢生成。阻垢剂不仅能控制水垢，也能控制金属腐蚀物、黏泥等，所以应用较为广泛。

三、阀外冷却水阻垢的优化技术研究案例

以±500kV某换流站为例，外冷系统采用水冷方式，外冷却水补充来源为水库水经泵站升压后输送至位于站内净水站，经净水处理站净化后补入工业、消防水池，作为全站的生产用水和生活用水的水源，其中90％的水量主要用于换流阀外冷循环水的补充水。

净水处理站设计出力 $2 \times 20m^3/h$，主要设备由高效反应器、重力无阀过滤器、PAC和PAM自动加药装置，以及电控、仪表组成，其系统流程如图5-11所示。

净水站主要通过在进水中加入适量混凝剂PAC和助凝剂PAM后，在高效反应器中混合和絮凝，使水中的胶体和细小悬浮物充分脱稳、絮凝并凝聚成较大的絮凝体，通过沉降和后续的过滤除去，从而实现降低水中悬浮物和浊度的目的。

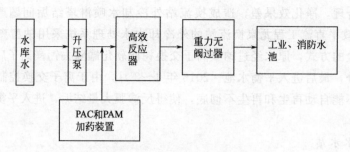

图 5-11 某换流站净水站系统流程

换流站投运初期，由于水源中的悬浮物和浊度很低，净水站的净化效果制约不明显，出水水质清澈，浮物和浊度很低，能够满足生产和生活用水要求。自从 2016 年水库库岸滑坡以来，由于滑坡的泥沙冲入水库，水源中的浊度和悬浮物 SS 一直较高，净水站净化效果欠佳，出水的悬浮物 SS 较高。根据 2017 年一季度水质分析，净水站出水 SS 达到 27mg/L，超过设计值 5mg/L 的要求。出水中 SS 随补水迁移至阀外冷循环水，经循环水累积后最高达 65mg/L，超过 20mg/L 的要求，给循环水系统带来泥沙沉积，过滤器、软化器和换热器堵塞等一系列问题，影响外冷循环水的安全运行。

基于净水站的出水水质，直接影响到极 Ⅰ、Ⅱ 循环冷却水的安全运行，因此以净水站的净化能力提升为目标，重点研究以下几点：

① 开展混凝烧杯小型试验研究，寻找混凝剂 PAC 和助凝剂 PAM 的最优加药量和混凝剂 PAC 和助凝剂 PAM 的最优配比。

② 提出现场控制实施方案，提高净水站的净水效果和净水能力，为出水浊度和 SS 合格提供保障。

③ 基于实际外冷却水补水水质条件和实际阻垢性能条件下，应用实际阻垢剂进行的阻垢性能静态浓缩试验，确定实际条件下的最佳阻垢剂加入量和安全控制限值。

1. 净水站混凝烧杯小型试验研究

（1）实验药品及器材

实验药品：PAC（聚合氯化铝）使用时配制成 8mg/mL 的水溶液，PAM（聚丙烯酰胺）使用时配制成 4mg/mL 的水溶液，PAC 和 PAM 两种药品取用永仁换流站现场使用药品。原水性质：pH 为 8.17，电导率为 102.8μS/cm，浊度为 13.41NTU，水温 24℃左右。

实验仪器：ZR4-6 型混凝试验搅拌机、浊度仪、pH 计、电导率仪。

（2）实验方法

采用 ZR4-6 型混凝试验搅拌机进行混凝实验，水力条件为 5 个档位，1，2 档为混合档，后面称混合一挡、混合二挡，3～5 挡为絮凝挡，后面称絮凝一挡、絮凝二挡和絮凝三挡，每个挡位控制一定的速度和时间。分别进行 PAC 加药量优化实验、PAM 加药量优化实验、PAM 加药时间优化实验、水力条件优化实验，其中 PAC 加药量优化实验、PAM 加药量优化实验、PAM 加药时间优化实验采用单因素实验方法进行，水力条件优化实验采用两个五因素四水平正交实验，分别为搅拌速度优化和搅拌时间优化，实验混凝效果的评价指标为剩余浊度，现场实验如图 5-12 所示。

① PAC 加药量优化实验 在混凝实验搅拌机的 6 个烧杯里加入 1L 外冷却水原水，

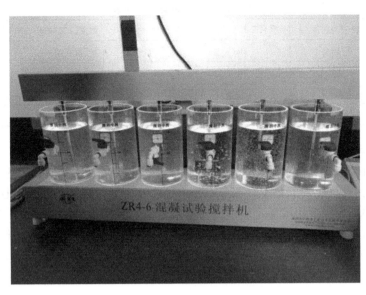

图 5-12　混凝烧杯小型实验

在混凝搅拌机里输入水力条件，混合一挡搅拌速度 700rpm，搅拌时间 20s；混合二挡搅拌速度 400rpm，搅拌时间 30s；絮凝一挡搅拌速度 200rpm，搅拌时间 1min；絮凝二挡搅拌速度 80rpm，搅拌时间 4min；絮凝三挡搅拌速度 40rpm，搅拌时间 2min。控制 PAC 加药量分别为 4mg/L、8mg/L、16mg/L、24mg/L、32mg/L、40mg/L，加药时间为混合一挡；PAM 加药量为 2mg/L，加药时间为絮凝一挡。混凝结束后分别在 5min、10min、15min、20min 取上清液测浊度，20min 测完浊度后测量 pH 值和电导率。

② PAM 加药量优化实验　控制 PAC 加药量为 24mg/L，加药时间为混合一挡；PAM 加药量分别为 0.5mg/L、1mg/L、2mg/L、3mg/L、4mg/L、8mg/L，加药时间为絮凝一挡，其它实验部分和①相同。

③ PAM 加药时间优化实验　控制 PAC 加药量为 24mg/L，加药时间为混合一挡；PAM 加药量为 2mg/L，加药时间分别为混合一挡、混合二挡、絮凝一挡、絮凝二挡、絮凝三挡。其它实验部分和①相同。

④ 搅拌速度优化　控制 PAC 加药量分别为 24mg/L，加药时间为混合一挡；PAM 加药量为 2mg/L，加药时间为絮凝一挡，改变五个挡位的搅拌速度。采用五因素四水平的正交实验。其它实验步骤和①相同。因素水平表如表 5-3 所示。

表 5-3　搅拌速度的因素水平表

水平	混合一挡速度/rpm	混合二挡速度/rpm	絮凝一挡速度/rpm	絮凝二挡速度/rpm	絮凝三挡速度/rpm
1	500	300	150	70	20
2	600	350	200	80	30
3	700	400	250	90	40
4	800	450	300	100	50

⑤ 搅拌时间优化　控制 PAC 加药量分别为 24mg/L，加药时间为混合一挡；PAM 加药量为 2mg/L，加药时间为絮凝一挡，改变五个挡位的搅拌时间。采用五因素四水平的正交实验。其它实验步骤和①相同。因素水平表如表 5-4 所示。

表 5-4 搅拌时间因素水平表

水平	混合一挡时间/s	混合二挡时间/s	絮凝一挡时间/min	絮凝二挡时间/min	絮凝三挡时间/min
1	15	20	1	3	1.5
2	20	25	1.5	4	2
3	25	30	2	5	2.5
4	30	35	2.5	6	3

（3）实验结果及讨论

① PAC 加药量优化实验 PAC 加药量优化实验混凝效果以剩余浊度为评价标准，表 5-5 为 PAC 加药量优化实验数据，图 5-13 为 PAC 加药量与浊度关系，从图中可以发现，整体上随着 PAC 加药量的增加，剩余浊度越来越低，混凝效果越来越好，当加药量增加到 16mg/L 时，混凝效果达到最好，继续增加，浊度不再降低，反而略有上升；再从时间维度上，随着沉淀时间的增加，混凝效果越来越好，且当加药量为 16mg/L 时，沉淀时间为 5min 之后，混凝效果差距最小。综上所述，PAC 的最佳加药量为 16mg/L。

表 5-5 PAC 加药量优化实验数据

PAC/(mg/L)	浊度/NTU				pH	电导率/(μS/cm)
	5min	10min	15min	20min		
4	7.44	7.06	7.60	7.66	7.74	116.3
8	5.08	4.62	3.85	2.77	7.61	115.9
16	0.49	0.60	0.34	0.29	7.38	120.9
24	1.09	0.56	0.39	0.28	7.25	126.9
32	1.30	0.66	0.25	0.36	7.13	132.9
40	1.14	0.91	1.01	0.34	7.04	137.6

图 5-14 为 PAC 加药量与电导率和 pH 的关系，从图中我们可以看出，随着 PAC 加药量的增加 pH 逐渐减小，电导率逐渐增加。这是因为 PAC 水溶液的 pH 在 4～6，原水 pH 为 8.10，原水中加入少量 PAC 后水中 pH 会逐渐降低；PAC 为聚合氯化铝，PAM 为聚丙烯酰胺，水解后水中离子含量增加导致电导率逐渐增加。

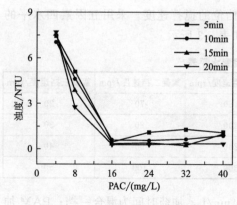

图 5-13 PAC 加药量与浊度关系

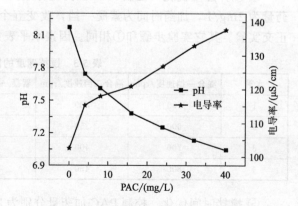

图 5-14 PAC 加药量与电导和 pH 的关系

② PAM 加药量优化 PAM 优化实验是在 PAC 投加量达到最优条件下进行的，混凝

效果评价标准也是剩余浊度，表 5-6 为 PAM 加药量优化实验数据，图 5-15 为 PAM 加药量与浊度关系，从图中可以发现，整体上随着 PAM 加药量的增加，剩余浊度先减小后增大，混凝效果先变好后又变差，在 PAM 加药量为 2～3mg/L 时达到最佳效果。絮凝剂 PAM 的有效成分是聚丙烯酰胺，原水在 PAC 的作用下，水中胶体会脱稳集聚成微小颗粒，此时再加入 PAM，PAM 分子链会固定在不同的颗粒表面上，各颗粒之间形成聚合物的桥，使颗粒形成聚集体而沉降。但是当 PAM 加到一定量后就会对这些小颗粒形成包裹，从而降低混凝效果。再从时间维度上分析，随着沉淀时间的增加，混凝效果越来越好，且 PAM 加药量在 2mg/L 时，沉淀 5min 之后混凝效果差距最小。综上所述，PAM 的最佳加药剂量为 2mg/L。

表 5-6　PAM 加药量优化实验数据

PAM/(mg/L)	浊度/NTU				pH	电导率/(μS/cm)
	5min	10min	15min	20min		
0.5	4.74	2.90	1.37	1.06	7.37	123.7
1	4.43	2.20	1.16	0.94	7.30	123.7
2	0.55	0.53	0.46	0.39	7.29	124.4
3	0.66	0.53	0.38	0.22	7.26	126.3
4	1.62	1.06	0.69	0.45	7.26	127.4
8	2.41	1.48	0.79	0.49	7.24	132.9

图 5-16 为 PAM 加药量与电导率和 pH 的关系，从图中我们可以看出，随着 PAM 加药量的增加 pH 逐渐减小，电导率逐渐增加。这是因为 PAC 水溶液的 pH 在 4～6，原水 pH 为 8.10，原水中加入少量 PAC 后水中 pH 会逐渐降低；PAC 为聚合氯化铝，PAM 为聚丙烯酰胺，水解后水中离子含量增加导致电导率逐渐增加。

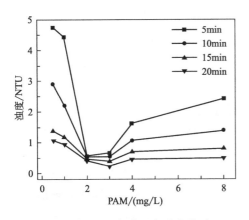

图 5-15　PAM 加药量与浊度关系

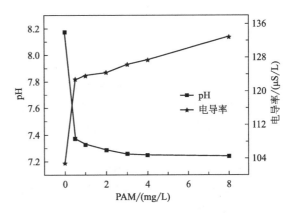

图 5-16　PAM 加药量与电导率和 pH 的关系

③ PAM 加药时间优化　PAM 加药时间优化实验是在 PAC 投加量和 PAM 投加量达到最优条件下进行的，混凝效果评价标准也是剩余浊度。表 5-7 为 PAM 加药时间优化实验数据，图 5-17 为 PAM 加药时间与剩余浊度的关系图，从图中我们可以看出，只要 PAM 不是和 PAC 同时加入，PAM 加药时间对混凝效果影响不大，因为，同时加入混凝剂 PAC 和絮凝剂 PAM，PAC 和 PAM 会先反应，两种药剂黏在一起，PAM 将 PAC 包裹

于其中，导致药效的降低。PAC加药时间为混合一挡，故PAM加药时间只要不是混合一挡就可以。本实验选择在絮凝一挡加PAM。

表 5-7　PAM 加药时间优化实验数据

PAM 加药时间	浊度/NTU				pH	电导率/(μS/cm)
	5min	10min	15min	20min		
混合一挡	2.67	1.71	0.59	0.39	7.44	126.6
混合二挡	1.51	1.19	0.56	0.3	7.43	127.0
絮凝一挡	1.18	0.75	0.27	0.25	7.42	127.5
絮凝二挡	1.24	0.71	0.29	0.25	7.44	127.6
絮凝三挡	1.25	0.61	0.42	0.34	7.43	127.9

图 5-18 为 PAM 加药时间与电导率和 pH 的关系图，从图中可以看出，PAM 加药时间改变对电导率和 pH 没有影响，这是因为电导率和 pH 仅受 PAC 加药量和 PAM 加药量影响。

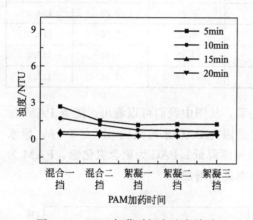

图 5-17　PAM 加药时间和浊度关系

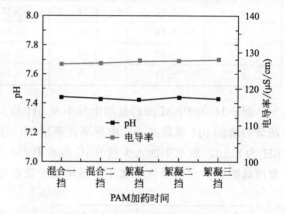

图 5-18　PAM 加药时间与电导率和 pH 关系

④ 搅拌速度优化　混合阶段主要是混凝剂 PAC 作用，使得胶体从水中脱稳出来，形成细小颗粒，细小颗粒逐渐聚集沉积，所以首先需要将设置一个较大的搅拌速度将混凝剂 PAC 混匀于原水中，当将 PAC 混匀后，PAC 起作用使胶体从水中脱稳出来形成小颗粒，小颗粒之间需要相互碰撞聚集，此时就需要一个相对慢一些的搅拌速度。混凝结束后向水中投加絮凝剂 PAM，絮凝剂主要起吸附架桥作用，将小颗粒连接起来形成大颗粒，加快其沉降速度，从而达到更好地混凝沉淀效果。加入 PAM 后首先也是需要将其以较大的速度混匀，混匀后 PAM 开始起作用，此时就需要将搅拌速度降低，促进小颗粒凝聚形成大颗粒，大颗粒增多到一定阶段后，还需要将速度进一步降低，避免凝聚在一起的大颗粒被搅散，所以在絮凝阶段需要设置多个梯度的搅拌速度，本实验设置了 3 个挡位的搅拌速度。

表 5-8 为混凝搅拌实验结果，表 5-9～表 5-12 为各时间点的极差分析表，图 5-19 为极差分析结果趋势图。从图 5-18 中我们可以看出混凝处理后水的 pH 和电导率变化趋势几乎一致，说明混凝中电导率和 pH 只与混凝实验 PAC、PAM 加药量有关。从图 5-19 混凝搅拌实验极差分析图中我们可以看出，最佳的混凝搅拌条件是：

混凝一挡搅拌速度700rpm，混合二挡搅拌速度400rpm，絮凝一挡搅拌速度250rpm（沉淀时间较长时是200rpm混凝效果较好，沉淀时间短时250rpm混凝效果较好，本实验需要在较短时间就能达到较好的混凝效果，故选取搅拌速度为250rpm），絮凝二挡搅拌速度为90rpm，混合三挡搅拌速度为40rpm。

确定好每个挡位的搅拌速度，对应的也需要相对应最佳的搅拌时间，因此本实验在前面实验的基础上又设置了搅拌时间优化实验。

表5-8　混凝搅拌速度实验结果

实验序号	混合一挡速度/rpm	混合二挡速度/rpm	絮凝一挡速度/rpm	絮凝二挡速度/rpm	絮凝三挡速度/rpm	结果/5min	结果/10min	结果/15min	结果/20min	pH	电导率/(μS/cm)
1	500	300	300	70	40	2.14	1.39	0.86	0.73	7.35	121.6
2	500	350	250	100	50	1.7	0.84	0.78	0.53	7.34	121.4
3	500	400	200	90	20	0.87	0.43	0.42	0.4	7.34	122.3
4	500	450	150	80	30	2.4	2.00	1.16	0.78	7.36	122.6
5	600	300	150	100	20	2.57	1.79	1.49	0.92	7.35	122.6
6	600	350	200	70	30	2.83	1.71	0.96	0.52	7.34	122.5
7	600	400	250	80	40	0.95	0.39	0.30	0.37	7.34	121.6
8	600	450	300	90	50	1.2	0.88	0.54	0.47	7.36	121.4
9	700	300	200	80	50	0.51	0.42	0.42	0.32	7.35	122.3
10	700	350	150	90	40	1.02	0.87	0.62	0.46	7.34	122.6
11	700	400	300	100	30	1.21	0.86	0.96	0.48	7.35	122.5
12	700	450	250	70	20	1.73	1.29	0.94	0.63	7.34	121.6
13	800	300	250	90	30	0.35	0.34	0.45	0.38	7.34	121.4
14	800	350	300	80	20	2.07	1.98	1.79	0.82	7.36	122.3
15	800	400	150	70	50	1.61	1.29	0.61	0.91	7.35	122.6
16	800	450	200	100	40	0.77	0.54	0.43	0.42	7.34	122.5

表5-9　5min正交分析

水平	混合一挡/rpm	混合二挡/rpm	絮凝一挡/rpm	絮凝二挡/rpm	絮凝三挡/rpm
k_1	1.78	1.39	1.90	2.08	1.81
k_2	1.89	1.91	1.25	1.48	1.70
k_3	1.12	1.16	1.18	0.86	1.22
k_4	1.20	1.53	1.66	1.56	1.26
Delta	0.77	0.75	0.72	1.22	0.59
排秩	2	3	4	1	5

表5-10　10min正交分析

水平	混合一挡/rpm	混合二挡/rpm	絮凝一挡/rpm	絮凝二挡/rpm	絮凝三挡/rpm
k_1	1.17	0.99	1.49	1.42	1.37
k_2	1.19	1.35	0.76	1.20	1.23
k_3	0.86	0.74	0.72	0.63	0.80

续表

水平	混合一挡/rpm	混合二挡/rpm	絮凝一挡/rpm	絮凝二挡/rpm	絮凝三挡/rpm
k_4	1.04	1.18	1.28	1.01	0.86
Delta	0.33	0.61	0.77	0.79	0.58
排秩	5	3	2	1	4

表 5-11　15min 正交分析

水平	混合一挡/rpm	混合二挡/rpm	絮凝一挡/rpm	絮凝二挡/rpm	絮凝三挡/rpm
k_1	0.81	0.81	0.97	0.84	1.16
k_2	0.82	1.04	0.56	0.92	0.88
k_3	0.74	0.57	0.62	0.51	0.55
k_4	0.82	0.77	1.04	0.92	0.59
Delta	0.09	0.47	0.48	0.41	0.61
排秩	5	3	2	4	1

表 5-12　20min 正交分析

水平	混合一挡/rpm	混合二挡/rpm	絮凝一挡/rpm	絮凝二挡/rpm	絮凝三挡/rpm
k_1	0.61	0.59	0.77	0.70	0.69
k_2	0.57	0.58	0.42	0.57	0.54
k_3	0.47	0.54	0.48	0.43	0.50
k_4	0.63	0.58	0.63	0.59	0.56
Delta	0.16	0.05	0.35	0.27	0.20
排秩	4	5	1	2	3

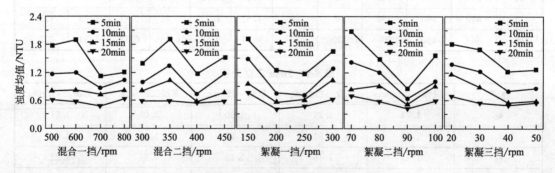

图 5-19　混凝搅拌速度正交实验极差分析图

⑤ 搅拌时间优化　表 5-13 为混凝搅拌时间实验结果，表 5-14～表 5-17 为各时间点的极差分析表。从表 5-13 中我们可以看出 pH 和电导率和混凝搅拌速度优化实验的结果一致，说明电导率和 pH 只受 PAC 和 PAM 加药量影响，结论成立。图 5-20 为相应的极差分析图，从图中我们可以得出最佳的混凝搅拌时间，混合一挡搅拌时间为 25s，混合二挡搅拌时间为 30s，絮凝一挡搅拌时间为 2min，絮凝二挡搅拌时间为 5min，絮凝三挡搅拌时间为 2.5min。

表 5-13　混凝搅拌时间实验结果

实验序号	混合一挡/s	混合二挡/s	絮凝一挡/min	絮凝二挡/min	絮凝三挡/min	结果/5min	结果/10min	结果/15min	结果/20min	pH	电导率/(μS/cm)
1	15	25	1	3	1.5	1.69	0.79	0.75	0.76	7.35	121.6
2	15	30	1.5	4	2.5	1.25	0.98	0.77	0.73	7.34	121.5
3	15	35	2	5	3	0.3	0.29	0.36	0.35	7.34	121.6
4	15	40	2.5	6	3.5	2.85	1.36	0.99	0.66	7.36	121.4
5	20	25	1.5	5	3.5	0.99	0.55	0.59	0.53	7.35	121.3
6	20	30	1	6	3	0.93	0.63	0.45	0.35	7.34	121.6
7	20	35	2.5	3	2.5	2.14	1.46	0.83	0.64	7.35	121.5
8	20	40	2	4	1.5	1.79	0.64	0.55	0.56	7.34	121.4
9	25	25	2	6	2.5	1.56	0.94	0.83	0.59	7.34	121.4
10	25	30	2.5	5	1.5	1.75	0.83	0.67	0.62	7.36	121.3
11	25	35	1	4	3.5	2.53	1.18	0.99	0.88	7.35	121.6
12	25	40	1.5	3	3	0.85	0.57	0.73	0.71	7.34	121.5
13	30	25	2.5	4	3	2.98	1.16	0.58	0.68	7.35	121.6
14	30	30	2	3	3.5	2.89	0.85	0.78	0.47	7.34	121.4
15	30	35	1.5	6	1.5	3.68	0.8	0.91	0.76	7.34	121.3
16	30	40	1	5	2.5	2.85	0.97	0.66	0.65	7.36	121.6

表 5-14　5min 正交分析

水平	混合一挡时间/s	混合二挡时间/s	絮凝一挡时间/min	絮凝二挡时间/min	絮凝三挡时间/min
1	1.7775	1.3925	1.9000	2.0775	1.8100
2	1.8875	1.9050	1.2450	1.4825	1.6975
3	1.1175	1.1600	1.1825	0.8600	1.2200
4	1.2000	1.5250	1.6550	1.5625	1.2550
Delta	0.7700	0.7450	0.7175	1.2175	0.5900
排秩	2	3	4	1	5

表 5-15　10min 正交分析

水平	混合一挡时间/s	混合二挡时间/s	絮凝一挡时间/min	絮凝二挡时间/min	絮凝三挡时间/min
1	1.1650	0.9850	1.4875	1.4200	1.3725
2	1.1925	1.3500	0.7750	1.1975	1.2275
3	0.8600	0.7425	0.7150	0.6300	0.7975
4	1.0375	1.1775	1.2775	1.0075	0.8575
Delta	0.3325	0.6075	0.7725	0.7900	0.5750
排秩	5	3	2	1	4

表 5-16 15min 正交分析

水平	混合一挡 时间/s	混合二挡 时间/s	絮凝一挡 时间/min	絮凝二挡 时间/min	絮凝三挡 时间/min
1	0.8050	0.8050	0.9700	0.8425	1.1600
2	0.8225	1.0375	0.5575	0.9175	0.8825
3	0.7350	0.5725	0.6175	0.5075	0.5525
4	0.8200	0.7675	1.0375	0.9150	0.5875
Delta	0.0875	0.4650	0.4800	0.4100	0.6075
排秩	5	3	2	4	1

表 5-17 20min 正交分析

水平	混合一挡 时间/s	混合二挡 时间/s	絮凝一挡 时间/min	絮凝二挡 时间/min	絮凝三挡 时间/min
1	0.6100	0.5875	0.7675	0.6975	0.6925
2	0.5700	0.5825	0.4150	0.5725	0.5400
3	0.4725	0.5400	0.4775	0.4275	0.4950
4	0.6325	0.5750	0.6250	0.5875	0.5575
Delta	0.1600	0.0475	0.3525	0.2700	0.1975
排秩	4	5	1	2	2

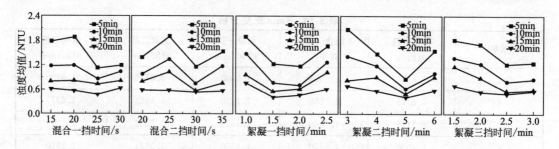

图 5-20 混凝烧杯试验搅拌时间正交极差分析图

（4）混凝烧杯试验研究小结

本实验采用混凝试验搅拌机对永仁换流站净水站的进水进行"PAC+PAM"联用混凝试验，并对本试验中 PAC 加药量、PAM 加药量、PAM 加药时间以及水力条件进行优化。水力条件采用两个五因素四水平的正交实验进行优化，PAC 加药量、PAM 加药量、PAM 加药实验时间采用单因素实验进行。

实验结果表明，最佳混凝条件为：PAC 加药量 16mg/L；PAM 加药量 2mg/L；絮凝剂 PAM 加药时间只要不和混凝剂 PAC 同时加入就可以；水力条件为混合两挡加絮凝三挡，混合一挡搅拌速速为 700rpm，搅拌时间 25s；混合二挡搅拌速速 400rpm，搅拌时间 30s；絮凝一挡搅拌速度 250rpm，搅拌时间 2min；絮凝二挡搅拌速度 90rpm，搅拌时间 5min；絮凝三挡搅拌速度 40rpm，搅拌时间 2.5min。在最佳条件下进行混凝沉淀实验，沉淀时间在 5min，就能将浊度降到 0.5NTU 左右，混凝效果较好。

2. 净水站净化能力提升方案研究

（1）净水站系统概述

±500kV 某换流站站用水的净水处理站设计出力 $2 \times 20\text{m}^3/\text{h}$，主要设备由高效反应器、重力无阀过滤器、PAC 和 PAM 自动加药装置，以及电控、仪表组成。

净水站主要通过在进水中加入合适剂量的混凝剂 PAC 和助凝剂 PAM，在高效反应器中混合和絮凝，使水中的胶体和细小悬浮物充分脱稳、絮凝并凝聚成较大的絮凝体，通过沉降和后续的过滤（无阀滤池）除去，从而实现降低水中悬浮物和浊度的目的。

高效反应器的运行直接关系到净水站的净化效果，而高效反应器的运行直接受制于：

① 混凝剂 PAC 和助凝剂 PAM 的最佳加药剂量；

② 混凝剂 PAC 和助凝剂 PAM 加药的可靠、稳定和可计量性。

在以混凝烧杯小型实验获得最佳混凝剂 PAC 和助凝剂 PAM 加药剂量边界条件的基础上，完善改进现场混凝剂 PAC 和助凝剂 PAM 加药装置运行可靠、稳定和可计量性，是实现净水站净化能力的提升的重点。

（2）混凝烧杯小型实验结果参数

以换流站所用水源水库水、混凝剂 PAC、助凝剂 PAM，利用混凝试验搅拌机平台，模拟净水站加药、反应、絮凝、沉淀过程，获得混凝剂 PAC、助凝剂 PAM 的最佳的投加条件如下：

① 混凝剂 PAC

加药阶段：在混合阶段加药最佳。

加药剂量：最低加药量 $\geqslant 16\text{mg/L}$，高于最低剂量混凝效果较高，综合考虑最佳加药量 24mg/L（图 5-21）。

② 助凝剂 PAM

加药阶段：在絮凝阶段（加药须在混凝剂之后）加药最佳（图 5-22）。

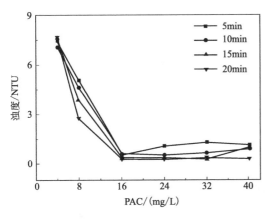

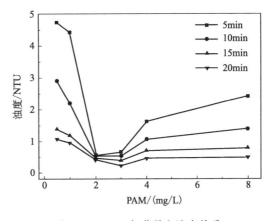

图 5-21 PAC 加药量和浊度关系　　　　图 5-22 PAM 加药量和浊度关系

（3）加药的可靠性和可计量性改进

① 目前加药装置存在的问题

a. 运行可靠性差　目前 PAC 和 PAM 加药方式均采用计量泵，计量泵是利用柔性隔膜取代活塞，在驱动机构的带动下使隔膜来回往复运动，改变泵腔容积，在泵进出口阀的作用下吸排液体。主要适合定量输送不含固体颗粒的腐蚀性和非腐蚀性液体。一旦液体中存在固体颗粒，运行中固体颗粒就有可能卡在计量泵的有机玻璃转子流量计中，只要有任一阀不能正常关闭，计量泵虽然正常转动但却不能输送液体。因此，在实践中证明，用计量泵输送混凝剂PAC溶液（固含量溶液）的运行可靠性非常差。

b. 加药计量不可计量　从理论上来讲，计量泵具有良好的计量功能，可以方便地通过改变行程来改变泵腔容积，实现溶液的线性计量。但在吸入阀、排出阀常因杂质导致严密状态改变。尤其是在计量泵出口没有加装流量计的情况下，难以用计量泵本身来实现加药量的准确计量。

c. 不能及时发现加药中断　计量泵在输送含油固体颗粒的液体时，当吸入阀、排出阀只要有任一阀不能正常关闭，计量泵虽然表观正常转动但实际却不会输送液体。并且由于计量泵出口无任何流量监视装置，因此，当加药中断时候，基本不能及时发现问题。

对于混凝、澄清净水工艺来讲，加PAC和PAM是核心，这一方面要求加药计量合适，另一方面要求连续稳定地加药。由于目前净水站PAC和PAM加药装置的缺陷，若需要保证净水站混凝剂PAC和絮凝剂PAM稳定、可靠和可计量地加药，则需要对净水站的加药装置进行改进。改进方式有两种选择：一是在计量泵出口管道上加装1套有机玻璃转子流量计，实现是否加药、加药剂量的最低限度的监视，这种方式改动程度最小。二是将加混凝剂PAC的计量泵更换为小型耐腐蚀离心泵，同时加装回流及有机玻璃转子流量计，实现加药的可靠、稳定地计量，这种方式改动程度稍大。

② 解决方案研究

a. 方案一　在计量泵出口和加药点之间的管道上加装一个有机玻璃转子流量计（图5-23），其一，可以检验计量泵是否正常工作，计量泵正常工作时，输入计量泵的流量和透明流量计中的示数将会一致，若出现数值不一致说明计量泵或者透明流量计有一个出现问题。其二，可以校准计量泵，若计量泵出现问题，可以依据透明流量计的示数调节计量泵的流量，从而保证稳定加药。其三，透明流量计可以看清楚流量计内部液体流动的情况，可以较直观地判断加药是否中断。

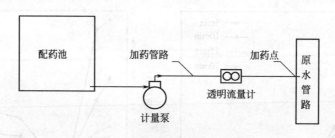

图 5-23　方案一加药管路改进图

本方案的优势是改进工作量最小，可以监视流量、发现加药是否中断，但是当加药计量泵吸入、排出阀关闭不严密时，必须进行拆泵维护方能重新恢复加药，加药的稳定、可靠性依然未得到解决。

b. 方案二　将加混凝剂PAC的计量泵换为耐腐蚀离心泵，离心泵的后面加一回流管，在回流管上加装隔膜阀，在离心泵的出口加装流量计（图5-24）。通过回流管和流量计，实现加药剂量的准确计量。由于离心泵可以有效输送低固体杂质含量的液体，其运行可靠性非常高。同时由于回流管的存在，方便进行流量调节。

本方案的改动工作稍大，但是运行可靠性、稳定性和可计量性都非常好。

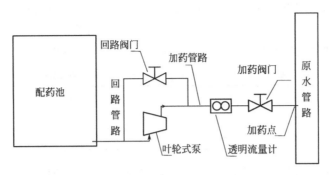

图 5-24　方案二加药管路改进图

通过上述方案对 PAC 和 PAM 加药装置的改进，可以实现可靠加药，有效计量，这样就为净水站的净化效果提升提供了良好的基础和有效的控制手段。

③ 现场调整实验　在混凝剂 PAC 和助凝剂 PAM 剂量优选、保证加药计量可靠和稳定的基础上，开展净水站的性能现场调整实验。

以优化剂量为中心剂量，分别以等间距向高剂量、低剂量方向扩展，同时监视矾花形态和出水浊度，确定混凝剂 PAC 和助凝剂 PAM 加入的最佳运行剂量，以及剂量变动范围。

a. 混凝剂 PAC 加药参数的确定　由于混凝剂 PAC 配制浓度对净水效果影响不大，故本次试验采用确定混凝剂 PAC 最优加药量后反推配药量、PAC 加药管加药流量的方式。净水站水流量 Q，PAC 最优加药量 D，每隔一段时间 T 配一次药，每次配制配药池总体积 V 的 80%，每周使用量为配药量的 96% 左右，混凝剂 PAC 配制浓度无特殊要求，可按如下公式计算配药池每次配药的量：

$$m=[(Q\times D/1000)\times 24T]/0.96=0.025QDT \tag{5-1}$$

式中　m——配药池每次配药需要加入的量，kg；

　　　Q——净水站水流量，m³/h；

　　　D——原水中 PAC 最佳投加量，mg/L；

　　　T——每次配药使用天数，d。

通过式(5-1)算出每次配药的加药量后，可按照如下公式算出 PAC 加药管的加药流量：

$$q=(Q\times D/1000)/[m/(0.8V\times 1000)]=0.8QDV/m \tag{5-2}$$

式中　q——PAC 加药管的加药流量，L/h；

　　　V——配药池总体积，m³。

（a）混凝剂 PAC 配药质量 m 确定　净水站水流量 Q 为 20m³/h，配药时选取混凝剂 PAC 加药量 D 为 20mg/L，每次配药使用时间 T 为 7d。将上述参数代入式(5-1)中可以算出每次配药加药质量 m 为 70kg，如表 5-18 所示。

表 5-18　混凝剂 PAC 配药质量 m 确定

Q	D	T	$m=0.025QDT$
20m³/h	20mg/L	7d	70kg

（b）混凝剂 PAC 加药管加药流量 q 确定　净水站水流量 Q 为 20m³/h，实验室模拟实验得出的混凝剂 PAC 最优加药量 D 在 16~24mg/L 之间，本试验采用三个梯度的 PAC

加药量，分别是 $D_1=16\text{mg/L}$、$D_2=20\text{mg/L}$、$D_3=24\text{mg/L}$，配药池体积 V 为 2m^3，配药质量 m 为 70kg。将上述参数代入式(5-2)中可以分别计算出 PAC 加药管的加药流量分别为 $q_1=7.31\text{L/h}$，$q_2=9.14\text{L/h}$，$q_3=10.97\text{L/h}$，如表 5-19 所示。

表 5-19 混凝剂 PAC 加药管加药流量 q 的确定

Q	D			V	m	$q=0.8QDV/m$		
	D_1	D_2	D_3			q_1	q_2	q_3
$20\text{m}^3/\text{h}$	16mg/L	20mg/L	24mg/L	2m^3	70kg	7.31L/h	9.14L/h	10.97L/h

b. 絮凝剂 PAM 加药参数的确定 絮凝剂 PAM 的配制和使用有特殊的要求，一般配制 $0.05\%\sim0.2\%$ 的质量浓度，使用时需要当天配制，当天使用完。故 PAM 需要每天配制，配制浓度为 w，净水站水流量是 Q，PAM 最优加药量 D'，每隔一天配一次药，配药总体积要少于配药池总体积的 80% 以方便搅拌，使用量为配药总体积的 96%。可按如下公式计算每次配药需加 PAM 的质量：

$$m'=(24QD'/1000)/0.96=0.025QD' \tag{5-3}$$

式中 m'——配药池每次配药需加 PAM 的质量，kg；
　　　Q——净水站水流量，m^3/h；
　　　D'——原水中 PAM 最佳投加量，mg/L。

可按如下公式计算配药总体积：

$$V'=m'/(1000w) \tag{5-4}$$

式中 V'——配药池中 PAM 配药总体积，m^3；
　　　w——PAM 的配制浓度。

可按如下公式计算 PAM 加药管的加药流量：

$$q'=(QD'/1000)/w=QD'/(1000w) \tag{5-5}$$

式中 q'——PAM 加药管的加药流量，L/h。

净水站水流量 Q 为 $20\text{m}^3/\text{h}$，实验得出的 PAM 最佳加药量为 $2\sim3\text{mg/L}$，本试验选取 2.5mg/L(PAM 对混凝试验效果影响较小，因此不再进行梯度实验)，PAM 配制浓度选取 0.1%，将上述参数代入式(5-3)、式(5-4)、式(5-5)中可以分别得出每次配药需加 PAM 的质量 $m'=1.25\text{kg}$，配药池中 PAM 配药总体积 $V'=1.25\text{m}^3$，PAM 加药管的加药流量 $q'=50\text{L/h}$，如表 5-20 所示。

表 5-20 混凝剂 PAM 加药参数

Q	D'	w	$m'=0.025QD'$	$V'=m'/(1000w)$	$q'=QD'/(1000w)$
$20\text{m}^3/\text{h}$	2.5mg/L	0.1%	1.25kg	1.25m^3	50L/h

c. PAC 和 PAM 加药现场调整实验步骤

(a) 在絮凝剂 PAM 配药池中加入自来水 1.25m^3；

(b) 称取絮凝剂 PAM 1.25kg 加入配药池中；

(c) 开动絮凝剂 PAM 配药池机械搅拌器中速工作 0.5h，使 PAM 完全溶解；

(d) 在混凝剂 PAC 配药池中加入自来水 $0.8V=1.6\text{m}^3$；

(e) 称取混凝剂 PAC 70kg 加入配药池中；

(f) 开动混凝剂 PAC 配药池机械搅拌器中速工作 10min，使 PAC 完全溶解；

(g) 调节 PAC 加药管上的加药装置，控制 PAC 加药流量，第一天控制加药流量为

$q_1 = 7.31$ L/h，第二天控制加药流量为 $q_2 = 9.14$ L/h，第三天控制加药流量为 $q_3 = 10.97$ L/h；

（h）调节 PAM 加药管上的加药装置，控制 PAM 加药流量为 $q' = 50$ L/h；

（i）每隔 1h 测量一次沉淀池中上层水的浊度，记录数据，三天后实验结束，将实验结果以时间为横坐标、浊度为纵坐标绘制折线图，哪天的浊度低则选用哪种加药流量。

3. 换流阀外冷循环水优化研究

（1）换流阀冷却系统概述

目前，直流输电换流阀广泛采用空气绝缘-水循环冷却方式，空气绝缘通过空调对阀厅的空气进行净化，保证阀厅相对外界为微正压，气温和湿度要满足防止阀部件表面发生结凝的要求。水冷却系统包括阀内冷却系统和阀外冷却系统两部分，阀内冷却系统负责高效可靠的带走大电流通过换流阀时产生的热量，由循环水泵驱动送入外冷系统的换热盘管，阀外冷却系统负责将阀内冷却系统的热量排放至大气环境中，两者共同合作完成对换流阀的持续冷却。

阀外冷却系统根据站址所处环境气象条件的不同分为水冷和风冷两种方式。风冷方式适用于寒冷地区，使用空气冷却器通过风机驱动室外大气冲刷换热盘管外表面，使换热盘管内的阀内冷却水得以冷却，降温后的阀内冷却水再送至换流阀，如此周而复始地循环。

水冷方式使用蒸发冷却塔，通过喷淋泵将喷淋水池中的水喷淋在换热盘管表面，利用水的蒸发显热和潜热带走热量，使换热盘管内的阀内冷却水得以冷却，降温后的阀内冷却水再送至换流阀，如此周而复始地循环。水冷却方式主要由冷却塔、喷淋泵、喷淋水池、水处理设备等组成。换流阀外冷循环水系统如图 5-25 所示。

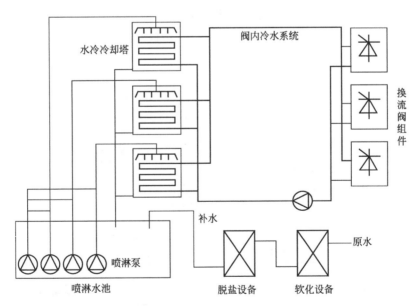

图 5-25　阀外冷循环水系统图

阀外冷循环水系统是本次项目工作中研究的对象和重点。

（2）某换流站阀外冷循环水系统特性

某换流站有 2 套完全独立、技术参数完全相同的阀外冷循环水系统，即极 I 外冷循环水系统和极 II 外冷循环水系统。每套阀外冷循环水系统由 3 组喷淋泵组、3 组闭式喷淋冷却塔、1 个循环水池，以及由 1 套碳滤装置、1 套软化装置、1 套阻垢＋杀菌加药装置所组成的水处理系统。

　　1 个独立地下喷淋循环水池，池深 3m，有效水容积 350m³，水池表面上有 3 个 $\Phi1.0m$ 的人孔。喷淋循环水池正上方由 3 个相对独立的闭式喷淋冷却塔组成，冷却塔之间由检修平台。其循环水系统及冷却塔三维视图如图 5-26 所示。

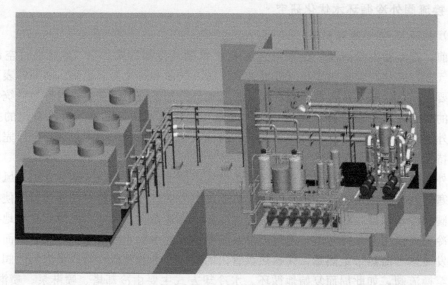

图 5-26　循环水系统及冷却塔三维视图

　　喷淋泵组（图 5-27）共由 3 组喷淋泵组成，每组喷淋泵有 2 台（一运一备），每台喷淋泵参数为 $Q=162m^3/h$，$H=15m$，11kW，循环冷却水设计额定喷淋循环水流量为 $486m^3/h$。

图 5-27　喷淋泵组图

1套碳滤装置和1套砂滤装置（图 5-28），主要用做循环水的有机物控制和悬浮物控制，处理流量为 30m³/h。

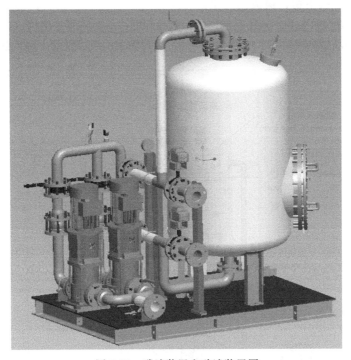

图 5-28 碳滤装置和砂滤装置图

1套软化装置（图 5-29）主要用于去除阀外冷循环水补充水的硬度，处理水量为20m³/h，采用 Na 型树脂软化，NaCl 自动再生。

图 5-29 软化装置

　　1 套阻垢＋杀菌加药装置，用于向阀外冷循环水中添加阻垢剂和杀菌剂，阻垢剂的目的是防止 Na 型树脂软化出水所残留的剩余硬度在循环水的浓缩过程中结垢。杀菌剂的作用是控制循环水中微生物、藻类的滋生。

　　喷淋式冷却塔（图 5-30）采用不锈钢密闭式冷却塔，冷却塔有 3 组构成，每组冷却塔冷却水量为 210 m^3/h，总冷却循环水量为 640m^3/h。冷却塔采用换热盘管＋鳍片的结构形式。

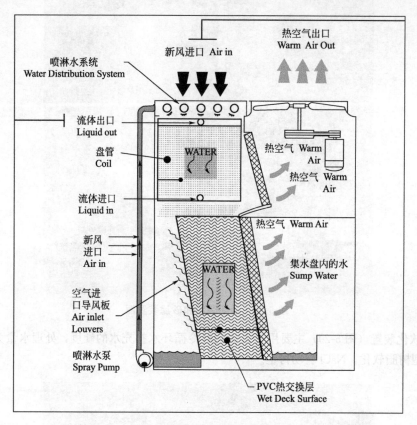

图 5-30　喷淋式冷却塔结构图

　　（3）某换流站外冷循环水阻垢静态浓缩实验

　　① 实验药品及器材

　　实验药品　硝酸银溶液（0.0489mol/L），铬酸钾（用作指示剂），盐酸溶液（0.05mol/L），溴甲酚绿-甲基红（指示剂），乙二胺四乙酸二钠（EDTA）（0.0098mol/L），氨-氯化铵溶液（缓冲溶液），酸性铬蓝 K（指示剂），超纯水。

　　实验器材　50L 水桶，300mm×300mm 玻璃水浴缸，橡皮管，机械搅拌器，电加热器，铁架台，玻璃管，小风扇，烧杯，容量瓶，酸式滴定管，锥形瓶，广口瓶，pH 计。

　　② 实验方法

　　a. 阻垢缓蚀剂投加量实验　取 6 个 2L 的烧杯，每个烧杯加入 1L 外冷却水补水，再分别加入 0.00mg、0.25mg、0.50mg、0.75mg、1.00mg、2.00mg 阻垢缓蚀剂。搅拌均匀后分别测量其 pH 值。

　　b. 静态浓缩实验方法　在 300mm×300mm 的玻璃水浴缸中，内置 2000W 的电加热器，用外冷却水补水进行试验，采取连续补水方式，水位维持在玻璃水浴缸 2/3 的高度，温度控制在 45℃±1℃，在不断搅拌下，进行强制通风（采用外部加风扇的形式）浓缩，定时进行观察、记录和指标分析，装置如图 5-31 所示。以氯离子计算的浓缩倍率作为理论浓缩倍率，以硬度和碱度计算的浓缩倍率作为实际浓缩倍率，判断阻垢性能。从试验开始，每 12h 分析一次浓缩水的 YD、JD、Cl^-，计算 YD、JD、Cl^- 浓缩倍率，观察浓缩和结垢情况，实验后期根据水质情况加强分析，根据 ΔA 判断浓缩倍率和极限碳酸盐硬度，检验阻垢缓蚀剂的安全运行浓缩倍率。

静态浓缩实验时结垢与否的理论判断标准是 Δ 值：

$$\Delta = K_{Cl^-} - K_H$$

式中　K_{Cl^-}——Cl^- 的浓缩倍率，即实验水 Cl^-/原水 Cl^-；

　　　K_{H^+}——硬度的浓缩倍率，即实验水硬度/原水硬度。

当 $\Delta < 0.2$ 时，水体不结垢；

$\Delta = 0.2$ 时，结垢临界点；

$\Delta = 0.2 \sim 0.5$ 时，轻微结垢；

$\Delta > 0.5$ 时，严重结垢。

图 5-31　某换流站外冷循环水阻垢静态浓缩试验装置

c. 硬度检测方法　吸取水样 50mL，移入 250mL 锥形瓶中，加入 5mL 氨-氯化铵缓冲溶液，2~4 滴酸性铬蓝 K 指示剂，用 0.0098mol/L EDTA 标准溶液滴定至溶液由酒红色变为纯蓝色即为终点。水样中总硬度 X(mmol/L)，按下式计算：

$$X = \frac{Vc}{V_w} \times 1000$$

式中　V——滴定时 EDTA 标准溶液消耗体积，mL；

　　　c——EDTA 标准溶液浓度，mol/L；

　　　V_w——水样体积，mL。

d. 碱度检测方法　吸取水样 50mL，移入 250mL 锥形瓶中，加入 2~4 滴溴甲酚绿-甲基红指示剂,用0.05mol/L盐酸标准溶液滴定至溶液由绿色变为暗红色即为终点。水样中总碱度度含量A(mmol/L),按下式计算:

$$A = \frac{Vc}{V_w} \times 1000$$

式中　V——滴定时盐酸标准溶液消耗体积,mL;

c——盐酸标准溶液浓度,mol/L;

V_w——水样体积,mL。

e. Cl^-检测方法　吸取水样50mL,移入250mL锥形瓶中,加入1mL铬酸钾指示剂,用0.0489mol/L硝酸银标准溶液滴定至溶液由浅黄色变为砖红色即为终点。水样中Cl^-含量B(mg/L),按下式计算:

$$B = \frac{Vc}{V_w} \times 1000 \times 35.5$$

式中　V——滴定时硝酸银标准溶液消耗体积,mL;

c——硝酸银标准溶液浓度,mol/L;

V_w——水样体积,mL;

35.5——氯原子的原子量。

③ 实验结果及讨论

a. 阻垢缓蚀剂投加剂量　表5-21为阻垢缓蚀剂投加量和pH关系表,图5-32为对应的曲线图,从图中我们可以发现,随着阻垢缓蚀剂投加量的增多,pH逐渐降低,其原因是缓蚀剂是酸性物质,加入越多其水样的酸性越强。外冷却水系统不是密闭系统,其pH有一定的要求,pH过高时其结垢较为严重,会影响散热管的热传导,pH过低时会引起管道的腐蚀。因此本实验选择阻垢缓蚀剂的投加量为0.5mg/L。

表5-21　阻垢缓蚀剂投加量和pH关系数据表

阻垢缓蚀剂投加量/(mg/L)	pH	阻垢缓蚀剂投加量/(mg/L)	pH
0	8.81	0.75	4.78
0.25	7.14	1	3.37
0.5	6.1	2	2.62

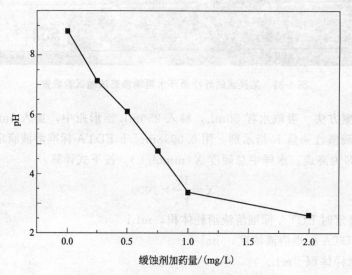

图5-32　阻垢缓蚀剂投加量和pH关系图

b. 阻垢静态浓缩实验结果　未加阻垢剂时原水中 Cl^- 为 31.25mg/L，总硬度为 0.882mmol/L，总碱度为 1.6mmol/L。当加入 0.5mg/L 的阻垢缓蚀剂后水中 Cl^- 为 32.57mg/L，总硬度为 0.69mmol/L，总碱度为 0.5mmol/L。其中总硬度和总碱度都有所降低，这是因为阻垢缓蚀剂为络合剂，能够与部分钙镁离子络合，同时阻垢缓蚀剂又是酸性物质能够中和一部分碱度；但是 Cl^- 浓度有所增加，这是因为原水中存在阻垢缓蚀剂，在用硝酸银滴定过程中部分硝酸银被阻垢缓蚀剂络合。静态阻垢浓缩实验浓缩倍率的计算以刚加入阻垢缓蚀剂时为基准进行计算。

表 5-22 为静态阻垢浓缩实验数据表，图 5-33 为静态浓缩实验浓缩倍率图，从图中可以发现随着时间增加，Cl^- 浓缩倍率、硬度浓缩倍率和碱度浓缩倍率在最开始时几乎保持一致，当到达 4.5 天，Cl^- 浓缩倍率 2.89，硬度浓缩倍率 2.8，碱度浓缩倍率 2.7 时，浓缩倍率曲线开始分开，其后 Cl^- 浓缩倍率持续增加，硬度浓缩倍率缓慢增加并且增加速度越来越慢而碱度浓缩倍率恒定，这是因为在此浓缩倍率下结垢开始出现。

表 5-22　静态阻垢浓缩实验数据表

时间/天	Cl^-		硬度		碱度	
	浓度/(mg/L)	浓缩倍率	浓度/(mmol/L)	浓缩倍率	浓度/(mmol/L)	浓缩倍率
未加阻垢剂	31.25	—	0.882	—	1.6	—
0	31.25	1	0.69	1.00	0.5	1
0.5	38.19	1.22	0.82	1.20	0.6	1.2
1	45.14	1.44	1.00	1.46	0.7	1.4
1.5	52.08	1.67	1.12	1.63	0.8	1.6
2	59.03	1.89	1.23	1.80	0.9	1.8
2.5	65.97	2.11	1.39	2.03	1.0	2
3	74.65	2.39	1.55	2.26	1.05	2.1
3.5	79.86	2.56	1.73	2.51	1.20	2.4
4	84.84	2.72	1.86	2.71	1.30	2.6
4.5	90.14	2.89	1.92	2.8	1.35	2.7
5	95.44	3.06	1.98	2.89	1.30	2.6
5.5	100.43	3.22	2.04	2.97	1.35	2.7
6	105.73	3.39	2.08	3.03	1.35	2.7
6.5	111.04	3.56	2.12	3.09	1.35	2.7
7	114.47	3.67	2.16	3.14	1.35	2.7
7.5	117.90	3.78	2.20	3.2	1.35	2.7
8	121.33	3.89	2.24	3.26	1.35	2.7
8.5	124.76	4	2.26	3.29	1.35	2.7

为了判断浓缩倍率和极限碳酸盐硬度，检验阻垢缓蚀剂的安全运行浓缩倍率。计算了 Cl^- 浓缩倍率和硬度浓缩倍率的差值 ΔA 与硬度浓缩倍率之间的关系。

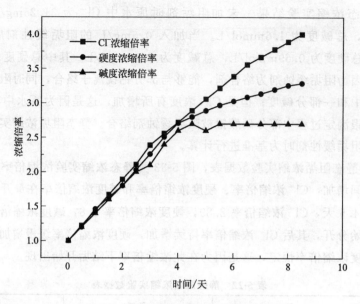

图 5-33　静态阻垢浓缩实验浓缩倍率图

静态浓缩实验时结垢与否的理论判断标准是 Δ 值：

$$\Delta = K_{Cl^-} - K_H$$

式中　K_{Cl^-}——Cl^- 的浓缩倍率，即实验水 Cl^-/原水 Cl^-；

　　　K_H——硬度的浓缩倍率，即实验水硬度/原水硬度。

当 Δ<0.2 时，水体不结垢；

Δ=0.2 时，结垢临界点；

Δ=0.2~0.5 时，轻微结垢；

Δ>0.5 时，严重结垢。

表 5-23 为 ΔA 与硬度浓缩倍率关系数据表，图 5-34 为 ΔA 与硬度浓缩倍率关系图，从图中我们可以看出当硬度浓缩倍率在 2.89 以内时水体不结垢，当硬度浓缩倍率在 2.89~3.09 以内时，水体轻微结垢，当硬度浓缩倍率在 3.09 以上时水体严重结垢。由此可知阻垢缓蚀剂的安全运行浓缩倍率在当硬度浓缩倍率在 2.89 以内时，极限碳酸盐硬度为 1.98mmol/L。

表 5-23　ΔA 与硬度浓缩倍率关系数据表

硬度浓缩倍率	ΔA	硬度浓缩倍率	ΔA
1	0	2.8	0.09
1.2	0.02	2.89	0.17
1.46	−0.02	2.97	0.25
1.63	0.04	3.03	0.36
1.8	0.09	3.09	0.47
2.03	0.08	3.14	0.53
2.26	0.13	3.2	0.58
2.51	0.05	3.26	0.63
2.71	0.01	3.29	0.71

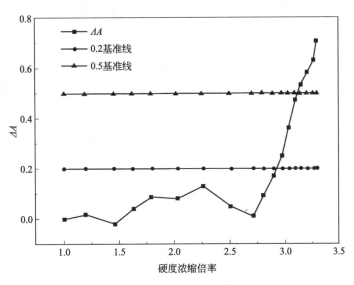

图 5-34　ΔA 与硬度浓缩倍率关系图

④ 阻垢性能静态浓缩实验小结　本实验首先探究阻垢缓蚀剂投加量和 pH 之间的关系，确定了阻垢缓蚀剂的最佳投加量为 0.5mg/L。

确定了阻垢缓蚀剂投加量后，采用静态浓缩实验，探究 Cl^- 的浓缩倍率、硬度浓缩倍率和碱度浓缩倍率之间的关系。通过三个浓缩倍率曲线计算 ΔA，找寻阻垢缓蚀剂的安全运行浓缩倍率和极限碳酸盐硬度。

a. 随着时间增加，Cl^- 浓缩倍率、硬度浓缩倍率和碱度浓缩倍率在最开始时几乎保持一致，当到达 4.5 天，Cl^- 浓缩倍率 2.89，硬度浓缩倍率 2.8，碱度浓缩倍率 2.7 时，浓缩倍率曲线开始分开，其后 Cl^- 浓缩倍率持续增加，硬度浓缩倍率缓慢增加并且增加速度越来越慢而碱度浓缩倍率恒定，说明在此浓缩倍率下结垢开始出现。

b. 当硬度浓缩倍率在 2.89 以内时水体不结垢，当硬度浓缩倍率在 2.89～3.09 以内时，水体轻微结垢，当硬度浓缩倍率在 3.09 以上时水体严重结垢。

c. 阻垢缓蚀剂的安全运行浓缩倍率当硬度浓缩倍率在 2.89 以内时，极限碳酸盐硬度为 1.98mmol/L。

（4）喷淋换热工况下结垢边界条件研究

直流换流站换流阀外冷循环水系统除具有一般循环水系统的特征外，由于采用喷淋冷却塔，同时具有自身的独特特点：

a. 冷却塔为喷淋换热，在喷淋塔热交换管的传热界面存在"传热升温、传质和蒸发浓缩"三同时的特定工况，强化了换热管的结垢条件；

b. 传热界面为换热管＋鳍片式，这种结构形式对结垢、悬浮物、生物黏泥更为敏感；

c. 冷却塔一旦冷却容量不够，阀内冷却水温度升高将直接导致直流闭锁或停运，冷却能力直接涉及生产安全问题，要求冷却塔具有高可靠性。

综上所述，直流换流站换流阀外冷循环水系统的特点要求：

a. 具有高运行可靠性；

b. 对结垢、悬浮物、生物藻类的污堵敏感；

c. 对运行水质指标的要求控制严格。

研究喷淋换热工况，"传热、传质和浓缩"三同时的特殊工况的结垢边界条件，对阻垢的运行优化控制，具有重要的指导意义。

① 某换流站阀外冷循环水水质　每季度对阀外冷循环冷却水取样进行分析，分析结果表明，目前该换流站阀外冷循环冷却水水质控制很好，唯一存在问题的是 SS 偏高。对换热盘管＋翅片式的换热器，SS 偏高容易导致污垢沉积而影响换热，阀外冷循环水水质分析结果见表 5-24。

表 5-24　某换流站阀外循环冷却水水质分析结果

序号	项目	永仁换流站极Ⅰ外冷循环水			永仁换流站极Ⅱ外冷循环水		
1	浊度/NTU	—	—	—	—	—	—
2	pH	7.52	7.04	7.19	7.37	7.61	7.50
3	电导率/(μS/cm)	297	129.4	694	279	236.0	795
4	悬浮物/(mg/L)	19.50	12.20	18.93	64.80	8.90	9.10
5	M 碱度(以 $CaCO_3$ 计)/(mg/L)	43	23	47	31	25	65.5
6	总硬度(以 $CaCO_3$ 计)/(mg/L)	67	41	86	44.5	37.5	109.5
7	总铁/(mg/L)	0.037	0.18	0.19	0.017	0.33	0.066
8	Cl^-/(mg/L)	16.66	25.17	46.44	17.37	24.82	41.83
9	SO_4^{2-}/(mg/L)	8.44	3.10	23.66	10.10	4.28	23.53
10	硅酸(SiO_2)/(mg/L)	2.00	6.50	3.22	6.50	2.50	3.12
11	NH_3-N/(mg/L)	0.13	1.01	0.88	0.13	0.20	0.22
12	COD_{Cr}/(mg/L)	—	—	—	—	—	—

② 实验方法　在 300mm×300mm 的 20L 玻璃水浴缸中，用该换流站循环冷却水进行浓缩实验，采取连续补水方式，水位维持在玻璃水浴缸 2/3 的高度，用循环小泵将玻璃水浴缸内的循环水，循环喷淋在玻璃水浴缸上部的换热管表面，试验装置见图 5-35。

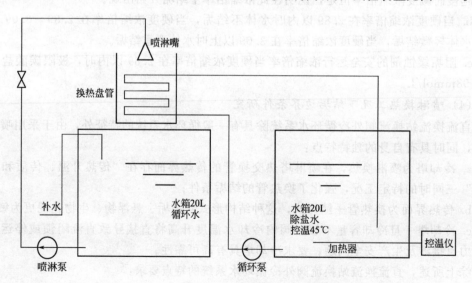

图 5-35　喷淋换热工况结垢边界实验装置图

在玻璃水浴缸的上部，布置不锈钢蛇型形管＋翅片的换热管，换热管内循环流动除盐水，除盐水温控制在 45℃±1℃。

用小型风扇对设置在玻璃水浴缸上部的换热管表面进行通风，模拟在换热管表面同时发生"传热升温、蒸发浓缩、CO_2 逸出"的工况条件。

定时进行试验现象观察、记录和指标分析，以氯离子计算浓缩倍率作为理论浓缩倍率，以硬度计算浓缩倍率作为实际浓缩倍率，根据两者之差及观察换热管表面的状态，判断结垢情况。

同时，在玻璃水浴缸中挂 TP304 不锈钢，监测腐蚀速率。从试验开始，每 24h 分析一次浓缩水的 YD、Cl^-，计算 YD、Cl^- 浓缩倍率，根据换热管表面状态，确定实际开始结垢的边界条件。

③ 实验水质及补充用水　实验用水以及实验时的补充用水，采用取自永仁换流站循环水池内的循环水，其循环水中已正常加有相应的阻垢剂，实验用水水质见表 5-25。

表 5-25　喷淋换热工况结垢边界实验用水水质

序号	项目	实验用水水质	序号	项目	实验用水水质
1	pH	7.50	6	总铁/(mg/L)	0.066
2	电导率/(μS/cm)	295	7	Cl^-/(mg/L)	12.44
3	悬浮物/(mg/L)	9.10	8	SO_4^{2-}/(mg/L)	23.53
4	M 碱度/(mmol/L)	3.00	9	硅酸(SiO_2)/(mg/L)	3.12
5	总硬度/(mmol/L)	4.16	10	PO_4^{3-}/(mg/L)	19.14

④ 实验结果　在一套静态阻垢实验装置中，加入取自该换流站循环冷却水约 10kg，开启循环喷淋泵在玻璃水浴缸与换热蛇形管之间建立喷淋循环。

在换热蛇形管管壁内侧，通入循环流动的除盐水，除盐水温控制在 45℃±1℃。开启风扇进行鼓风。浓缩过程中，连续补充本试验所用的循环冷却水，控制流量保持玻璃缸内液位不变。

在玻璃水浴缸内的循环水中，挂入经处理后的 304L 材质的腐蚀指示环，指示环规格为 $\Phi25mm\times0.5mm\times20mm$。

试验开始后，每 24h 分析一次浓缩水的 YD、Cl^-，计算 YD 浓缩倍率（ΦYD）、Cl^- 浓缩倍率（ΦCl^-），根据 ΔA 和换热管表面状态，确定实际结垢的边界条件，见表 5-26。

表 5-26　喷淋换热工况结垢边界实验结果

时间/d	硬度 YD/(mmol/L)	Cl^-/(mg/L)	ΦYD	ΦCl^-	ΔA
0	4.16	12.44	1.00	1.00	0.00
1	7.24	21.76	1.75	1.75	0.01
2	7.44	22.79	1.79	1.83	0.04
3	8.04	24.35	1.93	1.95	0.02
4	8.64	25.90	2.08	2.09	0.01
5	8.74	26.42	2.10	2.12	0.02
9	9.24	27.98	2.22	2.24	0.02
10	8.84	28.49	2.13	2.29	0.16

续表

时间/d	硬度 YD/(mmol/L)	Cl^-/(mg/L)	ΦYD	ΦCl^-	ΔA
11	10.15	36.78	2.44	2.66	0.22
12	13.06	45.07	3.14	3.62	0.48
15	12.06	55.96	2.90	4.43	1.53

根据上述试验,在第 9 天时,ΔA 仅为 0.02,观察到换热蛇形管表面有明显的灰白色硬垢的析出,实际上此时已开始进入结垢的状态,这与电厂循环冷却水在 $\Delta A \leqslant 0.2$ 不结垢的边界条件规律完全不同。

在第 11 天时,$\Delta A = 0.22$,玻璃水浴缸内的循环水开始变浑浊,水中晶体开始大量析出悬浮,观察到换热蛇形管表面处于快速结垢状态,垢层较厚,表面粗糙呈沙粒状。

说明在"传热升温、蒸发浓缩、CO_2 逸出"的工况条件下,循环水加阻垢剂的水处理条件下,结垢的边界条件变窄了,结垢提前了(图 5-36)。

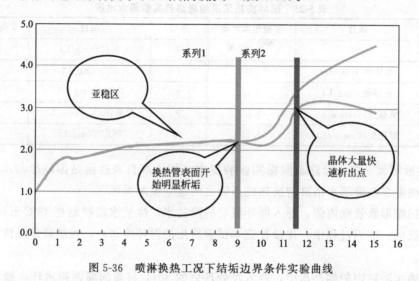

图 5-36　喷淋换热工况下结垢边界条件实验曲线

4. 电化学水处理器现场应用

电化学水处理器是以电化学的电解原理和物理化学的水分子极性为原理的循环水水质稳定处理装置。装置具有集除垢、防垢、缓蚀、杀菌、灭藻为一体的功能,并且可以高效将循环水中的成垢离子以固体形式排出,具有效率高的特点。

BEC-200 型电化学水处理器采用箱式电极,直接浸没入循环水中,不改变原有循环水的任何系统和运行方式,不对原有循环水系统做任何的改动,运行中消耗电能少于 3kW,因此运行维护非常方便。

(1)现场应用的实施

BEC-200 电化学水处理器包括电控柜、阳箱式电极、阴箱式电极 3 个部件,安装连接方式如图 5-37 所示。

电化学水处理器的现场应用选择在该换流站的极 I 喷淋循环冷却水系统。电化学水处理器具体安装地点为极 I 阀外冷喷淋塔循环水池区域(图 5-38)。其外冷循环水系统由 1 个独立地下循环水池构成,水池深 3m,有效容积 350m³,水池表面上有 3 个 Φ1.0m 人孔。

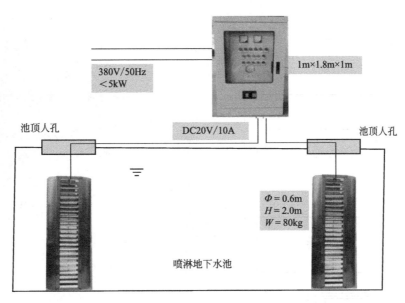

图 5-37 某换流站极 I 喷淋循环水安装连接示意

图 5-38 BEC 电化学水处理器现场应用安装地点

箱式电极 $\Phi=0.6m$，$H=2.5m$，$W=80kg$，通过喷淋塔循环水池顶部两个人孔，将阳箱式电极、阴箱式电极从人孔垂直放置、浸没于循环水中，电极直立的上端固定于人孔内壁（图 5-39）。

电化学水处理器电源选用 400V/50Hz、5kW 交流电源，经整流装置后输出 0～30V、0～20A 直流电供箱式电极使用（图 5-40）。

（2）应用效果评估

① 评估方法

对极 I 外冷循环水加装 BEC 电化学水处理器前、后取样进行水质分析对比；对极 II 外冷循环水取样并进行水质分析。水质分析项目主要为浊度、pH 值、电导率、悬浮物、

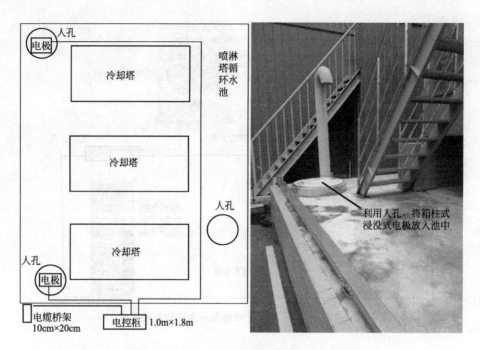

图 5-39　BEC 电化学水处理器现场安装方式

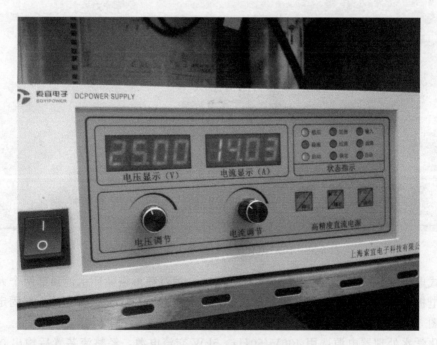

图 5-40　BEC 电化学水处理器运行状态图

M 碱度、总硬度、总铁、Cl^-、SO_4^{2-} 等。

　　② 试验仪器

　　DELTA320pH 计、150A 台式电导率仪、710A 离子计、Aquion 离子色谱仪、iCE3500 原子吸收分光光度仪、7230G 可见分光光度计等。

③ 检测结果分析

极 I、极 II 外冷循环水水质；极 I 加装 BEC 电化学水处理器前、后外冷循环水水质见表 5-27。

表 5-27　极 I、极 II 外冷循环水水质

序号	检测项目	极 I 循环水（加 BEC 前）	极 I 循环水（加 BEC 后）	极 II 循环水
1	浊度/NTU	7.35	7.42	8.56
2	pH	7.52	8.21	8.25
3	电导率/(μS/cm)	247	208	235
4	M 碱度(以 $CaCO_3$ 计)/(mg/L)	40.16	26.77	53.53
5	总硬度(以 $CaCO_3$ 计)/(mg/L)	70.30	44.07	79.33
6	总铁/(mg/L)	0.10	0.073	0.035
7	Cl^-/(mg/L)	17.93	25.19	35.62
8	SO_4^{2-}/(mg/L)	1.57	7.21	4.54
9	PO_4^{3-}/(mg/L)	2.32	2.32	2.78
10	NO_3^-/(mg/L)	1.10	2.32	0.89
11	电极箱体	—	有固体附着	—

可以看出，在极 I 喷淋循环水中加装 BEC 电化学水处理器后，循环水的电导率、碱度、硬度均同比降低了 35% 左右。

（3）小结

① 通过混凝烧杯小型试验，在低浊度来水时，PAC 加药量应＞16mg/L；PAM 加药量约 2mg/L；净水站的混凝效果最好。同时为了保证净水战的实际运行效果，加药装置需要对加药剂量能有效控制和稳定可靠地加药。

② 采用循环水静态浓缩试验，在阻垢缓蚀剂加入剂量 0.5mg/L（有效剂量）时，经过 Na 型树脂软化后的补充水，当硬度浓缩倍率控制在 2.89 以内时不结垢，此时所对应的极限碳酸盐硬度为 1.98mmol/L。

③ 喷淋换热工况下结垢边界条件实验表明，由于在喷淋塔的换热管表面，同时存在传热升温、蒸发浓缩、CO_2 逸出的强化效应，在浓缩倍率达到 2.24 时即开始结垢，即结垢的边界条件变小了。

④ 通过在极 I 喷淋循环水中加装 BEC 电化学水处理器，循环水的电导率、碱度、硬度均同比降低了 35% 左右，但其降低幅度未达到理想程度。

第六章

换流阀冷却系统主要故障

第一节 换流阀冷却系统故障统计分析

一、换流阀冷却系统主要故障类型

根据 29 个直流输电换流站已发生的 43 次换流阀冷却系统故障，所导致的换流站故障影响后果有：紧急（被迫）停运；跳闸；单（双）极闭锁；告警；降功率。

已发生的换流阀冷却系统故障涉及阀内冷却系统故障和阀外冷却系统故障两大系统。包括电源回路故障、控制保护故障、传感器故障、机械水路故障、水质故障、外力因素共六大类型。实际所发生的故障类型及故障原因如表 6-1 所示。

表 6-1 统计实际所发生故障类型及原因

序号	故障类型	故障原因	发生频次
1	电源回路故障	主泵电源定值不匹配(1次)；主泵电源变频器故障(1次)；水冷系统电源切换失败(3次)；水冷系统电源失电(1次)；站用电失电(1)；喷淋泵电源失电(1次)	8次
2	控制保护故障	流量保护延时短(1次)；泄漏保护定值不当(1次)；控制软件缺陷，误发命令(1次)；控制系统稳定性、抗干扰差(1次)	4次
3	传感器故障	流量传感器故障误报流量低(2次)；温度传感器故障(1次)；压力传感器故障(1次)；外冷却水位传感器故障，误发水位低(1次)	5次
4	机械水路故障	主过滤器堵塞(1次)；旁路过滤器堵塞(1次)；主泵轴封损坏漏水(2次)；水冷系统故障(1次)；阀厅管道漏水(1次)；电抗器接头脱落漏水(1次)；电抗器接头漏水(1次)；电抗器接头堵塞过热(2次)；均压电极腐蚀结垢(1次)；均压电极圈腐蚀漏水(4次)；水冷电阻堵塞过热损坏漏水(2次)；管道存残气体致主泵切换失败(1次)；主泵切换致阀塔进出水压差高(1次)	19次
5	水质故障	外冷却水位传感器结垢(1次)；电导率低(1次)；电导率高(2次)	4次
6	外力因素	暴雨水淹喷淋泵(3次)	3次

二、换流阀冷却系统故障统计分析

基于以 1990～2015 年 29 座直流输电换流站，由换流阀冷却系统引起的 43 起故障为基础，对实际发生的故障统计分析，研究相关故障发生及分布规律，为新投运直流换流站阀冷水系统故障的防范重点提供方向和策略。

（1）故障影响后果的分析

在所涉及换流阀冷却系统 43 余次故障中，对直流换流站所造成的影响，紧急（被迫）停运所占次数最多，共 20 次，约占 46%；其次为跳闸 12 次，约占 28%；单（双）极闭锁 5 次，约占 12%；告警 5 次；降功率 1 次，如图 6-1 所示。表明换流阀冷却系统虽为辅助系统，但由于其紧密关系到换流阀的运行安全，实际运行管理中需按照核心设备地位来管理。

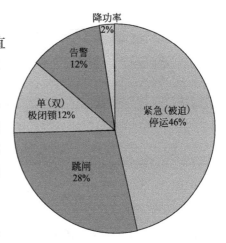

图 6-1　换流阀冷却系统故障
影响后果占比图

（2）故障所涉及系统的分析

在换流阀冷却系统 43 余次故障中，由阀内冷却系统所引起的 37 次，占 86%，其中导致停运和跳闸 26 次，贡献度为 81%；由阀外冷却系统所引起的 6 次，占 14%，其中导致停运和跳闸 6 次，占比为 19%，如图 6-2 所示。表明阀内冷却系统故障占有绝对的比重。

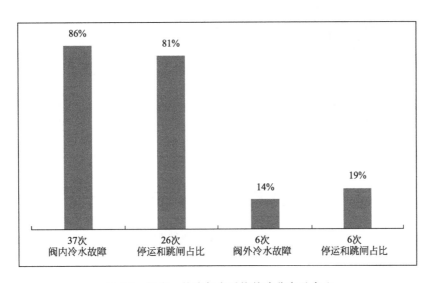

图 6-2　阀内、外冷却水系统故障分布及占比

（3）故障类型分布分析

根据表 6-1 对所发生故障类型及原因的统计，在换流阀冷却系统故障中，电源回路故障 8 次；控制及保护故障 4 次；传感器故障 5 次；机械水路故障 19 次；水质故障 4 次；外力因素 3 次，如图 6-3 所示。机械水路故障占 44%，接近半数。分析机械水路故障原因，其中由均压电极腐蚀、结垢堵塞所导致的漏水、电抗器和水冷电阻损坏的故障次数为 12 次，占机械水路故障的 63%。

根据故障实例分析，阀外冷却系统故障对换流站的闭锁和跳闸具有相应贡献度，其影响特征①最终通过导致内冷却水温度高而作用；②关键故障源点包括三个方面，但重点在喷淋泵，如图 6-4 所示。

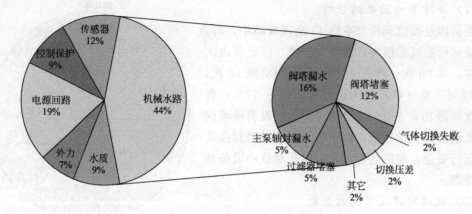

图 6-3　阀冷水系统故障类型及原因分布图

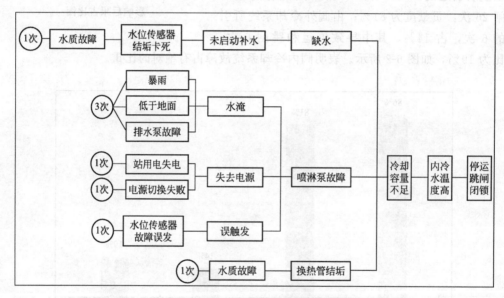

图 6-4　阀外冷却系统故障的影响路径

第二节　内冷却水系统主要故障

　　阀内冷却水冷系统维护项目如表 6-2 所示。

表 6-2　阀内冷却水冷系统维护项目

项目	序号	维护项目	备注	项目	序号	维护项目	备注
主循环泵及电机	1	主循环泵油位和渗漏油检查	巡检项目	主循环泵及电机	4	主循环泵及电机红外测温	巡检项目
	2	主循环泵及电机噪声检查	巡检项目		5	主循环泵及电机振动检查	年度检修项目
	3	主循环泵漏水检查	巡检项目		6	电机润滑	年度检修项目

续表

项目	序号	维护项目	备注	项目	序号	维护项目	备注
主循环泵及电机	7	更换主循环泵润滑油	年度检修项目	传感器	3	流量传感器功能检查	年度检修项目
	8	主循环泵及电机同心检测	年度检修项目		4	温度传感器功能检查	年度检修项目
	9	电机绝缘测量	年度检修项目	阀门	1	电动阀门功能检查	年度检修项目
	10	电机运行电流测量	年度检修项目		2	手动阀门功能检查	年度检修项目
补水泵	1	漏水检查	巡检项目	MCC电源柜	1	主循环泵电源和冷却塔风机电源红外测温	巡检项目
	2	补水泵电机绝缘测量	年度检修项目		2	MCC电源柜门风扇检查	巡检项目
	3	补水泵功能试验	年度检修项目		3	MCC电源柜内接线检查及清灰	年度检修项目
离子交换罐	1	更换离子交换树脂	年度检修项目	CCP盘柜和接线端子箱	1	CCP盘柜和接线端子箱内接线端子紧固检查	年度检修项目
	2	清洗离子交换罐进出水过滤器	年度检修项目		2	清灰	年度检修项目
过滤器	1	主水回路过滤器清洗	年度检修项目	系统	1	漏水检查	巡检项目
	2	水处理回路过滤器清洗	年度检修项目		2	检查氮气瓶压力,必要时更换氮气瓶	巡检项目
传感器	1	电导率传感器清洗	年度检修项目		3	法兰紧固检查	年度检修项目
	2	压力传感器零位置调整检查及功能检查	年度检修项目		4	电机绝缘测量	年度检修项目

一、阀塔冷却回路漏水故障

1. 案例1

（1）故障简述

某换流站直流极Ⅱ在单极金属回线方式下运行，直流输送功率1600MW。某日18时40分，监控系统报极Ⅱ阀厅C相R侧网塔漏水1段告警、两套阀厅避雷器接口和漏水监测装置告警。现场检查发现极Ⅱ网厅C相R侧阀塔底盘中部有积水，极Ⅱ阀厅避雷器接口屏内漏水检测装置漏水1段告警继电器K23、K25，K33、K35灯亮（正常为熄灭状态）。

经调度同意将极Ⅱ停电并操作至接地状态后，专业班组进入阀厅检查确认极Ⅱ阀厅C相R侧阀塔Y2换流阀CSR模件阳极电抗器冷却回路管道存在破损漏水情况。更换破损管道并清理阀塔底部积水盘积水后，确认内冷却水回路无渗漏情况，直流系统恢复送电。

（2）故障原因分析

阀塔阳极电抗器冷却回路的布置结构导致内冷却水管道接触到阀模件金属构件，而阀塔运行过程中存在一定程度的振动，内冷却水管道外表面拼接的两个黑色保护套管因长期振动而分离，从而使内冷却水管道裸露直接与金属构件接触摩擦。在阀塔振动应力作用下，阳极电抗器冷却回路管道磨损破裂导致内冷却水渗漏，内冷却水滴落至阀塔底部的积水盘并汇聚，引起阀塔漏水检测装置Ⅰ段告警。

2. 案例2

（1）故障简述

某换流站在双极大地回线方式下运行，直流输送功率2000。某日凌晨01时00分，运行人员查看直流运行参数时，发现双极高位水箱水位相差 1%（极Ⅰ水位参数为 41%，极Ⅱ水位参数为 40%）。次日 09 时 00 分，运行人员发现双极高位水箱水位差为 4%（极Ⅰ水位参数为 43%，极Ⅱ水位参数为 39%）。正常情况下，双极高位水箱水位变化趋势应相同，水位差基本保持一致，极Ⅱ高位水箱水位有缓慢下降趋势。运行人员立即进入极Ⅱ阀厅进行现场检查，发现极Ⅱ C 相 R 阀塔积水盘上有明显水迹，立即向调度申请将极Ⅱ紧急停运处理。

停电后，现场检查确认极Ⅱ C 相 R 侧阀塔第四层右侧阳极电抗器冷却回路内冷却水管道漏水。使用备品更换破损水管后，经加压检漏确认无异常，漏水隐患消除。

（2）故障原因分析

阳极电抗器冷却回路漏水点位于水管中部被紧固带确认极固定的位置，紧固带已经老化破损，阳极电抗器冷却回路管道与紧固带破损位置接触，有明显磨损痕迹。由此判断紧固带破损后断口接触内冷却水管，因阀塔运行过程中的振动，内冷却水管与紧固带断口长期摩擦导致水管破损漏水。后续对该阀厅全部阳极电抗器冷却回路管道进行排查，发现多处紧固带老化破损、断裂松脱情况。阳极电抗器冷却回路管道紧固带在阀塔长时间运行过程中逐渐老化破损，其断口与内冷却水管道之间的长期摩擦，最终导致水管破损漏水。

（3）防范措施及建议

① 从阀塔阳极电抗器冷却回路漏水的原因分析中得知，导致因管道与阀塔金属构件距离过近而产生振动摩擦受损的现象出现的根本原因是，内冷却水管安装施工不规范、工艺不达标。为防止这种情况的发生，在阀塔内冷却水管道安装布置施工过程中、内冷却水管道与金属构件支架等刚性部件应保持一定距离。

② 阳极电抗器冷却回路分支水管外表面必须有保护套保护，并确保其紧固带牢固可靠。

③ 在年度检修或停电特维中应制订方案，将阀塔设备上布置的内冷却水管道及其紧固带纳入排查范围，及时发现并排除移位、与金属构件距离不足以及老化变形等隐患。

二、阀塔内冷却水汇流管均压电极漏水故障

（1）故障简述

某换流站在双极大地回线方式运行，直流输送功率 1600MW。某日 11 时 37 分，监控系统发出极Ⅰ漏水告警信号，极Ⅰ阀塔 C 相 L 侧漏水Ⅰ段告警。现场检查发现极Ⅰ阀塔 C 相 L 侧底部地面有水迹，但未发现明显漏水点。12 时 10 分，经过调度同意，将双极功率调整至 600MW 后停运极Ⅰ。停电后，检修人员进入阀厅对极Ⅰ阀塔 C 相进行检查，发现极Ⅰ阀塔 C 相 L 侧第 5 层内冷却水汇流管均压电极 E10 存在漏水，拔出该均压电极发现，均压电极垫圈腐蚀严重导致渗漏。用备品更换腐蚀垫圈后，重新复装该均压电极，漏水故障消除。将漏水检测装置复归后，处理结束。

（2）故障原因分析

内冷却水汇流管是内冷却水循环系统与阀塔设备进行热交换的主管道，它通过分支软管将内冷却水送至需要冷却的阀塔设备处。内冷却水汇流管上分布了一些均压电极，以钳制水路的电位，均匀内冷却水电场分布，避免放电。

本次故障的内冷却水汇流管均压电极 E10，位于极Ⅰ阀塔 C 相 L 侧第 5 层内冷却水汇流管处。拔出均压电极 E10，检查发现该均压电极每面已形成炭黑状结垢物沉积，且均压

电极垫圈腐蚀严重，电极与汇流管接触处密封不严，从而导致该处内冷却水渗漏。

（3）防范措施及建议

① 在年度检修或停电运维时，对汇流管均压电极及垫圈进行全面排查，及时更换老化腐蚀的均压电极垫圈，消除密封不严导致漏水的隐患。

② 研究均压电极垫圈的材料属性和使用环境，明确其使用寿命和定检周期。

三、内冷却水循环系统主循环泵故障

（1）故障简述

某换流站在双极大地回线方式运行。某日 13 时 09 分，监控系统发极 II 换流阀冷却系统辅助电源告警、主循环泵 2 故障、停运告警。现场检查极 II 换流阀冷却系统控制屏，2 号主循环泵电源空气开关 Q2 跳开，2 号主循环泵本体无异常。13 时 28 分，试合 2 号主循环泵电源空气开关 Q2 后极 II 换流阀冷却系统辅助电源告警信号复归，主循环泵 2 故障信号未复归。13 时 40 分，现场手动复归极 II 换流阀冷却系统控制器，监控系统发出极 II 无内冷却水流跳闸、极 II 换流阀冷却系统跳闸信号，极 II 退至备用状态。

现场再次检查发现极 II 两台主循环泵均停运，两台主循环泵电源空气开关 Q1、Q2 均在合位。13 时 50 分，经调度许可后将极 II 操作至停运状态。极 II 处于停运状态时分别试投运 1、2 号主循环泵，1 号主循环泵运行正常，2 号主循环泵故障不能运行。进一步检查 2 号主循环泵本体接线盒，最终确认主循环泵电动机电缆 B 相熔断，造成 2 号主循环泵故障，进线电源空气开关 Q2 跳开。

（2）故障原因分析

① 主循环泵故障判断逻辑。换流阀冷却系统中，内冷却水主循环泵故障判断逻辑原理以 1 号主循环泵为例，对其故障判断逻辑进行分析，2 号主循环泵故障的判断逻辑与 1 号主循环泵相同。出现以下情况之一则判定 1 号主循环泵故障：

a. 在选择 1 号主循环泵为运行主循环泵后，两路电源未全部故障的情况下，1 号主循环泵的电源空气开关或接触器断开。

b. 在选择 1 号主循环泵为运行主循环泵后，两路电源未全部故障的情况下，内冷却水回路的压力低。

② 主循环泵故障过程分析。13 时 09 分，极 II 换流阀冷却系统控制屏内 2 号主循环泵电源空气开关 Q2 跳开，故控制系统判定 2 号主循环泵故障，切换至 1 号主循环泵运行。13 时 40 分，现场合上 2 号主循环泵电源空气开关并按下控制屏面板上复归按钮，此时控制系统判定 2 号主循环泵故障清除（因 2 号主循环泵电源开关处于合位、内冷却水压力正常），执行停运 1 号主循环泵、启动 2 号主循环泵。由于 2 号主循环泵回路存在故障，虽然控制系统选择 2 号主循环泵运行，接触器吸合，但 2 号主循环泵并没运转，从而导致内冷却水回路压力降低，当压力持续降低至 530kPa 并超过 2s 时，发出水循环故障告警，当内冷却水压力持续降低至 460kPa 并超过 2s 时，控制系统判定 2 号主循环泵故障，回切至 1 号主循环泵运行，此时内冷却水回路压力已降至 460kPa 以下。根据判断逻辑，1 号主循环泵未能在 1.5s 内将内冷却水压力升至 500kPa 以上，控制系统就判定 1 号主循环泵故障，直接停运 1 号主循环泵（此前已判定 2 号主循环泵故障，不再切换）。1 号主循环泵与 2 号主循环泵均停运，控制系统在 2s 延时后，因无主循环泵运行出口跳闸闭锁极 II。

（3）防范措施及建议

① 主循环泵电动机电缆端部线鼻子与接线连接片接触面不足，在长期运行振动作用

下，接触面接触电阻变大，接头处发热严重，是导致 2 号主循环泵本体接线盒中 B 相电缆熔断的原因。在电动机安装接线过程中要注意电缆端部线鼻子的压接工艺，确保接触良好。

② 换流阀冷却控制系统运行逻辑存在缺陷，未充分考虑多重切换情况。在主循环泵连续切换时，由于主循环泵切换时间较长，内冷却水压力下降较快，以致正常主循环泵在设置延时内，未能给内冷却水建立正常压力值而被误判为故障，应通过试验分析确定合适延时设置。

③ 建议充分开展换流阀冷却系统主循环泵切换逻辑的验证试验。现场需模拟备用泵故障，将运行主循环泵切换至故障备用泵不成功，需再次回切至正常主循环泵运行的现场验证试验，以确保特殊工况下，主循环泵切换逻辑的完善。

四、阀塔内冷却水漏水检测装置故障

(1) 故障简述

某换流站投运以来，多次发生换流阀冷却系统阀塔内冷却水漏水检测装置故障，具体描述如下。某年 5 月 14 日，极Ⅰ低端阀组发出阀塔内冷却水漏水Ⅰ段告警信号。现场检查极Ⅰ低端阀厅内对应的星接 C 相阀塔，其最底层阀组件的第 27 个阀片处内冷却水管存在漏水点。

某年 5 月 20 日，在站用电系统运行方式倒换操作过程中，极Ⅱ高端换流阀冷系统突发故障跳闸，极Ⅱ高端阀组转为备用状态。现场检查发现极Ⅱ高端阀厅角接 C 相阀塔漏水检测装置故障，导致换流阀冷却系统故障误跳闸。

某年 6 月 2 日，极Ⅰ低端阀组发出阀塔内冷却水漏水告警信号。现场检查极Ⅰ高端阀厅内阀塔无漏水点，极Ⅰ高端阀厅避雷器接口屏（阀塔漏水检测装置的检测回路位于该屏柜内）中的 K23、K33 继电器黄灯亮。经分析得知阀厅避雷器接口屏的光接收板故障，导致误发阀塔漏水信号。

(2) 故障原因分析

① 阀塔内冷却水漏水检测原理。阀塔内冷却水漏水检测系统是检测阀塔设备内冷却水循环回路是否存在泄漏的系统，包括处理器模块光发射模块、光接收模块、光纤回路及跳闸出口回路，其中，处理器模块和跳闸出口回路相互独立，互为备用，光发射模块、光接收模块和光纤回路为两套系统公用。漏水检测回路在阀厅避雷器接口屏中。

当阀塔设备冷却回路的水管出现漏水时，蓄水罐内积水水位上升，浮子随之上浮，阻断了光发射模块发射光束，光接收回路检测此信号即发出告警或跳闸信号。

a. 在第一阶段，表示已有少量漏水，只发告警信号。

b. 在光发射或振荡器故障时，发告警信号。

c. 在第一、第二阶段同时出现，表示已有大量漏水（大于 15L/h），同时振荡器和光发射工作正常，发跳闸信号。

② 漏水告警原因分析。通过上述阀塔内冷却水漏水检测原理分析，可以归纳换流阀冷却系统发阀塔内冷却水漏水告警的原因有以下几种情况：

a. 阀冷水管漏水，水量达到定值触发阀厅漏水检测系统发出告警或跳闸信号。

b. 阀厅漏水检测系统的光发送器或振荡器故障，发漏水检测装置告警信号。

c. 阀厅漏水检测系统的漏水检测器故障，误触发漏水告警或跳闸信号。

d. 阀厅避雷器接口屏内阀厅漏水检测系统相关回路的继电器故障，误触发漏水告警

或跳闸信号。

（3）防范措施及建议

① 加强阀厅巡视，通过望远镜、红外热像仪等工具对比观测，重点注意内冷却水是否有疑似漏水点，及时发现故障隐患。

② 巡视阀厅避雷器接口屏时注意观察屏柜板卡指示灯是否有异常。

③ 鉴于漏水检测装置经常误告警，为防止误动，采取反措退出保护接口屏内的漏水检测跳闸出口压板。

更换接触器时务必确认型号和二次线圈额定电压完全相同。

五、阀内冷却水冷系统报"流量高"报警

（1）故障简述

OWS 给出内"冷水系统主回路流量高"报警，主回路流量达到 102L/s，CCPA 和 CCPB 两个系统均存在报警。

（2）故障原因分析及处理方法

系统主回路流量确实偏高，按照下述方法进行调节：

① 检查 1 号主循环泵高速运行，松开手动阀门的定位扎带。

② 手动稍微关闭阀门，同时监视 OWS 阀内冷系统主回路流量，当流量达到 98.5L/s 左右时，停止调节，重新用扎带固定阀门。

③ 检查 2 号主循环泵高速运行，松开手动阀门的定位扎带。

④ 手动稍微关闭阀门，同时监视 OWS 阀内冷却水冷系统主回路流量，当流量达到 98.5L/s 左右时，停止调节，重新用扎带固定阀门。

六、阀内冷却水冷系统电导率高报警

（1）故障现象

OWS 发 BQ3 电导率高报警，现场 BQ3 传送器上报警灯亮。

（2）故障原因分析及处理方法

① 比较 BQ3 传感器和 BQ1、BQ2 传感器数值是否存在明显差异，若数值相差较大则：

a. 对照图纸，将 BQ3 传感器回路电源断开。

b. 关闭传感器进出水阀门。

c. 取出传感器，并用酒精和毛刷清洗。

d. 安装传感器，打开传感器进出水阀门，并恢复回路电源接线。

e. 确认报警信号复归，传感器读数与 BQ1、BQ2 一致。

② 若 BQ3 传感器和 BQ1、BQ2 传感器数值无明显差异，则应更换离子交换树脂，步骤如下（以 Z3 为例）：

a. 首先将阀门 V53 打至 Z4，使 Z4 运行，关闭阀门 V62，将 Z3 退出运行。

b. 通过手动补水使膨胀罐 C2 的水位升至红色带以上。

c. 检查补水罐 C8 充有一半以上的水。

d. 在运行工作站，通过 MACH2 系统关闭微分泄漏保护监测系统。

e. 连接 V71 与 C8 之间的补水管子。

f. 打开阀门 V79、V77。

g. 启动补水泵 P3。

h. 小心打开阀 V65。

i. 树脂罐 Z3 里待更换的树脂通过 V71 排入 C8 里。

j. 从透明软管处观察，当树脂罐里的树脂被排空后，停补水泵 P3。

k. 关闭阀门 V65、V71。

l. 恢复补水模式（关闭阀门 V77、V79，拆走阀门 V71 与 C8 之间的管子）。

m. 打开阀门 V108 和 V90，排空 Z3 里的积水。

n. 排空后关闭阀门 V108。

o. 拆下 Z3 进口罐与顶部插接头弯管之间的连接，连同插入物一起移走。

p. 加树脂至树脂罐顶部帽檐（焊接线）为止，插入物滤网应置于树脂上方但不接触树脂。

q. 打开过滤器网并清洗。

r. 更换过滤器并恢复连接。

s. 慢开阀门 V62 约 30°，以防进入 Z3 的水流太快。

t. 此时膨胀罐 C2 里的水会慢慢下降。降的太低时，应关闭阀门 V62，并手动补水至 C2 的正常水位（绿色带处），再次打开阀门 V62 继续注水过程。

u. 注水至阀门 V90 溢出水为止。

v. 将运行模式打至 Z3 串联至第一个罐运行 24h 后，改变运行模式，将 Z3 串联至第二个罐运行。

七、阀塔顶部法兰渗水

（1）故障现象

阀塔顶部阀塔水管和阀内冷却水冷管道法兰处渗水，渗水速度缓慢。

（2）故障原因分析及处理方法

将对应极转检修，对渗水法兰进行检查，如果法兰松动，则紧固处理；如果法兰破裂，按照下述方法更换法兰。

① 断开阀内冷却水冷系统两台主循环泵的电源。

② 关闭阀内冷却水冷系统阀塔进出水阀。

③ 松开法兰，更换法兰和密封垫，此时阀塔顶部水管在全密封状态，由于真空的作用，拆开法兰时，漏水量不会很大，如有必要应对阀内冷却水冷进行排水。

④ 清理水迹，打开阀塔进出水阀门。

⑤ 手动启动主循环泵低速和高速运行，检查渗漏点无漏水。

八、阀内冷却水冷系统主循环泵渗漏油

（1）故障现象

主循环泵底部有油迹，油位正常，渗漏缓慢。

（2）故障原因分析及处理方法

主循环泵油封坏损，更换方法：

① 断开主循环泵电源开关和安全开关。

② 拆除主循环泵与电机之间的连轴器。

③ 拆除电机的固定螺栓。

④ 拆开主循环泵电机电缆盖板。

⑤ 用手动葫芦将电机稍微吊起，将电机转动 90°，重新放置在安装平台上。

⑥ 更换主循环泵油封，并检查确无渗油。

⑦ 用手动葫芦再次将电机吊起，并恢复到安装位置。

⑧ 恢复电机的安装螺栓。

⑨ 采用专用工具，调节主循环泵轴与电机轴的同心。

第三节　外冷却水系统主要故障

阀外冷却系统维护项目如表 6-3 所示。

表 6-3　阀外冷却系统维护项目

项目	序号	维护项目	备注	项目	序号	维护项目	备注
高压泵及电机	1	高压泵及电机振动和噪声检查	巡检项目	阀门	2	手动阀门功能检查	年度检修项目
	2	漏水检查	巡检项目	阀外水冷系统控制柜		阀外水冷系统控制柜内接线检查及清灰	年度检修项目
	3	电机的润滑	年度检修项目	平衡水池	1	平衡水池清洗	年度检修项目
补水泵	1	漏水检查	巡检项目		2	平衡水池排污泵功能检查	年度检修项目
	2	电机绝缘测量	年度检修项目	盐池和盐水池	1	盐池和盐水池清洗	年度检修项目
冷却塔	1	风扇电机绝缘测量	年度检修项目		2	盐池加盐	巡检项目
	2	风扇电机接线盒密封检查	年度检修项目	加药系统	1	漏水检查	巡检项目
	3	冷却塔喷嘴检查	年度检修项目		2	阀门检查	年度检修项目
	4	冷却塔散热管结垢检查	年度检修项目		3	加药泵切换	巡检项目
	5	冷却塔清洗	年度检修项目		4	化学药剂补充	巡检项目
过滤器	1	喷淋泵出水过滤网的更换	定期工作		5	加药泵检查	年度检修项目
	2	补水回路过滤网的更换	定期工作		6	搅拌泵检查	年度检修项目
传感器	1	水位开关功能检查	年度检修项目		7	加药泵流量计检查	年度检修项目
	2	水位传感器功能检查	年度检修项目		8	就地操作箱内接线及回路检查,盘柜清灰	年度检修项目
	3	压力传感器功能检查	年度检修项目	系统	1	漏水检查	巡检项目
阀门	1	电动阀门功能检查	年度检修项目		2	法兰紧固检查	年度检修项目

一、冷却塔风机故障

（1）故障简述

某换流站极Ⅱ低端阀组投运以来，阀冷冷却塔风机多次发生故障。主要告警信号为

"风机驱动皮带断裂""换流阀冷却系统内部故障""冷却塔故障"等。现场检查存在两种情况：一是风机停止工作，表明风机电动机故障；二是风机仍然正常工作，只是风机驱动皮带监视传感器出现异常。

（2）故障原因分析

查阅相关资料，风机电动机原设计只用一根传动皮带驱动，但是设备安装施工时误装为两根。根据计算，两根皮带作用在电动机上的径向力是1355N，超过轴承设计允许的最大径向力。

冷却器风机故障有两个因素：

① 皮带监视传感器本身发生故障；

② 换流阀冷却系统控制软件逻辑不合理。

冷却塔内的两个风机分别有两个传感器进行转速监视，产生的信号送至S7控制器中进行差值判断。正常运行时两个风机完全同步，没有差值。若两个风机不同步，则产生的差值会累积，当计数器达到定值80时，报"风机驱动皮带断裂"告警。冷却塔故障后会停运该冷却塔的两台风机。由于传感器故障等原因频发皮带故障告警，造成冷却塔故障并停止两台风机，使冷却容量进一步降低，这种运行逻辑不合理，对系统运行不利。

（3）防范措施与建议

① 风机皮带由2根改为1根，拆除一根风机皮带。

② 调整皮带监视传感器的位置，更换更加牢固的传感器支撑架。

③ 取消冷却塔故障后停运冷却塔风机的运行逻辑。当一个冷却塔里的一个皮带监视传感器故障，将会只触发告警信号，而不停运风机。由运行人员根据现场检查结果决定是否手动将该冷却塔停运。

④ 皮带传感器故障偏差值修改。将风机皮带传感器的偏差允许值由80改为100，增大容错范围。

二、冷却塔变频器故障

变频器主要由微处理控制单元、整流器、平波回路、逆变器等元器件组成。变频器通过改变电源频率来达到调整风机转速的功能。

（1）故障简述

① 案例1

某换流站双极大地回线方式运行，直流负荷1800MW。某日07时46分工作站发"极Ⅱ冷却塔1故障"告警。现场检查发现1号风机空气开关Q4跳开，手动合上后风机变频器无频率显示，1号风机转速缓慢下降。07时51分，再次检查发现1号风机变频器外壳破裂，风机电源空气开关Q4跳开并有焦煳味，2号风机变频器报"过电压"告警并停止运行，工作站发"极Ⅱ冷却塔2故障"信号，此时1号冷却塔和2号冷却塔均故障停运，内冷却水温度持续上升达50.5℃。07时53分，在操作极Ⅱ降功率过程中极Ⅱ内冷却水温度高跳闸，极Ⅱ转为备用状态。

跳闸后现场对换流阀冷却系统全面检查，未发现2号冷却塔风机变频器异常，对风机电源试断并重新合上。08时10分变频器恢复正常运行，2号冷却塔恢复运行后，现场人员又采取紧急措施，利用敷设消防水管向1号冷却塔内喷水，准备在极Ⅱ恢复运行后进行人工降温。09时11分，极Ⅱ解锁成功，将双极功率调整至1200MW。在人工降温紧急措施的有效控制下，极Ⅱ内冷却水温度稳定在48℃，极Ⅱ功率调整至700MW。10时01分，极Ⅱ功率调整至 800MW，双极功率 1700MW。

对更换的故障变频器拆解检查发现，1 号变频器外壳破裂，控制器无响应，变频器内控制回路电路板电源线烧损。进一步拆解发现，该变频器的整流模块严重烧损，并伴有焦煳味。

现场检查确认 1 号风机变频器为永久性故障，短时内无法恢复运行；2 号风机变频器装置瞬时过电压故障告警，掉电复归后恢复运行。

现场对 1 号故障风机变频器进行了更换，并对 1 号风机电动机和电源电缆开展了绝缘检测，检测结果显示电动机及电源回路无异常，新更换的变频器后运行正常。

② 案例 2

某换流站双极大地回线方式运行，功率 3750MW。某日 19 时 48 分，监控系统报 10kV母线 101M 和 102M 同时发生瞬时性失压并复归的信号，同时伴随部分换流变压器电源丢失的信号并瞬时复归。此时主控室监控系统并无换流阀冷却系统故障的任何信号。

汇报并询问总调度得知，网内有 500kV 线路跳闸。查看故障录波，发现事件发生时网内线路跳闸对换流站交流母线电压造成较大扰动。

站用电源扰动发生 30min 后，20 时 18 分，监控系统先后报极Ⅱ低端、极Ⅱ高端换流阀冷却系统内冷却水进水温度高告警。检查发现，极Ⅱ低端、极Ⅱ高端阀组内冷却水入水温度分别为 47.1℃、47.2℃，确已达到内冷却水入水温度高告警值；极Ⅰ低端换流阀冷却系统内冷却水入水温度为 46.2℃，逼近内冷却水入水温度高告警值。

现场检查发现，极Ⅱ低端、极Ⅱ高端、极Ⅰ低端的阀冷控制系统均报冷却塔风机变频器故障信号。每一阀组的 6 台风机变频器（每个阀组有 3 个冷却塔，每个冷却塔 2 台风机）均处在"停机"的位置，冷却塔风机停止运转。在换流阀冷却系统控制屏迅速按"复归键"后信号复归，所有风机恢复正常运转，极Ⅱ低端、极Ⅱ高端、极Ⅰ低端内冷却水温度逐渐恢复至正常范围。

（2）变频器装置介绍及故障原因分析

外冷却水循环系统的每组冷却塔内的 3 个风机电动机由一路交流母线供电，根据内冷却水温度值来调节变频器从而控制风机转速。

故障原因分析。对于故障案例一，整流器为此次故障元件。由于该元器件长期处于运行状态，起初整流器单一元件击穿引起变频器故障，导致电源空气开关 Q4 跳开，1 号风机电动机停止运行，而后手动合上电源空气开关，因变频器为永久性故障，合于故障处时，整流器瞬间短路，导致变频器外壳破裂。当 1 号变频器整流器短路、电源回路空气开关跳开时，在电源母线上产生了瞬时过电压，导致 2 号变频器发生过电压告警，继而引起2 号变频器故障。

对于故障案例二，根据 10kV 母线电压监视继电器定值、当 10kV 母线电压低于 70%额定电压（即当时 10kV 母线电压应低于 7kV）时，电压监视回路会引发母线失压告警。对于站用电负载来说，电源电压应低于 280V。从 500kV 1 号站用变压器进线 TV 的故障录波可分析出，经过 500kV 1 号站用变压器和 10kV 干式变压器降压后，当时 10kV101M 所带负载电源电压实际仅为 230V 左右。而冷却塔风机变频器型号为西门子公司的MICROMASTER 4206SE6420-2UD25-5CA1。它具有欠电压保护、变频器过热保护等完善的保护功能。铭牌参数显示其对输入电压的要求为：3 相（380～480）V±10%，即最低运行电压要求为 342V。查看变频器欠电压保护定值发现 342V 同时被作为缺省设置录入变频器的微处理器，即为欠电压保护的定值。

由上述分析可知：在站用电源扰动情况下，风机变频器欠电压保护动作（无延时），随即造成了变频器停机。查阅变频器使用手册，发现变频器存在自动再启动（对应于定值P1210）。

P1210的缺省值设置为1，即"1上电后跳闸复位"，其对应外壳的具体解释为：P1210＝1时，若变频器由于低电压保护动作而停机，要想改变产生器再次启动可采用两个方法：

① 对变频器进行掉电处理，待变频器完全掉电后重新启动，此时故障可被变频器自动复归，变频器自动启动；

② 变频器收到换流电压阀冷却系统PLC的"ON"命令后自动启动。

根据上述分析，若仅仅出现电源消隐不会产生变频器的自动再启动。当时处理情况是：运行人员在触摸屏手动复归变频器故障的信号后，控制系统PLC内部故障信号消失，重新发出启动相应变频器信号，变频器收到了来自控制系统PLC的启动信号后，重新启动。

（3）防范措施与建议

① 故障案例一中空气开关Q4虽然试合成功，但随后的设备短路引起故障扩大，从而导致了直流闭锁，故冷却塔风机空气开关跳开后、查明原因前，不应盲目试合。

② 规范换流阀冷却系统变频器检修工作，梳理换流阀冷却系统相关设备（如变频器、传感器、继电器等）的运行特性，制定合理的设备维护策略。

③ 增加冷却塔风机变频器故障送监控系统的信号，当由于站用电源扰动等因素造成风机变频器故障停运时，运行人员能及时发现故障，并立即采取应对措施，避免内冷却水温度迅速升高。

④ 启用冷却塔风机变频器的自动再启动功能。

⑤ 应急处理过程时，为满足内冷却水温度控制要求，现场人员除了调整功率外，还可以采取人工降温等有效措施，从而降低设备跳闸风险。

⑥ 人工降温措施建议有：

a. 开启电动消防泵，用消防水带对冷却塔顶部进行喷淋冷却；

b. 保证风机停运的冷却塔喷淋泵继续运转，增加冷却效果；

c. 开启冷却塔底部排水阀门，减少经过热交换的高温外冷却水回流至外冷却水池。

三、外冷却水喷淋泵故障

（1）故障简述

① 案例1

某换流站在双极大地回线方式运行，直流功率3000MW。某日19时19分监控系统报阀冷却水井水位高告警，现场检查双极阀冷室无异常，污水井内排污泵正常启动。

19时20分至19时24分，监控系统陆续发4号继保室电缆夹层排污泵故障、主控楼及2号继保室电缆夹层排污泵坑水位高告警信号。现场检查发现4号继电器室电缆夹层排污泵故障停运，电缆夹层轻微进水，3号继保室电缆夹层排污泵一直在排水；2、3号继电器室电缆夹层内排污泵虽正常启动但水位仍上升较快；阀冷污水井内排污泵运行正常但水位继续上升；双极阀冷室泵坑开始进水且水位上升较快。运行人员立即投入备用潜污泵辅助排水；但双极泵坑水位仍持续上升；调用全部潜污泵集中对双极泵坑及进水严重的3号继保室电缆夹层进行排水并加强监视。

直流功率调整到1500MW时，由于喷淋泵坑进水情况严重，为避免喷淋泵烧毁造成直流系统停运以及恢复设备的难度加大，运行人员手动紧急停运双极喷淋泵，内冷却水入水温度开始快速上升。20时14分，双极内冷却水温度达到49℃左右，20时18分，双极直流功率在下降过程中，极Ⅰ因内冷却水入水温度高跳闸（定值55℃），退至备用状态。20时19分，直流功率约1030MW时，极Ⅱ同样因内冷却水入水温度高跳闸（定值55℃），退至备用状态。

故障原因分析：故障期间，换流站所在区域为特大暴雨天气，降雨量大、时间长导致山洪暴发，低洼地带内涝严重。一方面，从水文气象角度来看，多重自然灾害的叠加效应超过了换流站建设时勘测设计的指标要求；另一方面，换流站内电缆沟的盖板与沟壁之间缝隙较小（约5mm），且沟壁与盖板边均包有镀锌角钢，表面平整，结合紧密，导致暴雨的情况下，电缆沟排水不畅。暴雨引发山洪从电缆隧道经污水井倒灌进泵坑，从而淹没了喷淋泵，喷淋系统的停运最终导致了双极直流强迫停运。

② 案例2

某换流站双极大地回线方式运行，直流输送功率3000MW。某日13时54分监控系统报极14号冷却塔故障和极Ⅰ换流阀冷却系统故障信号；现场检查发现极Ⅰ阀冷控制柜4号冷却塔2号喷淋泵指示灯红色闪烁，该泵空气开关Q15故障跳开，4号冷却塔1号喷淋泵显示启动。双极喷淋泵所在坑道积水严重，水位已淹没喷淋泵，且水位有升高趋势。喷淋泵叶轮运转激起较大水花，致使难以正常监视喷淋泵运行工况。为防止喷淋泵全部故障引发内冷却水温度高而导致双极闭锁，将直流功率由3000MW降至2500MW。

13时57分，检查室外排污井潜水泵已启动，打开双极阀冷室外直排水竖井盖板未发现有水排出，初步判断排污井潜水泵水管脱落。立即联系检修人员以及保安等驻站人员，在双极喷淋泵坑内安装临时排水泵进行抽水，同时用水桶人工排水。

14时07分，监控系统报极Ⅰ3号冷却塔故障告警：工作站显示极14号冷却塔、3号冷却塔相继黄色闪烁。现场检查极Ⅰ阀冷控制柜3号冷却塔2号喷淋泵指示灯红色闪烁，该泵小空气开关013故障跳开，3号冷却塔1号喷淋泵显示启动；双极冷却塔运行正常。

14时10分，排水泵安装完成后，双极喷淋泵坑道相继开始抽水，水位开始下降。

故障原因分析：经检修人员对排污井及坑道仔细排查发现，室外排污井潜水泵本体与抽水管下端脱落，导致无法排出积水；极Ⅱ外冷却水自循环过滤器电磁阀M33机械部分存在故障，有漏水现象，从而导致持续漏水至排污井；而排污井潜水泵与排水管脱落，无法将排污井内积水及时排出，最终导致积水倒灌至喷淋泵坑道，进而影响喷淋泵正常工作，对直流系统运行产生威胁。

③ 案例3

喷淋泵水封漏水。

喷淋泵轴封坏损，更换轴封方法：

a. 断开喷淋泵电源和安全开关，并检查备用喷淋泵运行正常。

b. 拆除电机与泵之间的不锈钢挡板。

c. 拆除电机与泵的联轴器。

d. 拆除电机的安装螺栓。

e. 拆除故障轴封，安装新的轴封。

f. 恢复电机和连接片，并对喷淋泵进行注水排气。

g. 启动喷淋泵检查运行情况，确认正常。

④ 案例 4

喷淋泵启动后，没有喷淋水。

故障原因分析及处理方法：

a. 检查喷淋泵转向是否正常，若为反转，则：

断开喷淋泵电源。

打开电机接线盒，对电机接线相序进行调整并恢复接线。

启动电机，检查转向正常。

对喷淋泵注水排气，恢复运行。

b. 若电机转向正常，则怀疑为喷淋泵进水逆止阀漏水，则：

向喷淋泵注水排气，重新启动喷淋泵。

年度检修期间，排空平衡水池，更换喷淋泵进水逆止阀。

⑤ 案例 5

喷淋泵声音异常，明显大于其他喷淋泵。

喷淋泵坏损，更换喷淋泵方法：

a. 断开喷淋泵电源开关和安全开关，检查备用喷淋泵运行正常。

b. 解开喷淋泵电源线和连接水管。

c. 更换喷淋泵，并对喷淋泵进行注水排气。

d. 恢复喷淋泵运行，检查喷淋泵转向及出水正常。

（2）防范措施与建议

① 故障案例一中电缆沟设计排水能力不足，使排水系统倒灌电缆沟，建议改进电缆沟排水设计；主控楼电缆夹层积水不应直接排至站内排水系统加大污水井排水压力。

② 自循环过滤器泄流阀加装手动阀门，避免因电磁阀 M33 机械故障导致漏水；将双极排污井潜水泵启停信号加入监控系统，便于运行人员及时发现潜水泵异常情况。

③ 加强对排污井井盖内潜水泵巡检，定期对其进行手动启停操作，确认潜水泵状态良好；在排污井增加备用潜水泵，并在阀冷室增加备用排水泵，便于紧急情况发生时快速处理。

四、外冷却水管道故障

（1）故障简述

某换流站双极大地回线方式运行，直流功率 1800MW。某日 03 时 06 分，监控系统报极 I 换流变压器分接头失步、极 I 换流变压器本体保护动作等换流变压器故障信号和极 I 换流变压器接口屏内传输装置扰动信号。现场检查发现换流变压器分接头挡位不一致、极 I 阀冷室内外冷却水水管爆裂、极 I 换流变压器接口屏淋湿，现场人员立即将极 I 外冷却水进水阀门关闭，04 时 19 分，极 I 换流变压器保护系统 2 零序过电流保护动作，极 I 跳闸。

（2）故障原因分析

保护动作跳闸后，通过查看分析故障录波发现极 I 换流变压器保护系统正确动作。由于阀外冷却水管爆裂喷水，水淋到极 I 换流变压器接口屏上方，通过屏顶上的散热孔流到屏内，屏内信号传输装置、端子排等设备淋湿。换流变压器接口屏是极控系统控制换流变压器分接头挡位的中继回路，由于屏内设备严重淋湿，导致极 I 换流变压器分接头挡位控制出现紊乱，由监控系统可以看出，保护跳闸前，极 I 换流变压器屡次报分接头失步报警。信号传输装置内部误发调节换流变压器分接头信号，引起换流变压器分接头挡位各相出现挡位差，换流变压器处于一种不正常运行状态，换流变压器中性点电压升高，电流互感器 T3 出现较大的零序电流，当电流达到定值后保护出口跳闸。

（3）防范措施与建议

① 外冷却水管质量存在问题，其采用强力胶粘接的接头处发生漏水，由于水压较高（工作时在 250～850kPa），水管瞬间喷出大量的水到换流变压器接口屏上，直接造成了此次故障；水管与法兰的接头由于自然磨损和振动，经过几年时间运行后可能完全失效，这是正常现象，建议在年度检修中，对这些接头进行检查，必要时进行紧固。

② 阀冷室内屏柜设计不合理，换流变压器接口屏、阀厅接口屏、换流阀冷却系统控制屏等放置在阀冷却室里不合理，一旦换流阀冷却系统出现漏水、水管爆裂等故障很容易影响相邻二次屏柜的正常运行。主循环泵正常运行时产生的振动对二次屏柜也会造成很大的影响。为避免发生类似的故障保证设备的安全可靠运行，在今后的直流换流站工程设计中，建议将换流变压器接口屏等二次屏柜与阀冷室分开布置或加阻隔墙。

③ 在阀冷室加装防水挡板，将水处理系统与带电二次屏柜隔离，杜绝同类故障再次发生；在年度检修和日常维护中，增加将外冷却水管排查内容，使水管漏水、破裂、接头松脱等隐患及时得到处理。

五、阀外水冷系统常见故障处理

（1）故障现象

阀外水冷系统发 BP3 压力低报警，系统自动停止补水。

（2）故障原因分析及处理方法

① 如果 BP1 压力正常，补水回路过滤网堵塞，按照下述方法更换：

a. 启动阀外水冷系统补水。

b. 打开备用过滤器进水阀门。

c. 关闭需要更换过滤网的过滤器进出水阀门。

d. 打开过滤器排水阀，进行排水，然后打开过滤器，更换过滤网。

e. 关闭过滤器排水阀，打开过滤器顶部排气阀。

f. 稍微打开过滤器进水阀，待过滤器顶部排气阀有水流出来，关闭排气阀。

g. 完全打开过滤器进出水阀门，然后关闭备用过滤器进出水阀门。

② 如果 BP1 压力也低，则需要更换工业泵出水过滤器内部过滤网。按照下述方法更换：

a. 打开工业泵出水过滤器旁通阀门。

b. 启动阀外水冷系统进行补水。

c. 关闭工业泵过滤器出水和进水阀门，打开过滤器顶部排气阀。

d. 打开过滤器盖板，更换过滤网。

e. 稍微打开过滤器进水阀门，待过滤器顶部排气阀中有水流出来，关闭排气阀。

f. 完全打开过滤器进出水阀门，关闭旁通阀门。

六、软化单元进气故障

（1）故障现象

阀外水冷系统启动补水时，系统压力急剧上升，由通常的 400kPa 上升到 1000kPa，由于系统压力过高，部分法兰连接处漏水。

（2）故障原因分析及处理方法

进入软化单元的水中含有大量空气，导致系统压力急剧上升，按照下述方法处理：

① 对 Z41 和 Z51 进行手动再生，通过再生过程中的反冲洗模式，排除软化单元中的空气。

② 再生结束后，手动启动阀外水冷系统补水，如果系统压力偏高，打开阀门 V31，调节系统压力到正常范围。

③ 打开补水回路过滤器顶部排气阀门 V71、V72、V73 进行排气，排完气后，关闭排气阀。

④ 打开高压泵排气口进行排气，排完气后，关闭排气阀。

⑤ 打开反渗透单元排气阀，进行排气，排完气后，关闭排气阀。

⑥ 当系统压力恢复正常时，关闭阀门 V31，检查系统补水正常。

七、反渗透膜堵塞故障

（1）故障现象

阀外水冷系统启动补水时，系统压力急剧上升，发出 BF1＋BF2 流量低报警。

（2）故障原因分析及处理方法

① 如果在软化单元再生过程中出现故障，完成盐洗模式后，没有完成冲洗模式，导致进入反渗透单元水中的含盐量很高，引起反渗透膜堵塞，该故障按照以下方法处理：

对 Z41 和 Z51 进行手动再生。

再生结束后，按照反渗透膜单元的冲洗操作步骤进行反渗透膜清洗。

② 如果是由于反渗透膜长期积累的污垢造成堵塞，应按照反渗透膜单元的手动冲洗操作步骤进行。

③ 处理完成后将所有阀门打至正常运行位置，启动系统检查补水正常。

八、盐池不能自动补水

（1）故障现象

E300 控制面板发出 BL61 盐水池水位低报警。

（2）故障原因分析及处理方法

① 检查盐池补水回路阀门位置是否正常，如有异常应立即恢复正常位置。

② 对盐池内启动补水的浮球开关 BL41 和 BL51 信号回路进行检查。

检查浮球开关 BL41 和 BL51 信号是否正常，若浮球动作信号无法正确上报，应检查信号回路接线情况，必要时对浮球进行更换。

检查浮球开关 BL41 和 BL51 安装位置是否高于浮球开关 BL61，如果安装位置不正确，应将浮球开关 BL61 位置适当下调。

九、盐池不能自动停止补水

（1）故障现象

E300 控制面板发出 BL62 盐水池水位高报警，盐池向外溢水。

（2）故障原因分析及处理方法

启动盐池补水的浮球开关 BL42 和 BL52 没有正确动作，或者补水阀门 V45 和 V55 位置错误，处理方法如下：

① 检查浮球开关 BL42 和 BL52 信号是否正确，确认信号回路无异常，发现异常给予处理。

② 检查盐池补水阀门 V45 和 V55 位置是否与盐池切换开关位置对应，可能控制系统采集 1 号盐池的浮球开关信号，但实际是向 2 号盐池补水，当 2 号盐池溢水时，1 号盐池的浮球开关信号没有改变，所以就不能停止补水。

第四节　控制系统传感器设备故障

一、内冷却水流量传感器故障

（1）故障简述

① 案例 1

某日 01 时 23 分 31 秒，某换流站监控系统报极Ⅱ高端阀组内冷却水流量低告警，01 时 23 分 38 秒，极Ⅱ高端换流阀冷却系统发内冷却水流量低跳闸信号，极Ⅱ高端阀组退至备用状态。

现场检查发现极Ⅱ高端换流阀冷却系统内冷却水流量为 0，换流阀冷却系统显示屏顶上显示为内冷却水流量低跳闸。极Ⅱ高端换流阀冷却系统主循环泵运行正常，内冷却水管道压力正常，高位水箱水位正常。

② 案例 2

某换流站双极大地回线运行，直流功率 2420MW，站用电运护跳闸运行方式倒换过程中，监控系统报极Ⅱ高端阀冷系统内冷却水流量低跳闸，极Ⅱ高端阀组退至备用状态。

（2）故障原因分析

① 内冷却水流量低跳闸逻辑。换流阀冷却系统对内冷却水流量监视设置了三个传感器，其中 B100 为流量传感器，B106 和 B107 为压力传感器。当流量传感器 B100 正常时，由 B100 单一判据出口跳闸；当 B100 故障时，由压力传感器 B106 单一判据出口跳闸。逻辑如下：

a. 流量传感器 B100 正常时，内冷却水流量低跳闸 1 段：流量（B100）小于 3530L/min，延时 10s 出口。

b. 内冷却水流量低跳闸 2 段：流量（B100）小于 1765L/min，延时 0s 出口。

c. 流量传感器 B100 故障时对低端阀组主循环泵出水压力低跳闸；压力（B106）小于540kPa，延时 10s 出口。

d. 高端阀组主循环泵出水压力低跳闸：压力（B106）小于 650kPa，延时 10s 出口。

② 跳闸原因分析。导致流量传感器测量值减低的原因可能有：主循环泵故障；流量传感器 24V 直流电源空气开关跳开；流量传感器本体故障；24V 直流电源扰动。

故障案例一中，现场检查极Ⅱ高端换流阀冷却系统主循环泵运行正常，内冷却水管道压力（冗余配置）、进出水温度和高位水箱水位均正常，24V 直流电源空气开关均在合位，跳闸发生前后电源也未发生扰动。内冷却水管道压力传感器 B106 安装在流量传感器 B100 后面，若内冷却水真实流量为 0，则内冷却水管道压力也将为 0，故内冷却水真实流量不应为 0，综合排除上述另外三种可能性后，仅有流量传感器本体故障的可能性。

故障案例二中，现场检查屏内所有 24V 直流电源空气开关均在合位，流量传感器运行无异常，排除上述前三种可能性后，仅有 24V 电源扰动的可能性。结合阀冷系统流量低跳闸前已经出现直流电源故障信号，同时伴随有 1、2、3 号冷却塔故障，外冷却水池水位告警，1、2 号主循环泵故障等信号。阀冷控制面板显示直流 24V 电源故障、外冷却水池水位低紧急告警和液位传感器信号故障等异常信号。而上述告警信号同时出现，只有在 24V 直流电源受到扰动的情况下才会出现。通过检查故障录波，发现极Ⅱ220V 直流母线电压波形出现异常。

站用电运行方式倒换过程中对极Ⅱ220V 直流电源系统形成冲击，导致极Ⅱ高端换流阀冷却系统 24V 电源出现瞬时扰动，流量传感器工作异常，流量输出值达到直接跳闸定值，最终导致换流阀冷却系统跳闸出口。

（3）防范措施与建议

① 加强内冷却水流量数据等阀冷重要参数的抄录分析，并进行纵向和横向的对比，及时发现存在的隐患，情况紧急时申请停电处理。

② 加强换流阀冷却系统的备品备件管理，确保故障时可以快速更换。

③ 针对当前阀冷流量传感器与压力传感器的配置及保护逻辑进行优化，综合考虑防误动和拒动的风险，采用一只流量传感器（B100）和两只压力传感器（B106 和 B107）组合使用，通过"三取二"跳闸出口的逻辑优化方式，大大提高了流量检测跳闸功能的可靠性。

④ 阀冷系统流量低无延时直接跳闸出口逻辑过于苛刻，建议增加跳闸延时时间或增加冗余配置。

⑤ 由于阀冷系统 24V 直流电源扰动导致跳闸，在站用电进行倒闸操作时，用示波器对 220V 直流系统和阀冷系统屏内 24V 电源系统进行录波分析，检查是否存在瞬时跃变的可能。

二、外冷却水池水位传感器故障

（1）故障简述

① 案例 1

某换流站双极大地回线方式运行，直流负荷 1500MIW。某日 06 时 21 分，监控系统报极Ⅱ内冷却水温度高告警；运行人员检查监控系统内冷却水进水温度达到 50℃，阀冷却控制系统面板显示极Ⅱ阀冷内冷却水进水温度达到 51℃，阀冷室其它设备未发现异常；06 时 28 分，监控系统内冷却水进水温度已达到 52.2℃，同时运行人员检查发现极Ⅱ换流阀冷却系统外冷却水水池已无水，阀冷室内阀冷却控制系统面板上显示极Ⅱ外冷却水池水位为 90.1%，现场人员手动启动 V402 电磁阀，开始对极Ⅱ外冷却水池进行补水；06 时 36 分监控系统发极Ⅱ阀冷内冷却水温度高跳闸信号，极Ⅱ退至备用状态。

② 案例 2

某换流站双极大地回线运行方式，直流负荷 2300MW。某日 17 时 45 分，监控系统报极Ⅱ外冷却水池水位低、极Ⅱ换流阀冷却系统故障信号，工作站换流阀冷却系统界面显示极Ⅱ外冷却水池水位为 0。现场检查发现外冷却水池水位正常，极Ⅱ阀冷室内水位监视器 SIPARTDR22 面板显示外冷却水池水位为 86%、极Ⅱ喷淋泵全停，工作站界面上无相应喷淋泵停运信号。17 时 49 分，现场手动励磁 K9、K11、K13、K15 继电器启动四台喷淋泵，喷淋泵在启动 1min 后，电源空气开关自动跳开。在励磁过程中继电器内部有"滋滋滋"的放电声音，初步分析认为是手动励磁时继电器工作不稳定，导致接点抖动引起电源空气开关过电流跳开。试合上对应电源空气开关后，再次手动励磁启动喷淋泵，又出现上述情况。17 时 57 分，极Ⅱ内冷却水进水温度达到 55℃，监控系统报极Ⅱ换流阀冷却系统内冷却水进水温度高跳闸，极Ⅱ退至备用状态。

17 时 58 分，现场人员将极Ⅱ阀冷 S5 控制器切至备用系统后，对其进行断电重启，重启成功，工作站上显示外冷却水池水位为 86%，恢复正常，相应极Ⅱ外冷却水池水位低信号复归。经过现场人员紧急处理后，极Ⅱ内冷却水进水温度降至 49℃ 时，向调度申请将极Ⅱ由备用状态操作至闭锁状态，极Ⅱ喷淋泵投入运行正常。18 时 34 分，将极Ⅱ由操作至解锁状态，解锁成功。

（2）故障原因分析

① 故障案例一分析　通过现场与后台对比，监控系统显示极Ⅱ外冷却水池水位为 89%，阀冷却控制系统面板显示为 90.1%。初步判定极Ⅱ外冷却水池水位传感器存在异常。现场拆下极Ⅱ外冷却水池水位传感器，检查发现传感器结垢严重，浮在上端 90% 左右的位置。拆下浮子后，发现浮子内壁积垢较多，控制系统采集的数值为 90.1%，所以不会打开补水电动阀（自动补水程序是当外冷却水池水位低于 90% 时启动补水；当水位高于 95% 时停止补水）。外冷却水池的水不断被蒸发，最终消耗殆尽。后利用草酸对整个传感头进行清洗除垢，对除垢后的传感头进行校验，外冷却水补水功能试验正常。

据此判断出现故障的直接原因为：极Ⅱ内冷却水温度达到 55℃（跳闸值），直流保护收到阀冷却系统跳闸信号而动作。间接原因为：极Ⅱ外冷却水水位传感器结垢卡死。当实际水位下降后不能启动补水功能，导致外冷却水池缺水，冷却容量不足，最终引起内冷却水温度高跳闸。

② 故障案例二分析　水位信号为 4～20mA 电流信号是通过分流器-X19（将一路电流分成四路电流）分别送到 DB22 控制器、S5 控制器 1、S5 控制器 2 和 SU200 控制器。

从案例二故障过程可以看出，由于外冷却水池水位测量回路工作异常，导致 S5 控制器误发停运喷淋泵的指令，导致内冷却水温度迅速升高至 55℃，延时 20s 出口，最终导致极Ⅱ跳闸。次日极Ⅱ外冷却水池水位突变至零的异常现象又多次出现，对 X19 分流器各支路电流进行了测量。

外冷却水池水位信号送至 S5 控制器系统 B（主用系统）以及 SU200（数据传输装置）的通道都发生异常，因此初步判断其原因是-X19 部分元件工作不稳定。

（3）防范措施与建议

① 传感器探头测量水位正常在 90%～95%，当小于 90% 会补水，大于 95% 时会停止补水。现场只考虑了污垢卡死传感器探头会导致一直补水的情况，未考虑污垢不仅会导致传感探头卡死还会导致外水位减少时无法补水，当外冷却水没有时，会发生内冷却水温度过高而闭锁直流的现象。

② 外冷却水池水位探测器未实现双重化配置。外冷却水池水位传感器的校验主要是通过手动滑动浮子位置来实现的，缺乏科学性。虽然外冷却水池水位低无跳闸功能，但此参数对系统运行较为重要，建议采用两个非同源监测设备为宜，提高阀冷却系统运行可靠性。

③ 加强直流站双极外冷却水池水位传感器巡视，发现实际水位与控制系统显示数值不对应时，立即组织检查处理。

④ 外冷却水池水位测量元件工作不稳定，导致送至 SU200 和 S5 控制器系统 B 的相

关水位值与实际值出现较大偏差。

⑤ 换流阀冷却系统逻辑中，当检测外冷却水池水位低于1%时，换流阀冷却系统立即停运所有喷淋泵。此逻辑设计不够完善，应考虑水位变化率等防误测量闭锁逻辑，或是取消当外冷却水池水位低于1%时，停运喷淋泵逻辑。避免出现当水位测量值错误突变导致喷淋泵全停而引发内冷却水温度高跳闸的严重后果。

⑥ 需完善手动励磁喷淋泵相关继电器的工具和方法，使现场人员手动励磁相关继电器的措施能更有效地执行。

三、冷却塔出水温度测量异常导致冷却塔全停

（1）故障现象

直流系统大负荷运行期间冷却塔全停，控制保护系统无告警。

（2）故障原因分析及处理方法

温度传感器故障引起测量误差，或者传感器测量板卡 PS868 板测量故障。

处理方法如下：

① 在 OWS 上比较 CCPA、CCPB 两个系统冷却塔出水温度读数，检查确认两系统温度测量偏差较大。

② 对 CCPA、CCPB 进行系统切换，将当前系统退出到备用状态。检查确认冷却塔投入运行正常。

③ 比较出水温度传感器在两个系统上的开路电压，如果电压值相同则判 PS868 板卡测量故障；如果电压值相差较大则判温度传感器故障。

如果判 PS868 板卡测量故障，按照下述方法进行更换：

a. 在培训工作站对备品 PS868 板卡进行程序装载、节点设置。

b. 将故障系统退出到测试状态。

c. 将故障系统断电，更换故障板卡 PS868，更换时注意做好防静电措施，确认新旧板卡跳线相同。

d. 更换完毕，将故障系统上电，检查该系统在测试状态且各状态指示灯正常。

e. 将系统切换到"Serviee"状态，该系统将自动恢复到备用。

f. 再次比较 OWS 上 CCPA、CCPB 冷却塔出水温度读数，检查确认两系统读数偏差不大。

如果判温度传感器测量故障，按照下述方法进行更换：

a. 将故障温度传感器所在 CCP 系统退出到测试状态。

b. 断开温度传感器电源。

c. 更换新的传感器。

d. 更换完毕，恢复传感器电源。

e. 将系统切换到"Service"状态，该系统将自动恢复到备用。

f. 再次比较 OWS 上 CCPA、CCPB 冷却塔出水温度读数，检查确认两系统读数偏差不大。

四、压力传感器测量故障导致主水回路压力低报警

（1）故障现象

直流系统运行期间，主水回路压低告警。

（2）故障原因分析及处理方法

压力传感器故障引起测量误差，或者传感器测量板卡 PS868 测量故障。

处理方法如下：

① 在 OWS 上比较 CCPA、CCPB 两个系统主水压力，检查确认两系统压力测量偏差较大。

② 现场检查压力表就地显示，如果就地显示压力两块表相同，则判测量板卡 PS868 故障；如果就地显示压力两块表不同且与后台显示相同，则判压力传感器故障。

如果 PS868 板卡测量故障，按照下述方法进行更换：

a. 在培训工作站对备品 PS868 板卡进行程序装载、节点设置。

b. 将故障系统退出到测试状态。

c. 将故障系统断电，更换故障 PS868 板卡，更换时注意做好防静电措施，确认新旧板卡跳线相同。

d. 更换完毕，将故障系统上电，检查该系统在测试状态且各状态指示灯正常。

e. 将系统切换到"Service"状态，该系统将自动恢复到备用。

f. 再次比较 OWS 上 CCPA、CCPB 主水回路压力读数，检查确认两系统读数偏差不大。

如果判压力传感器测量故障，按照下述方法进行更换：

a. 现场检查压力传感器进水阀门是否打开正常，如果不正常则将阀门切换到正常位置；是否存在渗漏水的情况，如果存在，则将系统打至测试，关闭压力表进水阀门处理漏水情况，处理完毕恢复阀门状态，恢复系统到正常运行状态，检查无渗漏水，压力表显示和后台显示均正常。

b. 如果阀门状态正常，也不存在渗漏水的情况，则判压力传感器故障，需对传感器进行更换。

c. 断开压力传感器电源，关闭压力传感器进水阀门，将所在水冷系统切换到测试状态。

d. 更换新的传感器。

e. 更换完毕，恢复传感器电源，打开传感器进水阀门。

f. 将系统切换到"Service"状态，该系统将自动恢复到备用。

g. 再次比较 OWS 上 CCPA、CCPB 主水回路压力读数，检查确认两系统读数偏差不大，告警消失。

五、膨胀罐水位传感器测量故障导致膨胀罐水位低报警

（1）故障现象

直流系统运行期间，单系统发出膨胀罐水位传感器发 BL1 水位低报警信号。

（2）故障原因分析及处理方法

水位传感器故障引起测量误差，或者传感器测量板卡 PS868 测量故障。

处理方法如下：

① 在 OWS 上比较 CCPA、CCPB 两个系统膨胀罐水位，检查确认两系统水位测量偏差较大。

② 现场检查比较水位计 BL1、BL2、BL10 读数，确认 BL1 读数与其他二者相差较大。测量 BL1、BL2 回路电流，如果相等则判 PS868 板卡故障；如果偏差较大，则判水

位传感器故障。

如果 PS868 板卡测量故障，按照下述方法进行更换：

a. 在培训工作站对备品 PS868 板卡进行程序装载、节点设置。

b. 将故障系统退出到测试状态。

c. 将故障系统断电，更换故障板卡 PS868，更换时注意做好防静电措施，确认新旧板卡跳线相同。

d. 更换完毕，将故障系统上电，检查该系统在测试状态且各状态指示灯正常。

e. 将系统切换到"Service"状态，该系统将自动恢复到备用。

f. 再次比较 OWS 上膨胀罐水位读数，检查确认两系统读数偏差不大，告警消失。

如果判水位传感器测量故障，按照下述方法进行更换：

a. 现场检查水位传感器进水阀门是否打开正常，如果不正常则将阀门切换到正常位置；是否存在渗漏水的情况，如果存在，则将系统打至测试，关闭压力表进水阀门处理漏水情况，处理完毕恢复阀门状态，恢复系统到正常运行状态，检查无渗漏水，水位显示正常。

b. 如果阀门状态正常，也不存在渗漏水的情况，则判水位传感器故障，需对传感器进行更换。

c. 断开水位传感器电源，关闭水位传感器进水阀门，将所在水冷系统切换到测试状态。

d. 更换新的传感器。

e. 更换完毕，恢复传感器电源，打开传感器进水阀门。

f. 将系统切换到"Service"状态，该系统将自动恢复到备用。

g. 再次比较 OWS 上膨胀罐水位读数，检查确认两系统读数偏差不大，告警消失。

六、软化单元电磁阀故障，导致系统不能补水

（1）故障现象

阀外水冷系统 E300 控制面板发出 K51 阀门故障报警，系统自动停止补水。

（2）故障原因分析及处理方法

按照下述方法检查电磁阀信号回路：

① 按照信号回路图，检查阀门分合指示回路是否正常。

② 按照下述方法检查用于电磁阀动力的气压回路：

检查空压机压力罐压力是否正常。检查电磁阀气压回路是否漏气。

按照下述方法更换电磁阀：

a. 断开空压机电源，待压力罐压力降到零位置。

b. 解开电磁阀信号回路电源和控制回路电源。

c. 解开电磁阀气压回路连接管道。

d. 更换故障电磁阀。

e. 恢复电磁阀气压回路连接管道、信号回路电源和控制回路电源。

f. 恢复空压机电源，待压力罐压力恢复到正常值时，手动操作阀门，检查阀门功能正常。

七、用于软化单元电磁阀的空压机持续运行

（1）故障现象

当压力罐压力低于 0.5MPa 时，空压机启动加压，当压力达到 0.6MPa 时，空压机自动停止。现场空压机停止时大量漏气，压力罐压力很快降低到 0.5MPa 左右，空压机又马上启动。

（2）故障原因分析及处理方法

用于空压机压力罐补气回路逆止阀垫片破损，导致大量漏气，按照下述方法处理：

① 断开空压机电源，待压力罐压力降到零位置。

② 拆开逆止阀，更换垫片。

③ 恢复空压机电源，检查空压机运行正常。

第五节　空冷系统主要故障

空冷系统具有操作方便、运行维护简单的特点，日常主要故障集中在"管束泄漏、换热管（翅片）污垢附着以及风机机械故障"三大方面。

一、管束泄漏

（1）换热管堵漏

空冷器管束经过一段时间的运行后，由于腐蚀等原因造成穿漏，可以采用化学粘补、打卡注胶和堵管等修理方法处理。当换热管泄漏量小时，可在不停车的情况下将管外的翅片除去，然后再进行化学粘补包扎或打卡注胶堵漏；如果不能用上述方法消漏，则应将管束停车吹扫干净，拆开管箱上的丝堵，在换热管两端用角度 3°～5°的金属圆台体堵塞，以达到消漏目的。

（2）换管

当空冷器由于管束非均匀腐蚀或制造缺陷而泄漏时，可采用换管消漏。首先将要更换的管子拆下，清洗管箱管孔。更换新管时，将管子中间稍拉弯曲，即可从两端管板孔穿入，穿入后进行胀接或焊接。

二、风机机械故障

见表 6-4。

表 6-4　风机机械故障

故障表现形式	故障原因	排除方法
电流计指示异常	叶片角度有异常变化	校正安装角后紧固
	自调执行机构失灵	排除定位器和气源线故障
	风机轮毂平衡破坏	补校平衡
	皮带松动跳槽	调整皮带张紧力
电机电流过大或温度升高	叶片角度有异常变化	校正安装角后紧固
	轴承座剧烈振动	重新调整

续表

故障表现形式	故障原因	排除方法
电机电流过大或温度升高	电机本身原因	查明原因
	电流单线断电	检查电源是否正常
传动部件异常振动	驱动部件螺钉松动	拧紧螺钉，紧固松动部位
	旋转机构偏	调整偏心
运转部件有异常声音	轴承磨损	更换轴承
	缺少润滑油	补充润滑油
	回转部位与固定件接触摩擦	调整相反位置
	紧固螺钉松动	拧紧螺钉
回转部位过热	缺少润滑油	补充润滑油
	回转部位与非回转部位接触摩擦	调整间隙
轴承温升过高	轴承座剧烈振动	重新调整
	缺少润滑油	补充润滑油
	润滑油变质	更换润滑油
	轴承损坏	更换轴承

第七章

换流阀冷却系统运行维护

化学检查的目的是掌握换流阀冷却系统及辅助设备的运行状态以及腐蚀、结垢等异常情况；评价换流阀在运行期间水质控制是否有效；对检查发现的问题或隐患进行分析，提出改进方案和建议。

换流阀年度检修时，应开展化学项目检查及检测分析，按照化学检查要求进行换流阀均压电极结垢抽检。

第一节　内冷却水系统运行维护

一、检修前准备

（1）制定检查计划

依据相关规定，结合换流阀运行状况制定化学检查计划。

（2）检查准备

年度检修前应做好化学检查方案的制定与审查、检查工器具的准备、人员的培训等，工器具及记录表。

（3）运行资料记录查阅与统计

换流阀停运后，应做好两次年度检修期间的分析统计工作，主要内容有：

① 换流阀运行方式及运行时间；

② 内冷却水系统有关的运行参数，如主过滤压差、离子交换器压差、在线电导率数据、液位数据、水温数据等；

③ 离子交换器运行时间，树脂更换时间，处理流量等；

④ 内冷却水补水情况，日常水质监督检测报告；

⑤ 反渗透运行情况；

⑥ 上次年度检修，均压电极结垢抽检情况；

⑦ 上次年度检修报告，化学检查提出的整改措施落实情况。

二、换流阀塔检查

（1）均压电极检查

① 均压电极根部放电情况检查。

检查每支均压电极根部，如果均压电极根部存在放电现象，则记录均压电极位置，并进行检查分析。

② 均压电极结垢检查

a. 应至少分别抽取阀塔顶部主水管上电极、阀塔底部主水管上电极、阀组件配水管上阳极侧电极、阀组件配水管上阴极侧电极、阀塔主水管与配水管连接处电极各 1 支，或按换流阀制造商要求确定抽取电极的位置。

b. 历次抽检电极位置不宜重复，电极抽取过程中应用标准力矩开启和恢复，并更换密封圈。

c. 记录均压电极结垢部分的长度和最大厚度，测量均压电极金属裸露部分与结垢表面之间的电阻值。

d. 分别收集电极垢样，干燥后，称其质量。

e. 电极垢样宜进行化学元素分析和物相分析，检测方法参照 GB/T 23942—2009。

（2）晶闸管散热器检查

选取阀组件首尾处铝合金散热器检查，用标准力矩扳手开启铝合金散热器进、出口水管，检查内部是否存在黑色斑点，记录位置并拍照，如出现严重腐蚀溃疡黑斑，至少拆解 1 个散热器送实验室进行解剖分析。

（3）阀塔金属表面检查

检查阀塔中电气设备的金属表面有无锈蚀和沉积物，记录其分布、腐蚀状态和尺寸（面积、深度）。例如：电容器表面，特别是扎带固定处，如果附着物能刮取收集，应进行化学成分分析。

年度检修结束后，应一个月内提交化学检查报告。换流阀相关的腐蚀或结垢样品应干燥保存，时间不少于 1 年，年度检修化学检查技术档案应长期保存。

三、阀冷室检查

1. 离子交换器检查

（1）树脂检查

离子交换树脂应粒度均匀，机械强度、除盐能力、可溶物和低聚物含量应符合 DL/T 519—2014 的规定，其处理流速、水温不应超过树脂制造商要求。混合离子交换树脂宜选用抛光树脂，如选用核级树脂应满足 DL/T 771—2014 要求，使用年限不宜超过 5 年。

（2）新树脂验收

对新树脂应按 DL/T 519—2014 或订货技术要求进行验收。

（3）新树脂处理

作为工业产品的离子交换树脂，常含有少量低聚物和未参加反应的单体，还含有铁、铅、铜等无机杂质。当树脂与水、酸、碱或其它溶液接触时，上述物质就会转入溶液中，影响出水质量。因此，新树脂在使用前必须进行预处理。一般先用水使树脂膨胀，然后，对其中的无机杂质（主要是铁的化合物）可用 4%～5% 的稀盐酸除去，有机杂质可用 2%～4% 稀氢氧化钠溶液除去，洗到近中性即可。

（4）树脂更换检查

离子交换器装填新树脂前，应检查离子交换器内部，确保残留树脂全部清理干净，检查水帽是否松动；树脂装填后，排除离子交换器内残余空气，并应排放至少 3 倍树脂体积的产水，出水电导率合格后，离子交换器才可投入使用。更换新树脂，宜进行离子交换树脂的耐热性能测试评价，测试方法应满足 DL/T 953—2014。

（5）失效后处理

由于离子交换作用是可逆的，因此用过的离子交换树脂一般用适当浓度的无机酸或碱进行洗涤，可恢复到原状态而重复使用，这一过程称为再生。阳离子交换树脂可用稀盐酸、稀硫酸等溶液淋洗；阴离子交换树脂可用氢氧化钠等溶液处理，进行再生。内冷却水处理系统可采用混合离子交换树脂进行水质处理，阴离子交换树脂与阳离子交换树脂的体积比以 1∶1 为宜。

（6）运行监督

① 离子交换树脂含有一定水分，不宜露天存放，储运过程中应保持湿润，以免风干脱水，使树脂破碎，如储存过程中树脂脱水了，应先用浓食盐水（10%）浸泡，再逐渐稀释，不得直接放入水中，以免树脂急剧膨胀而破碎。

② 在储运及使用过程中，应保持在 5～40℃ 的温度环境中，避免过冷或过热，影响质量，若冬季没有保温设备时，可将树脂储存在食盐水中，食盐水浓度可根据气温而定。

③ 树脂在使用中，防止与金属（如铁、铜等）、油污、微生物、强氧化剂等接触，避免使离子交换能力降低，甚至失去功能，因此，须根据情况对树脂进行不定期的活化处理，活化方法可根据污染情况和条件而定，一般阳离子树脂在软化中易受 Fe 的污染可用盐酸浸泡，然后逐步稀释，阴离子树脂易受有机物污染，可用 10% NaCl + 2%～5% NaOH 混合溶液浸泡或淋洗，必要时可用 1% 双氧水溶液泡数分钟。

2. 过滤器检查

检查内冷却水循环管道中过滤器是否破损，并清理表面杂物；$10\mu m$ 以下精密过滤器应采用化学清洗法去除表面污垢沉积物，清洗方法参考 DL/T 794—2014；如果过滤器表面沉积物能刮取或能洗脱，应进行化学成分分析。

四、在线仪表比对

① 化学仪表种类和数量应满足水质监测的要求，测量值应送至相关监控系统，内冷却水系统应配置在线电导率表，宜配置在线脱气电导率表和在线溶解氢表，氮气密封内冷却水系统应配置在线溶解氧表，技术要求见表 7-1。

表 7-1　换流阀内冷却水在线化学仪表技术要求

序号	仪表名称	量程	精度	检测对象
1	在线电导率表	$0.055～10.000\mu S/cm$	$0.001\mu S/cm$	内冷却水、去离子水
2	在线溶解氧表	$0.0～10.0mg/L$	$0.1mg/L$	内冷却水
3	在线脱气电导率表	$0.055～10.000\mu S/cm$	$0.001\mu S/cm$	内冷却水
4	在线溶解氢表	$0.0～10.0mg/L$	$0.1mg/L$	内冷却水

② 内冷却水、离子交换器出水应分别独立配置 2 台以上在线电导率表，水样应恒温至 25℃，或温度补偿至 25℃，取样流量 $300～500mL/min$ 为宜，电极常数 $0.01cm^{-1}$，在线电导率表安装示意见图 7-1。

五、水样检测

① 检测换流阀检修前后内冷却水及其补给水、去离子水中阴阳离子含量，评估离子

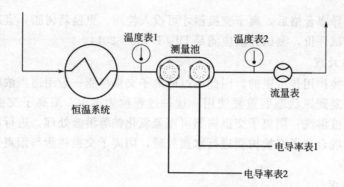

图 7-1　在线电导率表测量示意

交换器运行情况，决定树脂更换周期，监控补给水运输过程中是否污染。

②　现场检测水样电导率，补给水灌装运输前电导率应<0.2μS/cm，运至现场后电导率应≤0.5μS/cm。

③　取样宜用导管从取样口引出，并用样水排出导管中的气泡，取样瓶至少用样水清洗三次，每次清洗所用样水量至少为取样瓶体积的 1/3。

④　离子检测水样宜取 50mL，阳离子水样宜加 1%稀硝酸 1～3 滴，水样应当天送检，或在 4℃条件下保存，最长不超过 72 小时。

⑤　内冷却水宜在储水罐中部取水口取样，去离子水宜在离子交换器排水口取样，补给水应在水源处和水冷室补给前分别取 1 个水样。

⑥　投运检测内冷却水及去离子水电导率，直至内冷却水及去离子水合格为止。

⑦　散热应包括内冷却水系统带走热量、阀厅空调带走热量、阀厅墙壁散热量。

⑧　实际损耗和散热量应参考已建换流站实验数据。

六、内冷水水质控制

1. 电导率

电导率是判断水中离子杂质的重要指标，控制电导率是因为在高压电场作用下，如果内冷水中有离子存在，会使内冷水具有导电性能，导致泄漏电流和能量损耗增加，严重时发生闪络，泄漏电流量可以用下式估算：

$$I_S = \frac{S K_{H_2O}}{4L} U \tag{7-1}$$

式中，I_S 为泄漏电流值；U 为晶闸管组件层间或散热器冷却水管进、出口电压差；L 为冷却水回路水管长度；S 为冷却水管内孔面积；K_{H_2O} 为水的电导率，表 7-2 是电导率为 0.5μS/cm 时晶闸管组件层间内冷水中的泄漏电流。

表 7-2　不同时间内冷水电导率为 0.5μS/cm 时水中泄漏电流

序号	晶闸管组件层间电压差/V	冷却水管长/mm	冷却水管内孔面积/mm²	泄漏电流/mA
1	31.3	756	1618	3.35
2	35.6	756	1618	3.81
3	30.0	756	1618	3.21
4	36.4	756	1618	3.9
5	31.8	756	1618	3.4

由表 7-2 可以看出，电导率为 $0.5\mu S/cm$ 时还是会产生泄漏电流，但泄漏电流均小于 $4mA$。根据铝散热器的腐蚀研究，主要是由电解腐蚀引起的，电解腐蚀过程符合法拉第定律，即发生电解反应的物质的量与通过的电量成正比。

$$n=\frac{Q}{zF}=\frac{It}{zF} \tag{7-2}$$

式中，n 为发生电解反应的物质的量；Q 为电解溶液通过的电量；I 为通过溶液的电流；t 为电解时间；z 为电解反应的电子转移数；$F=96500C/mol$，为法拉第常数。

用式 (7-2) 可以估算泄漏电流引起铝散热器电解腐蚀的量，总的趋势是电导率越高，产生的泄漏电流越大，电解腐蚀速率越高，因此，从这点出发，阀内冷却水的电导率越低越有利。

根据直流输电工程经验一般认为内冷水电导率 $<0.5\mu S/cm$，部分厂家规定电导率 $<0.3\mu S/cm$，在此电导率下泄漏电流对输电系统设备影响较小，但是不能彻底消除泄漏电流，随着高压直流输电电压等级提高，内冷水电导率的控制标准会更加严格。实际上，换流站阀内冷却水的电导率报警值（跳闸）为 $0.5\mu S/cm$，以目前的纯水处理技术水平，阀内冷却水的电导率完全可以做到控制在 $0.2\mu S/cm$ 以下。

2. pH

目前内冷水 pH 值一般要求控制在 $6\sim9$ 范围内，在实际运行中不是常规监督指标，内冷水处理设备也不配套在线监测 pH 的仪表。研究认为换流阀冷却系统散热器腐蚀的原因是铝散热器在碱性环境中生成氢氧化铝沉淀。根据铝-水电位 pH 图（图 7-2）可知在 $pH=4.6\sim8.3$ 时，在金属铝表面可生成致密的 Al_2O_3 膜发生钝化，在 $pH=5.7$ 处出现铝的最小腐蚀。

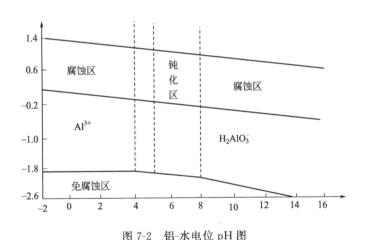

图 7-2　铝-水电位 pH 图

但换流阀内冷却水为高纯度除盐水，其 pH 与电导率是相关联的，pH 控制范围还受到电导率的制约。

由图 7-3 可知在密闭运行的阀内冷却水系统的纯水，为了保证内冷却水的电导率在 $0.5\mu S/cm$ 以下，内冷却水的 pH 值应该控制在 $5.979\sim8.401$ 之间，从水质方面考虑，铝在水中免腐蚀 pH 值区间为 $4.6\sim8.3$，综合考虑密闭内冷却水系统 pH 值应该控制在 $6.0\sim8.3$ 范围内。

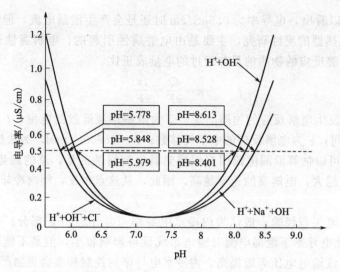

图 7-3　密闭系统中换流阀内冷却水电导率与 pH 关系

3. CO_2

目前为了保证内冷却水液位稳定，阀冷系统设置高位水箱，高位水箱通过呼吸器与大气相通，空气中的 CO_2 会进入换流阀内冷却水中，对内冷却水的 pH 值和电导率都有很大影响，在高纯度的内冷却水中，水的缓冲性很弱，溶入微量 CO_2 对水质的 pH 和电导率影响都较大。碳（包括溶解在水中的 CO_2、H_2CO_3、HCO_3^-、CO_3^{2-} 等）浓度变化影响内冷却水的电导率和 pH 值变化，pH 值的变化同样会引起电导率变化，二者之间相互影响。图 7-4～图 7-6 为开放、纯水体系中，碳浓度与 pH 值关系曲线、pH 值与电导率关系曲线，碳浓度与电导率关系曲线。

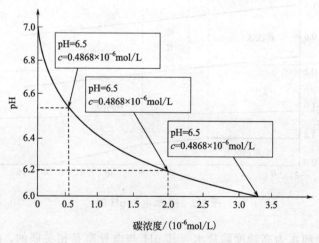

图 7-4　碳浓度与 pH 关系

从图 7-5 可以看出，溶入二氧化碳的内冷却水中，只有内冷却水 pH＞6.1，才能保证内冷却水电导率＜0.5μS/cm；从图 7-5 可以看出，内冷却水中溶入碳后电导率迅速增加，当水中碳浓度达到 2.0×10^{-6} mol/L 时，电导率增加至 0.5μS/cm。根据碳浓度、pH、电导率三者之间关系可知，在溶入后的开放内冷却水系统中，为了控制电导率＜0.5μS/cm，

碳浓度应 $<2.0\times10^{-6}$ mol/L，即 $<88\mu$g/L（以 CO_2 计），内冷水 pH 应 >6.1，综合分析可知在溶入 CO_2 的开放系统中内冷水的 pH 应控制在 6.1～8.3 之间较为安全。

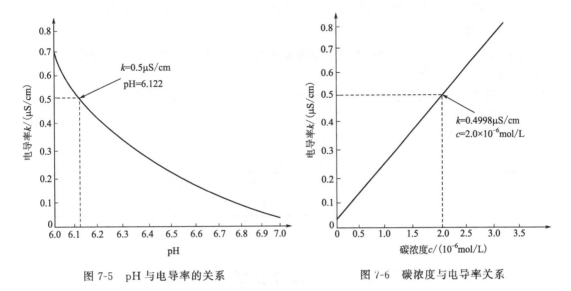

图 7-5　pH 与电导率的关系　　　　　　　图 7-6　碳浓度与电导率关系

4. 氯离子

氯离子会对换流阀散热器腐蚀产生重要影响，内冷水中离子对水质的电导率和 pH 值均有较大影响，假设内冷水密闭运行，水的电导率全部由 Cl^- 贡献，水中电荷平衡为 $[H^+]=[OH^-]+[Cl^-]$，Cl^- 的限值则受电导率、pH 的限制，根据离子独立移动定律，在 pH $=5.5$～7.0 纯水体系中，氯离子与 pH 关系如图 7-7 和氯离子与电导率关系如图 7-8 所示。

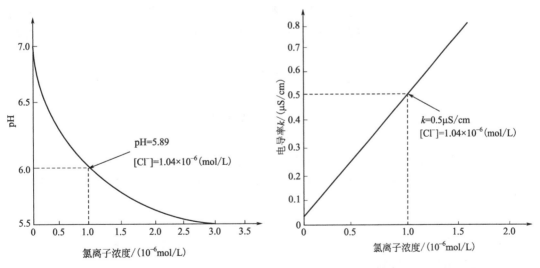

图 7-7　密闭系统中换流阀内冷却　　　　　图 7-8　密闭系统中换流阀内冷却
　　　水中 Cl^- 浓度与 pH 关系　　　　　　　　水 Cl^- 浓度与电导率关系

从图 7-7 可以看出随着内冷却水中 Cl^- 浓度增大，内冷却水的 pH 值迅速降低；从图 7-8可以看出随着内冷却水中 Cl^- 浓度增大，内冷水的电导率迅速增大，当 Cl^- 浓度=

1.04×10^{-6} mol/L 时，内冷却水的电导率为 $0.5\mu S/cm$，内冷却水的 pH=5.98。所以，在密闭系统运行的内冷却水，为了控制内冷却水的电导率 $<0.5\mu S/cm$，且 pH>6.0，以及避免引起铝散热器腐蚀加速，内冷却水中 $[Cl^-]$ 应 $<1.04\times10^{-6}$ mol/L，即 $<36\mu g/L$。

5. 含氧量

DL/T 1010.5—2006《高压静止无功补偿装置　第 5 部分：密闭式水冷却装置》规定大功率电力电子半导体发热器件冷却水采用密闭式循环的纯水的含氧量要求 $\leqslant100\mu g/L$。由于内冷却水的泄漏电流长期存在，内冷却水电解及铝的电解腐蚀都会有氧气产生，同时铝散热器的钝化需要在氧化环境中才能形成致密的 Al_2O_3 钝化膜。

综合以上结果，建议阀内冷却水水质指标控制如表 7-3。

表 7-3　内冷却水水质指标规范

项目	电导率/$(\mu S/cm)$	pH	CO_2/$(\mu g/L)$	氯离子/$(\mu g/L)$	含氧量/$(\mu g/L)$
指标	<0.3	$6.0\sim8.3$	<88	<36	—

第二节　外冷却水系统运行维护

一、运行过程中水质的变化

循环冷却水在其运行过程中，补充水不断进入冷却水系统。此时，补充水中的一部分水在循环运行过程中被蒸发进入大气，另一部分则留在冷却水中而被浓缩，并发生以下一系列的变化。

（1）二氧化碳含量降低

补充水进入循环冷却水系统后，循环运行时在冷却塔内与大气充分接触，水中游离的和半结合的 CO_2 逸入大气而散失，从而使冷却水中下列离子平衡向右侧移动，引起循环水的结垢。

$$CO_2(aq) \longrightarrow CO_2(atm)$$
$$2HCO_3^- \longrightarrow CO_3^{2-} + H_2O + CO_2(aq)$$
$$Ca^{2+} + CO_3^{2-} \longrightarrow CaCO_3 \downarrow$$

（2）硬度和碱度增加

随着循环冷却水被浓缩，冷却水的硬度和碱度会升高。当补充水被浓缩 K 倍时，循环冷却水的硬度和总碱度则均相应增加为补充水总碱度的 K 倍，从而使冷却水的结垢倾向增大。

（3）pH 值的升高

补充水进入循环冷却水系统中后，水中游离的和半结合的酸性气体 CO_2 在曝气过程中逸入大气而散失，故冷却水的 pH 值逐渐上升，直到冷却水中的 CO_2 与大气中的 CO_2 达到平衡为止。此时的 pH 值称为冷却水的自然平衡 pH 值。冷却水的自然平衡 pH 值通常在 $8.5\sim9.3$ 之间。

（4）浊度的增加

补充水进入循环冷却水中后，由于被不断蒸发浓缩，故水中的悬浮物和浊度升高。与此同时，循环水在冷却塔内反复与大气相接触，把大气中的尘埃洗涤下来并带入循环水中，形成悬浮物。此外，冷却水系统腐蚀产物、微生物繁衍生成的黏泥都会成为悬浮物。这些生成的悬浮物约有 4/5 沉积在冷却塔集水池的底部，它们可以通过排污被带出冷却水系统，还有约 1/5 的悬浮物则悬浮在冷却水中，使水的浊度增加。悬浮物还会沉积在换热器换热管壁上，降低冷却的效果。

如果采用旁路过滤处理，则可使循环水的浊度控制在 $10\sim15mg/L$。

（5）溶解氧浓度的增大

补充水进入循环冷却水系统后，在冷却塔内的喷淋曝气过程中，空气中的氧大量进入水中成为水中的溶解氧。由于冷却水与空气在循环过程中反复接触，水中的溶解氧接近该温度与压力下氧的饱和浓度，从而增加了冷却水的腐蚀性，因为冷却水中金属的腐蚀主要是属于氧去极化腐蚀。

（6）含盐量升高

补充水在循环过程中被蒸发时，水中的无机盐等非挥发性物质仍留在循环水中，故循环水由于蒸发而被浓缩，从而增大了循环水的结垢倾向和腐蚀倾向。

（7）微生物滋生

循环冷却水中的微生物既可能是由空气带入的，也可能是由补充水带入的。循环冷却水的水温通常在 $32\sim42℃$，水中含有大量的溶解氧，又往往含有氮、磷等营养成分，这些条件都有利于微生物的生长。冷却水系统中日光照及的部位可以有大量的藻类生长繁殖，日光照不到的地方，则可以有大量的细菌和真菌繁殖，并生成黏泥覆盖在换热器中的金属表面上，降低换热器的冷却效果，引起垢下腐蚀和微生物腐蚀。

二、日常运行中水处理剂的添加

（1）加药量的计算

水质稳定剂的加药量可以根据水质稳定剂配方的要求、补充水水量和循环水的浓缩倍数来估算。

设配方中要求向循环冷却水中添加某一组分的浓度为 c（mg/L，有效成分计），补充水水量为 M（m³/h），循环水的浓缩倍数为 K，则每小时补充水水量为 M（m³），补充水经浓缩后变为 M/K（m³/h）循环水，故

$$每小时加药量 = (c/1000)(M/K)（kg,有效成分计）$$
$$每班加药量 = 8\times(c/1000)(M/K)（kg,有效成分计）$$
$$每天加药量 = 24\times(c/1000)(M/K)（kg,有效成分计）$$

（2）加药方式

由于液体形式的水质稳定剂便于输送、计量和混合，所以通常先将水质稳定剂制成液体（溶液）形式，通过可以计量的加药装置，按补充水所需的量，直接加入或与补充水混合后再加入循环水系统。

商用水质稳定剂通常以浓溶液形式出售，可以通过有计量的加药装置，加入循环冷却水系统。

（3）加药装置

非氧化性杀生剂往往采用每月 $1\sim2$ 次冲击添加的办法，用人工直接从运输容器内抽出，在冷却塔集水池的出口处投加到循环水系统中。为了尽量使其在循环水系统内自然降

解和提高其杀生（杀菌灭藻）效果，可在加药后暂时（一般为 24 小时内）停止排污。

有各种加药装置，但每套加药系统如能配制一台计量泵或隔膜泵，则较为理想。

加药装置的流量要实现可计量和可调节，这样就可以根据补充水的水量和浓缩倍数控制加药量，从而可以控制循环水中水质稳定剂的浓度。

（4）加药地点

水质稳定剂中的缓蚀剂和阻垢剂可以在补充水中加入，也可以在循环水中加入，但不应加在紧靠取样点上游。

三、日常运行中的水质监测与控制

循环冷却水系统中的腐蚀、结垢和微生物生长与冷却水的水质——水的化学组成和物理化学性质有着密切的关系。大多数的循环冷却水系统正常运行时的 pH 在 7.0～9.2 之间。如果循环水的 pH 降低到＜4.5 时，则冷却水系统将发生严重的腐蚀。

循环冷却水系统在正常运行时使用的水处理剂是否能发挥最佳的作用，也与冷却水的水质有着十分密切的关系。

许多循环冷却水系统的补充水是地面水，它们的组成往往随季节而变化。夏季时由于雨量充沛含盐量低；冬季时则由于地面降雨稀少含盐量增加，有些地方甚至可以增加 2～3 倍。如果用相同的工艺条件和水处理方案，在夏天时可能效果很好，但冬天时可能会结垢。因此，在日常运行中需要对冷却水系统的补充水和循环水的化学组成和物理化学性质进行监测和控制。

（1）pH 值

在 25℃时 pH＝7.0 的水为中性，故 pH＝7.0～9.2 的水大体上属于中性或微碱性的范围；冷却水的腐蚀性随 pH 的上升而下降；循环水的 pH 值低于这一范围时，水的腐蚀性将增加，造成设备的腐蚀；循环水的 pH 高于这一范围时，则水的结垢倾向增大，容易引起换热器的结垢。一般对于间冷开式循环冷却水系统，pH 控制在 7.0～9.2。

（2）悬浮物浓度与浊度

悬浮物是颗粒较大而悬浮在水中的一类杂质的总称。由于这类杂质没有统一的物理和化学性质，所以很难确切地表示出它们的含量。

在水质分析中，常用浊度测定值来近似表示悬浮物和胶体的含量，单位是 mg/L。循环水中的悬浮物通常由沙子、尘埃、淤泥、黏土、腐蚀产物和微生物等组成。它们往往是由补充水带入的，但也可以由空气或风沙带入，而有些则是在循环水系统运行过程中生成的。它们往往沉积在循环水流速较慢或流速突然降低的部位，例如冷却塔集水池的底部、换热器的水室和壳程一侧的折流板的下部等处形成淤泥，从而影响换热器的冷却效果和造成垢下腐蚀。悬浮物还会吸附水中的锌离子，降低锌离子在水中的浓度。因此，对补充水和循环水的浊度应该加以监测和控制。

在一般情况下循环冷却水的悬浮物浓度或浊度不应大于 20mg/L，当使用板式、翅片管式或螺旋板式换热器时，悬浮物浓度或浊度不宜大于 10mg/L。

（3）含盐量

含盐量是指水中溶解性盐类的总浓度。含盐量是衡量水质好坏的一项重要指标，其单位常用 mg/L 表示。

含盐量也可通过电导率来间接表征。水中溶解的绝大部分盐类都是强电解质，根据强电解质理论，在低浓度时，它们在淡水中会全部电离成离子，所以可以利用离子的导电能力（电导率）的大小来了解水中含盐量的多少。天然淡水的电导率通常在 $50 \sim 500 \mu S/cm$。

对于同一类天然淡水，以 25℃ 时为标准，电导率与含盐量大致成正比关系。其比值为 $1 \mu S/cm$ 的电导率相当于 $0.55 \sim 0.90 mg/L$ 的含盐量。

在含盐量高的水中，Cl^- 和 SO_4^{2-} 的含量往往较高，因而水的腐蚀性较强；含盐量高的水中，如果 Ca^{2+}、Mg^{2+} 和 HCO_3^- 的含量较高，则水的结垢倾向较大；投加缓蚀剂、阻垢剂时，循环冷却水的含盐量一般不宜大于 $2500 mg/L$。

（4）钙离子浓度

从腐蚀的角度来看，软水虽不易结垢，但其腐蚀性较强。因此，循环水中钙离子浓度的低限不宜小于 $30 mg/L$。

从结垢的角度来看，钙离子是循环水中最主要的成垢阳离子。因此，循环水中钙离子浓度也不宜过高。在投加阻垢分散剂的情况下，钙离子浓度的高限不宜大于 $200 mg/L$。

（5）镁离子浓度

镁离子也是冷却水中一种主要的成垢阳离子，一般情况下，循环水中镁离子浓度不宜大于 $60 mg/L$ 或 $2.5 mmol/L$（以 Mg^{2+} 计）。

由于镁离子易与循环水中的硅酸根生成类似于蛇纹石组成的不易用酸除去的硅酸镁垢，故要求循环水中镁离子浓度遵从以下关系式：

$$[Mg^{2+}](mg/L) \times [SiO_2](mg/L) < 15000$$

式中 $[Mg^{2+}]$ 以 $CaCO_3$ 计，$[SiO_2]$ 以 SiO_2 计。

（6）铝离子浓度

天然水中铝离子的含量较低，循环水中的铝离子往往是由于补充水在澄清过程中添加铝盐作混凝剂而带入的。铝离子进入循环水中后将起黏结的作用，促进污泥沉积。

循环水中铝离子浓度不宜大于 $0.5 mg/L$。

（7）铜离子浓度

循环水中的铜离子会引起钢和铝的局部腐蚀，因此，循环水中的铜离子浓度不宜大于 $0.1 mg/L$，投加铜缓蚀剂时则应按试验数据确定。

（8）总铁（$Fe^{2+} + Fe^{3+}$）

循环水中的铁离子即可以是由补充水带入的，也可以是由循环水系统中钢设备腐蚀所产生的，有人曾把循环水中的总铁浓度作为估计钢铁设备腐蚀情况的依据。循环水中总铁浓度 $0.1 \sim 0.2 mg/L$ 时为正常，$0.5 \sim 1.0 mg/L$ 时为过高，而总铁浓度 $>1.0 mg/L$ 时为腐蚀信号；《设计规范》中要求循环水总铁含量一般宜小于 $0.5 mg/L$。

（9）碱度

天然水中的碱性物质主要是 HCO_3^-，而循环冷却水中的碱性物质则主要是 HCO_3^- 和 CO_3^{2-}；碱度的单位可用 $mmol/L$（以 H^+ 计）或 mg/L（以 $CaCO_3$ 计）表示。

碱度按测定时所用指示剂的不同可分为酚酞碱度（P 碱度）和甲基橙碱度（M 碱度），后者又称为总碱度；甲基橙碱度是表征循环水中产生碳酸盐垢的成垢阴离子数量和结垢倾向的一个重要参数；一般情况下，冷却水中若不投加阻垢分散剂，则碱度不宜大于 $3 mmol/L$（以 H^+ 计），若投加阻垢分散剂，一般不宜超过 $10.0 mmol/L$（以 H^+ 计）或 $500 mg/L$（以 $CaCO_3$ 计）。

（10）氯离子浓度

氯离子是一种腐蚀性离子，它能破坏碳钢、不锈钢和铝等金属或合金表面的钝化膜，引起金属的点蚀、缝隙腐蚀和应力腐蚀破裂。研究结果表明，在充分充气和未添加缓蚀剂的淡水中，当氯离子浓度从 0 增加到 200mg/L 时，碳钢单位面积上的蚀孔数随氯离子浓度的增加而增加；当氯离子浓度增加到 500mg/L 时，碳钢表面上除了孔蚀外，将还有溃疡状腐蚀。

当投加缓蚀剂进行冷却水处理时，对于含不锈钢换热设备的循环冷却水系统，氯离子浓度不宜大于 300mg/L；对于含碳钢换热设备的循环冷却水系统，氯离子浓度则不宜大于 1000mg/L。

加氯或加次氯酸钠控制微生物生长的同时，会使循环冷却水中的氯离子浓度升高。

常根据循环水中和补充水中的氯离子浓度比计算循环水的浓缩倍数。

（11）硫酸根浓度

硫酸根也是一种腐蚀性离子。硫酸根还是腐蚀性细菌——硫酸盐还原菌生命活动中不可缺少的物质。硫酸根还可能与循环水中的钙离子生成硫酸钙垢，因此需要对它进行监测。

循环冷却水中的硫酸根离子既可能是由补充水带入的，也可能是在控制循环冷却水pH 时通过加浓硫酸而带入的。

循环冷却水中投加阻垢剂时，对于碳钢换热设备，水中硫酸根和氯离子的浓度之和不宜大于 1500mg/L。

（12）硅酸

循环冷却水中的硅酸盐有一定的缓蚀作用，但硅酸盐浓度高时会生成硅酸镁垢；循环冷却水中硅酸盐的浓度（以 SiO_2 计）不宜大于 175mg/L；为了防止生成硅酸镁垢，循环水中的硅酸根浓度（以 SiO_2 计）应控制在：$[Mg^{2+}](mg/L) \times [SiO_2](mg/L) < 15000$，式中的 $[Mg^{2+}]$ 以 $CaCO_3$ 计，$[SiO_2]$ 以 SiO_2 计。

（13）游离余氯

在采用加氯方案控制循环水中的微生物生长时，通常要求有适量的剩余氯留在水中，以便能继续控制循环水中的微生物生长。这种剩余的氯被称为余氯、活性氯或游离余氯。

能有效控制循环水中微生物生长的余氯浓度随循环冷却水运行时的 pH 而异。有人认为，当运行时的 pH 为 6.0~8.0 时，循环冷却水中余氯的浓度为 0.2mg/L 就够了；当运行时的 pH 为 8.0~9.0 时，循环冷却水中余氯的浓度应提高为 0.4mg/L；当运行时的 pH 为 9.0~11.0 时，循环冷却水中余氯的浓度则需要进一步提高到 0.8mg/L。《设计规范》中则要求：在回水总管处，游离余氯浓度宜控制在 0.5~1.0mg/L。

（14）磷酸盐浓度

天然水中磷酸盐的浓度是很低的。循环冷却水中的磷酸盐通常是作为水处理剂而被加入水中的。

循环冷却水中的磷酸盐通常有正磷酸盐、聚磷酸盐和膦酸盐三类。在测定循环冷却水中上述三类磷酸盐的浓度时，一般是通过分别测定正磷酸盐（简称正磷）浓度、总无机磷酸盐（简称总无机磷）浓度和总磷酸盐（简称总磷）浓度后分别算出的。

循环冷却水中的正磷酸盐通常是由聚磷酸盐水解或膦酸盐降解后产生的，也可能是正磷酸盐作为缓蚀剂而被直接加入水中的。正磷酸盐有一定的缓蚀作用，但它易与水中的钙离子生成磷酸钙垢，故需对其在水中的浓度进行监测与控制。

聚磷酸盐是一类广泛使用且较为有效的缓蚀剂和阻垢剂。聚磷酸盐易水解为正磷酸盐，从而使其缓蚀能力降低，阻垢作用消失，且易与水中钙离子生成磷酸钙垢。因此，需要对其在循环冷却水中的浓度进行监测和控制。

膦酸盐是一类广泛使用的阻垢缓蚀剂。它既有阻垢作用，又有缓蚀作用。膦酸盐虽不易水解，但会被活性氯降解为正磷酸盐。为了控制循环冷却水中结垢情况，需要对膦酸盐在水中的浓度进行监测和控制。

上述三类磷酸盐浓度的控制范围随各水处理方案不同，一般通过小型试验确定。

（15）浓缩倍率

循环冷却水系统日常运行时，人们通常根据循环冷却水中某一种组分的浓度或某一性质与补充水中的某一种组分的浓度或某一性质之比计算循环冷却水的浓缩倍数 K：

$$K = \frac{C_r}{C_m}$$

式中　C_r——循环水中某一种组分的浓度或某一种性质的值；

　　　C_m——补充水中某一种组分的浓度或某一种性质的值。

对于用来监测浓缩倍数的组分浓度或性质的要求是：它们只随浓缩倍数的增加而成比例地增加，而不受运行中其它条件（加热、曝气、投加水处理剂、沉积或结垢等）的干扰，通常选用的组分浓度和性质有：氯离子浓度、二氧化硅浓度、钾离子浓度、钙离子浓度、含盐量和电导率。

① 氯离子浓度

由于氯离子浓度的测定方法比较简单，在循环冷却水的运行过程中氯离子既不挥发，也不沉淀。为了控制水的腐蚀性，在日常的水质监测项目中就有氯离子浓度一项，所以在浓缩倍数的监测中，人们常用循环冷却水中的氯离子浓度与补充水中的氯离子浓度之比来计算循环冷却水的浓缩倍数 K。即

$$K = \frac{[\mathrm{Cl^-}]_r}{[\mathrm{Cl^-}]_m}$$

在循环冷却水的日常运行中，通常要加氯、次氯酸钠、氯化异氰尿酸、洁尔灭等含氯离子的药剂去控制水中的微生物。此时，循环冷却水中会引入额外的氯离子，从而使测得的浓缩倍数偏高。

② 二氧化硅浓度

人们还选用循环冷却水中 SiO_2 的浓度 $[SiO_2]_r$ 和补充水中 SiO_2 浓度 $[SiO_2]_m$ 之比计算循环冷却水的浓缩倍数，即

$$K = \frac{[SiO_2]_r}{[SiO_2]_m}$$

除非选用硅酸盐作水处理剂外，在循环冷却水的日常运行中，一般情况下不向循环冷却水中引入硅酸盐。因此，用二氧化硅浓度计算浓缩倍数受到的干扰较少。要注意的是，当硅酸盐与镁离子浓度都高时，循环水中会生成硅酸镁沉淀而使实测的结果偏低。此外，测定二氧化硅浓度的分析方法比测定氯离子浓度的要复杂一些。

③ 钾离子浓度

大多数钾盐的溶解度较大，在循环冷却水的运行过程中又不会从水中析出，人们也很少用钾盐作水处理剂，故用循环冷却水中钾离子浓度 $[K^+]_r$ 与补充水中钾离子浓度

$[K^+]_m$ 之比计算浓缩倍数 K 时受到的干扰较少。此时

$$K = \frac{[K^+]_r}{[K^+]_m}$$

多数补充水中钾离子浓度较低，加以钾离子的分析常用火焰光度法，不便于现场监测使用。

④ 钙离子浓度

用循环冷却水中钙离子浓度 $[Ca^{2+}]_r$ 与补充水中钙离子浓度 $[Ca^{2+}]_m$ 之比计算浓缩倍数 K，此时

$$K = \frac{[Ca^{2+}]_r}{[Ca^{2+}]_m}$$

除了用次氯酸钙作杀菌剂外，人们很少用钙盐作为循环冷却水处理剂。因此，加药不易使其中的钙离子浓度受到干扰。但当循环冷却水系统在运行过程中结垢时，尤其在高硬度、高碱度、高 pH 和高浓缩倍数时，用钙离子浓度计算浓缩倍数时所得到的结果往往偏低。

⑤ 含盐量或电导率

用循环冷却水的含盐量（或电导率）与补充水的含盐量（或电导率）之比计算浓缩倍数，也是人们常用的一种方法。此时

$$K = \frac{[含盐量]_r}{[含盐量]_m}$$

或

$$K = \frac{[电导率]_r}{[电导率]_m}$$

含盐量或电导率的测定比较简单，电导率的测定迅速、准确、便于自动记录或将其测量结果输入电脑。但在循环冷却水的日常运行中，需要向水中加入水处理剂和杀菌剂，循环水自身盐类浓缩，碳酸盐随浓缩分解逸出。使水的含盐量或电导率与浓缩倍数不是线性关系，产生较大误差，只能用于初步估计。

四、外冷却水系统检查

① 检查喷淋塔内填料、支撑柱和换热管外表上藻类附着及结垢情况、喷淋池腐蚀及池底沉积物情况，分析杀菌剂及阻垢剂效果。

② 检查石英砂过滤器，如果出水浊度不合格应进行原因分析，并进行清洗恢复，否则更换石英砂。

③ 检查活性炭过滤器是否失效，否则更换活性炭。

④ 检查超滤，如果发现超滤污染，应分析原因及清洗恢复，或更换超滤膜。

⑤ 检查钠离子软化器及盐池，如果离子交换树脂破碎或达不到设计能力，应按照 DL/T 673 规定进行旧树脂报废处理。

⑥ 检查反渗透，如果反渗透污堵或出水不合格，应分析原因，并清洗恢复，或更换反渗透膜。

⑦ 检查加药装置有无泄漏。

五、外冷却水的水质标准

GB 50050—2007《工业循环冷却水处理设计规范》中，对于间冷开式循环冷却水系

统，要求水质符合表 7-4 规定。

表 7-4 间冷开式循环冷却水系统水质指标

项目	单位	要求或使用条件	许用值
浊度	NTU	根据生产工艺要求确定	≤20
		换热设备为板式、翅片管式、螺旋板式	≤10
pH	—		6.8～9.5
钙硬度＋甲基橙碱度（以 $CaCO_3$ 计）	mg/L	碳酸钙稳定指数 RSI≥3.3	≤1100
		传热面水侧壁温大于 70℃	钙硬度＜200
总 Fe	mg/L	—	≤1.0
Cu^{2+}	mg/L	—	≤0.1
Cl^-	mg/L	碳钢、不锈钢换热设备，水走管程	≤1000
		不锈钢换热设备，水走壳程，传热面水侧壁温不大于 70℃，冷却水出水温度小于 45℃	≤700
SO_4^{2-}＋Cl^-	mg/L	—	≤2500
硅酸（以 SiO_2 计）	mg/L	—	≤175
Mg^{2+}×SiO_2（Mg^{2+} 以 $CaCO_3$ 计）	mg/L	pH≤8.5	50000
游离氯	mg/L	—	0.2～1.0
NH_3-N	mg/L	—	≤10
石油类	mg/L	非炼油企业	≤5
		炼油企业	≤10
COD_{Cr}	mg/L	—	≤100

规范中特别说明：对于间冷开式循环冷却水水质指标应根据补充水水质及换热设备的结构型式、材质、工况条件、污垢热阻值、腐蚀速率并结合水处理药剂配方等因素综合确定。

DL/T 1716—2017《高压直流输电换流阀冷却水运行管理导则》，对于换流阀外冷却水质量要求符合表 7-5 规定。

表 7-5 换流阀外冷却水质量要求

序号	项目	单位	质量指标
1	pH	—	6.8～9.0
2	浊度	NTU	≤10
3	硬度（以 $CaCO_3$ 计）	mg/L	≤200
4	COD_{Cr}	mg/L	≤100
5	Cl^-	mg/L	根据材质满足 DL/T 712 要求
6	总磷	mg/L	满足环保要求

水质指标选取原则：①能反映结垢的控制指标；②能反映污垢的控制指标；③能反映

生物黏泥的控制指标；④指标要易于实施监测；⑤控制值要安全且能够实现。

根据上述原则以及结合 GB 50050—2007《工业循环冷却水处理设计规范》和 DL/T 1716—2017《高压直流输电换流阀冷却水运行管理导则》的要求，对阀外循环冷却水水质指标选取及控制要求建议如表 7-6 规定。

表 7-6   阀外循环冷却水水质指标的选取建议

序号	项目	单位	控制标准值	选取说明
1	pH	—	7.0～9.0	结垢、腐蚀监控指标，易于监测
2	电导率	$\mu S/cm$	≤1000	相当于溶解类盐 550～900mg/L，易于监测
3	悬浮物	mg/L	≤10	黏泥监控指标，易于监测
4	M 碱度	mg/L(以 $CaCO_3$ 计)	≤500	结垢监控指标，易于监测
5	总硬度	mg/L(以 $CaCO_3$ 计)	≤500	结垢监控指标，易于监测
6	总铁	mg/L	≤0.5	腐蚀控制指标，易于监测
7	Cl^-	mg/L	≤200	腐蚀、浓缩控制指标，对于 304L 不锈钢氯离子含量在 200mg/L 才安全
8	SO_4^{2-}	mg/L	≤1000	浓缩控制指标，防止形成硫酸钙垢
9	硅酸(SiO_2)	mg/L	≤100	防止形成硅垢
10	COD_{Cr}	mg/L	≤100	控制微生物繁殖
11	生物黏泥量	mL/m³	≤2.5	控制生物黏泥，指导杀菌控制
12	总 PO_4^{3-}	mg/L	≤7	监测阻垢剂是否过量投加，防止微生物滋生

在本控制指标中，因余氯不容易监测，且直流换流站杀菌剂几乎不用含氯的氧化杀菌剂，因循环冷却水的补充水采用 Na 型树脂软化，循环水的浓缩倍率作为控制指标将变得无价值。

六、外冷却水运行监测实例

某换流站阀外循环冷却水系统属间冷开式循环冷却水系统，循环冷却水过流部件的系统材质为 316L 和 304L。冷却塔为闭式喷淋冷却塔，冷却塔材质均为 304L 不锈钢，换热设备为带翅片蛇形管式，内置于冷却塔内。循环冷却水通过喷淋喷洒在换热管外侧，被冷却的介质在管内侧流动降温。

循环冷却水处理方式由 1 套碳滤装置、1 套砂滤装置、1 套软化装置、1 套阻垢＋杀菌加药装置组成。

1 套碳滤装置和 1 套砂滤装置，主要用做循环冷却水的有机物控制和悬浮物控制，处理流量为 30m³/h。

1 套软化装置，主要处理循环冷却水的补充水，处理水量为 20m³/h，采用 Na 型树脂软化，NaCl 自动再生。

1 套阻垢＋杀菌加药装置，主要用于向循环冷却水中添加阻垢剂和杀菌剂，阻垢剂的目的是防止 Na 型树脂软化出水所残留的剩余硬度，在循环水的浓缩过程中结垢。杀菌剂的作用是控制循环水中微生物、藻类的滋生。

（1）补充水水质

循环冷却水其补充水除第一、二季度水中悬浮物较高外，水质较好，见表 7-7。

表 7-7　某循环冷却水补充水水质

序号	项目	单位	1季度	2季度	3季度
1	pH(25℃)	—	7.32	6.93	7.84
2	电导率(25℃)	μS/cm	262	137.9	203
3	溶解固形物	mg/L	72.9	75.20	70.40
4	悬浮物	mg/L	27.30	22.1	6.80
5	全硅(SiO_2)	mg/L	1.20	1.20	0.56
6	甲基橙碱度	mmol/L	0.65	0.39	0.85
7	总硬度	mmol/L	1.26	1.12	1.07
8	非碳酸盐硬度	mmol/L	0.61	0.73	0.22
9	碳酸盐硬度	mmol/L	0.65	0.39	0.85
10	全 Fe	mg/L	0.053	0.29	0.064
11	Cl^-	mg/L	23.04	29.42	13.12
12	SO_4^{2-}	mg/L	1.66	2.48	3.98
13	PO_4^{3-}	mg/L	0.14	0.14	0.76

上述补充水经过 Na 型树脂软化装置后，出水残留硬度约为 0.03mmol/L，其余含盐量、碱度、阴离子、全硅等其它指标均不变。

（2）换流阀外冷却水水质

极 Ⅰ、极 Ⅱ 换流阀外冷却水日常运行水质处于良好的控制状态，但部分时段悬浮物偏高，见表 7-8。

表 7-8　某换流站极 Ⅰ、极 Ⅱ 换流阀外冷却水水质

序号	项目	单位	极 Ⅰ 外冷循环水			极 Ⅱ 外冷循环水		
1	浊度	NTU	—	—	—	—	—	—
2	pH	—	7.52	7.04	7.19	7.37	7.61	7.50
3	电导率	μS/cm	297	129.4	694	279	236.0	795
4	悬浮物	mg/L	19.50	12.20	18.93	64.80	8.90	9.10
5	M 碱度	mg/L(以 CaCO₃ 计)	43	23	47	31	25	65.5
6	总硬度	mg/L(以 CaCO₃ 计)	67	41	86	44.5	37.5	109.5
7	总铁	mg/L	0.037	0.18	0.19	0.017	0.33	0.066
8	Cl^-	mg/L	16.66	25.17	46.44	17.37	24.82	41.83
9	SO_4^{2-}	mg/L	8.44	3.10	23.66	10.10	4.28	23.53
10	硅酸(SiO_2)	mg/L	2.00	6.50	3.22	6.50	2.50	3.12
11	NH_3-N	mg/L	0.13	1.01	0.88	0.13	0.20	0.22
12	COD_{Cr}	mg/L	—	—	—	—	—	—

（3）监测频次及水质异常处理

换流阀外冷却水可按照表 7-9 进行项目及周期监测。

表 7-9　换流阀外冷却水检测项目及周期

序号	项目	单位	监测频次
1	pH	—	在线连续监测
2	电导率	μS/cm	在线连续监测
3	悬浮物	mg/L	3 个月一次
4	总硬度	mg/L（以 $CaCO_3$ 计）	3 个月一次
5	Cl^-	mg/L	3 个月一次
6	COD_{Cr}	mg/L	3 个月一次
7	总 P	mg/L	3 个月一次

当换流阀外冷却水发生水质异常时，按表 7-10 原则进行处理。

表 7-10　换流阀外冷却水水质异常处理

序号	项目	警戒极限	处理措施
1	外冷却水氯离子	超出 DL/T712 规定	(1)检查外冷却水处理设备 (2)加强外冷却水排污
2	外冷却水悬浮物	＞10	(1)对过滤器进行反洗，必要时更换滤料 (2)加强外冷却水排污
3	外冷却水硬度	＞200	(1)软化装置再生 (2)更换软化器树脂 (3)反渗透清洗或换膜 (4)加强外冷却水排污

第三节　空冷系统运行维护

一、空冷系统特点

换流站阀内冷却水的室外换热有水冷和空冷两种，水冷方式以循环水为冷却介质，通过蒸发冷却塔带走热量；空冷方式以空气为冷却介质，通过空冷器带走热量。

在干燥、寒冷、缺水的北方地区，换流站采取空冷方式可以避免水冷方式的结露、结冰、防冻和覆冰问题的发生，同时无需新鲜用水，无经常性废水排放，具有节水、环保的优势。在严寒地区等特殊地理环境中，空冷方式是更为适宜的冷却方式。

空冷方式的主要设备为空冷器，见图 7-9，主要由换热盘管（带翅片）、风机和支架组成。阀内冷却水在换流阀内加热升温后，由主循环水泵驱动进入空气冷却器，空气冷却器配置有换热盘管（带翅片）和风机，风机驱动室外大气冲刷换热盘管外表面，使换热盘管内的水得以冷却，降温后的阀内冷却水再送至换流阀，如此周而复始地循环。

水冷方式主要由水冷蒸发式冷却塔、加药装置、水处理装置、喷淋水泵组成。与水冷方式相比，空气冷方式具有设备数量少、系统简洁、运行维护简单的特点。由于空冷方式采用比热容约 1.4kJ/(kg·K) 的空气做冷却介质，水冷方式采用比热容约 4.2kJ/(kg·K) 的水作为冷却介质，空气的比热容仅为水的 1/3。因此，水冷方式的水温控制调节比空冷方式反应更快速，空冷方式的空冷器需要更大的换热面积、更大的风量，一般空冷方式的设备投资

图 7-9 换流站室外换热空冷器

是水冷方式的 1.5 倍左右，室外占地面积为 4～6 倍，运行电耗为 5～6 倍。

二、日常运行维护操作

空冷方式具有日常运行维护简单的特点。

（1）日常巡检

① 运行中有无异常性声音和振动。

② 转动部件有无过热、松动。

（2）运行操作事项

① 空冷器

a. 管内介质、温度、压力均应符合设计条件，严禁超压、超温操作。

b. 管内升压、升温时，应缓慢逐级递升，以免因冲击而损坏设备。

c. 空冷器正常操作时，应先开启风机，再向管束内通入介质；停止操作时，应先停止向管束内通入介质，后停风机。

d. 易凝介质于冬季操作时，其程序与 c. 相反。

e. 启动前应将浮动管箱两端的紧定螺钉卸掉，保证浮动管箱在运行过程中可自由移动，以补偿翅片管热胀冷缩的变形量。

② 空冷器风机

a. 风机叶片角度应按照设计提供的数据安装，盲目增大叶片安装角，会使电机超负荷运行。

b. 运行过程中应密切注意电机电流情况，尤其是用风量较大时。

（3）定期维护保养

① 每 3 个月通过注油嘴加注锂基润滑油。

② 定期调整三角带的松紧度，并检查三角带胶带的磨损程度，磨损严重的应及时予以更换。

③ 全面检查各零部件的紧固状态，一年一次。

④ 风筒与叶轮的径向间隙检查，一年一次。

⑤ 叶片角度及叶片沿风机轴向跳动应每年检查、调整一次。

⑥ 清除风机叶片表面油污，检查叶片损坏，半年一次。

⑦ 检查管束各密封面不得有泄漏现象，如有泄漏时，丝堵式管箱可将丝堵适当拧紧，仍无效果时，应停机更换垫圈或换丝堵。

⑧ 翅片管端泄漏时，允许将管子重胀。重胀次数不得超过 2 次，并注意不要过胀。无法用胀接修复时应更换翅片管。作为临时措施，也允许用金属塞堵塞。

⑨ 如需到管束表面上检查时，应在翅片管上垫以木板或橡胶板，以免损坏翅片。

⑩ 铝翅片如被碰倒时，应用专用工具（扁口钳）扶直。

⑪ 定期用压力水或压缩空气冲刷，清除翅片上的尘垢以减少空气阻力，保持冷却能力。

⑫ 检查管束热偿结构工作是否正常，浮动管箱移动必须灵活，不允许有滞卡现象。

⑬ 定期维护时，应在管束外表面（不包括翅片表面）涂一层银粉漆。

⑭ 定时对框架及其它物件进行外防腐处理。

三、空冷器的检修

空冷器一般检修周期为 2～4 年，每次检修主要为：

① 清扫检查管箱及管束。

② 更换腐蚀严重的管箱丝堵、管箱法兰的联接螺栓及丝堵、法兰垫片。

③ 检查修复风筒、百叶窗及喷水设施。

④ 处理泄漏的管子。

⑤ 校验安全附件。

⑥ 更换管束。

⑦ 对管束进行试压。

⑧ 检查修理轴流风机。

⑨ 检查修复大梁、侧板等受力件。

参考文献

［1］ 刘建章. 核结构材料. 北京：化学工业出版社，2007. 472.

［2］ Hollingworth EH, Hunsicker HY. Corrosion of aluminium and aluminium alloys. Metal Handbook ASM 1990; 2: 608.

［3］ 丁德，左坤，谷永刚，等. 换流阀均压电极结垢分析及其去除方法. 清洗世界，2014, 30（6）：15-19.

［4］ Chatalov AY. Effet du pH sur le comportement electrochimique des metaux et leur resistance a la corrosion. Doklady Akademii Nauk SSSR 1952; 86: 775-777.

［5］ 周海峰，曹鸿. 天生桥换流站水冷却系统故障分析与改造. 华北电力技术，2009（03）：51-54.

［6］ 曾丽，郑伟，邵乾晋. 兴安直流 2012 年度运行情况分析，电力系统保护与控制，2014 年第 42 卷，131-136.

［7］ 陆锐，严海健，徐攀腾，何海欢. 高压直流输电换流阀冷却系统典型问题分析. 电工技术，2019（9）：97-100.

［8］ 蔡宏涅，雷鸣东，林康泉，郭强，蒋益. 兴仁换流站直流阀冷系统缺陷统计分析. 广西电力，40（2017）：58-61.

［9］ 谢辰昱，李畅，冯文昕. 高坡换流站外冷却水系统水质净化方式对比分析. 广东化工，2015, 42（8）：142-144.

［10］ 饶洪林，黄家铭，陈飞，刘浔，刘馨，谢梦. 换流站外水冷水处理系统介绍及水质异常分析. 电工技术，2017（7A）：108-110.

［11］ P. O. Jackson, B. Abrahamsson, D. Gustavsson and L. Igetott, "Corrosion in HVDC valve cooling systems," in IEEE Transactions on Power Delivery, vol. 12, no. 2, pp. 1049-1052, April 1997, doi: 10. 1109/61. 584437.

［12］ 朱元宝，等. 电化学数据手册. 长沙：湖南科学技术出版社，1985.

［13］ C. R. Alentejano, I. V. Aoki, Localized corrosion inhibition of 304 stainless steel in pure water by oxyanions tungstate and molybdate, Electrochimica Acta 49（2004）2779-2785.

［14］ K. Ishii et al., Continuous monitoring of aluminum corrosion process in deaerated water, Corrosion Science 49（2007）2581-2601.

参考文献

[1] 《中国 [M]. 北京：中国[M]. 2001.09.

[2] Hollingworth EH, Hunsicker HY, Corrosion of aluminum and aluminum alloys. Metal Hand book. ASM ISO072. 600.

[3] 王强，王加，陈永等. 等. 铝 [M]. 重庆[M]. 2014. 30. 51.

[4] Oreploy AV, Effet du pH sur le comportement electrochimique des moduix et leur resistance à corrosion. DOUd], Academi Nauk USSR 1959 180. 15-24.

[5] 罗顺海，王梦. 无机金. 化学[M]. 等等技术研究[M]. 北京[M]. 2007.09. 5-58.

[6] 杨帆，东东，隆金等. 无机氧 2016 6 [[]. 等等等[M]. [] 无等学报[M]. 2016 03 56. 73. 186.

[7] 王英，李樱，黄英等. 等[M]. 无机无等无等无等无等无等无等等等[J]. 中国无等. 2016 09. [3] 87. 100.

[8] 李王美，王永进，王等等等. 等 [J]. 无机无等无等无等无等无等等等等[M]. 中国无等等等 40 [2012 33 50.

[9] 杨海李，王永等. 无等，无等等无等无等无等无等无等无等无等等等无等[M]. 2016 [M]. [] 无等. 2015 [2] 62. 64.

[10] 李英英，王英，王英，刘等等. 无等无等无等无等无等无等无等无等无等无等无等无等无等无等无等无等. 王英无等等无等. 101. 110.

[11] D.O. Jackson, E. Abraham, O. Obafeyemo. 10 1 "Electric Losses in HVDC valve cooling systems," in IEEE Transactions on Power Delivery, vol. 12, no. 2, pp. 1015-1021, A pril 1997, doi: 10.1109/61.584302.

[12] 王永等，王英，王英，刘等. 等等等 v[J]. 无等[M]. 1998.

[13] C. R. Alexander, "Cyclically-based corrosion monitoring of the surfaces seen in pipe model by oxyslone transients and mechanistic. Electrochimica Acta 40 [1997 18-20. 20a.

[14] F. Will et al., Continuous monitoring of titanium corros in process by dealerant water. Corrosion Science 35 [2007 1581-1600.